Bernd Luderer | Volker Nollau | Klaus Vetters

Mathematische Formeln für Wirtschaftswissenschaftler

7., überarbeitete und erweiterte Auflage

STUDIUM

VIEWEG+
TEUBNER

Bibliografische Information der Deutschen Nationalbibliothek
Die Deutsche Nationalbibliothek verzeichnet diese Publikation in der Deutschen Nationalbibliografie; detaillierte bibliografische Daten sind im Internet über <http://dnb.d-nb.de> abrufbar.

Prof. Dr. Bernd Luderer
Technische Universität Chemnitz
Fakultät für Mathematik
Reichenhainer Str. 41
09126 Chemnitz
bernd.luderer@mathematik.tu-chemnitz.de

Prof. Dr. Volker Nollau
Technische Universität Dresden
Institut für Mathematische Stochastik
Mommsenstr. 13
01069 Dresden
volker.nollau@tu-dresden.de

Dr. Klaus Vetters
Technische Universität Dresden
Institut für Numerische Mathematik
Mommsenstr. 13
01069 Dresden
vetters@math.tu-dresden.de

1. Auflage 1998
.
.
.
6., überarbeitete und erweiterte Auflage 2008
7., überarbeitete und erweiterte Auflage 2011

Lektorat: Ulrike Schmickler-Hirzebruch | Barbara Gerlach

Vieweg+Teubner Verlag ist eine Marke von Springer Fachmedien.
Springer Fachmedien ist Teil der Fachverlagsgruppe Springer Science+Business Media.
www.viewegteubner.de

Umschlaggestaltung: KünkelLopka Medienentwicklung, Heidelberg
Druck und buchbinderische Verarbeitung: AZ Druck und Datentechnik, Berlin
Gedruckt auf säurefreiem und chlorfrei gebleichtem Papier
Printed in Germany

ISBN 978-3-8348-1629-0

Vorwort zur 7. Auflage

Bei der vorliegenden, bewährten Formelsammlung handelt es sich um ein Kompendium der Wirtschaftsmathematik. Sie enthält die wichtigsten Formeln, Aussagen und Algorithmen zu diesem wichtigen Teilgebiet der modernen Mathematik und wendet sich vor allem an Studierende der Wirtschaftswissenschaften an Universitäten, Fachhochschulen und Berufsakademien. Aber auch für die mit praktischen Problemen befassten Wirtschaftswissenschaftler steht mit dieser Formelsammlung ein leistungsfähiges und handliches Nachschlagewerk zur Verfügung.
Im Einzelnen werden zunächst mathematische Zeichen und Konstanten, Mengen und Aussagen, Zahlensysteme und ihre Arithmetik sowie Grundlagen der Kombinatorik behandelt. Dem Kapitel zu Folgen und Reihen schließen sich die Finanzmathematik und die Darstellung von Funktionen einer und mehrerer unabhängiger Variablen, ihrer Differential- und Integralrechnung sowie Differential- und Differenzengleichungen an. In jedem Fall gilt dabei den ökonomischen Anwendungen und Modellen besondere Aufmerksamkeit.
Im Kapitel zur linearen Algebra werden Matrizen, Vektoren, Determinanten und lineare Gleichungssysteme behandelt. Dem folgt die Darstellung der Strukturen und Algorithmen der linearen Optimierung. Schließlich findet der Leser die grundlegenden Formeln zur deskriptiven Statistik (Datenanalyse, Verhältniszahlen, Bestands- und Zeitreihenanalyse), zur Wahrscheinlichkeitsrechnung (Ereignisse, Wahrscheinlichkeiten, Zufallsgrößen und Verteilungen) und zur induktiven Statistik (Punkt- und Intervallschätzungen, Tests, Methoden der Rangstatistik sowie der Varianz- und Kovarianzanalyse).
Diese Formelsammlung entstand im Ergebnis langjähriger Lehrtätigkeit für Studierende der wirtschaftswissenschaftlichen Fakultäten an den Technischen Universitäten Dresden und Chemnitz. Außerdem konnten wir dankenswerterweise auch auf Erfahrungen und Hinweise zahlreicher Kollegen zurückgreifen. Für die kritische Durchsicht von Teilen des Manuskripts möchten wir den Herren Prof. K. Eppler sowie Prof. M. Richter danken. Dankbar sind wir ebenso den Herren Prof. H. Bauer, Prof. S. Dempe, Prof. R. Ulbricht und Dipl.-Math. M. Stöcker, deren konstruktive Hinweise und Vorschläge zu einer weiteren Verbesserung der Formelsammlung geführt haben.
Unser Dank gilt außerdem Frau M. Schönherr sowie den Herren Dr. U. Würker und Dr. J. Rudl, die wesentlich zur technischen Gestaltung des Manuskripts bei-

trugen. Dem Verlag Vieweg+Teubner und danken wir für eine stets angenehme und konstruktive Zusammenarbeit.
In der vorliegenden 7., gründlich durchgesehenen Auflage wurden zahlreiche Ergänzungen vorgenommen. Dies betrifft u. a. das Kapitel über Finanzmathematik sowie ökonomische Anwendungen der Differential- und Integralrechnung. Ferner wurde das Sachwortverzeichnis erweitert, um die Suche nach bestimmten Begriffen zu vereinfachen. Vor allem aber erhielt die Formelsammlung ein neues, großzügigeres und zweifarbiges Layout, um die Lesbarkeit deutlich zu erhöhen. Erfreulicherweise liegt die Formelsammlung nunmehr in sechs Sprachen vor. Neben der deutschen Ausgabe sind dies: Englisch, Italienisch, Russisch, Türkisch und Mongolisch. Eine spanische Übersetzung ist in Vorbereitung.
Wie auch bisher sind uns Hinweise und Bemerkungen zu dieser Formelsammlung stets willkommen.

Chemnitz / Dresden,
im Juni 2011

Bernd Luderer
Volker Nollau
Klaus Vetters

Inhalt

Mathematische Symbole und Konstanten

Bezeichnungen und Symbole

$\mathbb{N}$	–	Menge der natürlichen Zahlen
$\mathbb{N}_0$	–	Menge der natürlichen Zahlen einschließlich der Null
$\mathbb{Z}$	–	Menge der ganzen Zahlen
$\mathbb{Q}$	–	Menge der rationalen Zahlen
$\mathbb{R}$	–	Menge der reellen Zahlen
$\mathbb{R}^+$	–	Menge der nichtnegativen reellen Zahlen
$\mathbb{R}^n$	–	Menge der n-Tupel reeller Zahlen (n-dimensionale Vektoren)
$\mathbb{C}$	–	Menge der komplexen Zahlen
$\sqrt{x}$	–	nichtnegative Zahl y mit $y^2 = x$, $x \geq 0$ (Quadratwurzel)
$\sqrt[n]{x}$	–	nichtnegative Zahl y mit $y^n = x$, $x \geq 0$ (n-te Wurzel)
$\sum_{i=1}^{n} x_i$	–	Summe der Zahlen x_i: $x_1 + x_2 + \ldots + x_n$
$\prod_{i=1}^{n} x_i$	–	Produkt der Zahlen x_i: $x_1 \cdot x_2 \cdot \ldots \cdot x_n$
$n!$	–	$1 \cdot 2 \cdot \ldots \cdot n$ (n Fakultät)
$\min\{a, b\}$	–	Minimum der Zahlen a und b: a für $a \leq b$, b für $a \geq b$
$\max\{a, b\}$	–	Maximum der Zahlen a und b: a für $a \geq b$, b für $a \leq b$
$\lceil x \rceil$	–	kleinste ganze Zahl y mit $y \geq x$ (Aufrundung)
$\lfloor x \rfloor$	–	größte ganze Zahl y mit $y \leq x$ (Abrundung)
$\operatorname{sgn} x$	–	Signum: 1 für $x > 0$, 0 für $x = 0$, -1 für $x < 0$
$\|x\|$	–	(absoluter) Betrag der reellen Zahl x: x für $x \geq 0$ und $-x$ für $x < 0$
(a, b)	–	offenes Intervall, d. h. $a < x < b$
$[a, b]$	–	abgeschlossenes Intervall, d. h. $a \leq x \leq b$
$(a, b]$	–	links offenes, rechts abgeschlossenes Intervall, d. h. $a < x \leq b$
$[a, b)$	–	links abgeschlossenes, rechts offenes Intervall, d. h. $a \leq x < b$
$\leq, \geq$	–	kleiner oder gleich; größer oder gleich
$\stackrel{\text{def}}{=}$	–	Gleichheit per Definition
$:=$	–	die linke Seite wird durch die rechte definiert

$\pm$, $\mp$	–	zuerst plus, dann minus; zuerst minus, dann plus
$\forall$	–	für alle ...; für ein beliebiges ...
$\exists$	–	es existiert ...; es gibt (mindestens ein) ...
$p \wedge q$	–	Konjunktion; p und q
$p \vee q$	–	Disjunktion; p oder q
$p \Longrightarrow q$	–	Implikation; aus p folgt q
$p \Longleftrightarrow q$	–	Äquivalenz; p ist äquivalent zu q
$\neg p$	–	Negation; nicht p
$a \in M$	–	a ist Element der Menge M
$a \notin M$	–	a ist kein Element der Menge M
$\binom{n}{k}$	–	Binomialkoeffizient
$A \subset B$	–	A ist Teilmenge von B
$\emptyset$	–	leere Menge
$\lVert \cdot \rVert$	–	Norm (des Vektors, der Matrix, ...)
rang $(\boldsymbol{A})$	–	Rang der Matrix $\boldsymbol{A}$
det $\boldsymbol{A}$, $\lvert\boldsymbol{A}\rvert$	–	Determinante der Matrix $\boldsymbol{A}$
δ_{ij}	–	Kronecker-Symbol: 1 für $i = j$ und 0 für $i \neq j$
$\lim\limits_{n \to \infty} a_n$	–	Grenzwert der Folge $\{a_n\}$ für n gegen unendlich
$\lim\limits_{x \to x_0} f(x)$	–	Grenzwert der Funktion f im Punkt x_0
$\lim\limits_{x \downarrow x_0} f(x)$	–	rechtsseitiger Grenzwert der Funktion f im Punkt x_0
$\lim\limits_{x \uparrow x_0} f(x)$	–	linksseitiger Grenzwert der Funktion f im Punkt x_0
$U_\varepsilon(x^*)$	–	ε-Umgebung des Punktes x^*
$f(x)\big\rvert_a^b = \big[f(x)\big]_a^b$	=	$f(b) - f(a)$

Mathematische Konstanten

π	=	$3,141\,592\,653\,589\,793\ldots$	(Kreiszahl)
e	=	$2,718\,281\,828\,459\,045\ldots$	(Euler'sche Zahl)
1°	=	$0,017\,453\,292\,520\ldots = \dfrac{\pi}{180}$	
$1'$	=	$0,000\,290\,888\,209\ldots$	
$1''$	=	$0,000\,004\,848\,137\ldots$	

Griechisches Alphabet

Name	Klein-buchstabe	Groß-buchstabe	Name	Klein-buchstabe	Groß-buchstabe
Alpha	α	A	Ny	ν	N
Beta	β	B	Xi	ξ	Ξ
Gamma	γ	Γ	Omikron	o	O
Delta	δ	Δ	Pi	π, ϖ	Π
Epsilon	ϵ, ε	E	Rho	ρ, ϱ	P
Zeta	ζ	Z	Sigma	σ, ς	Σ
Eta	η	H	Tau	τ	T
Theta	θ, ϑ	Θ	Ypsilon	υ	Υ
Jota	ι	I	Phi	ϕ, φ	Φ
Kappa	κ	K	Chi	χ	X
Lambda	λ	Λ	Psi	ψ	Ψ
My	μ	M	Omega	ω	Ω

Bezeichnungen im dekadischen System

Einheit	Bezeichnung	Vorsilbe	Abkür-zung	Einheit	Vorsilbe	Abkür-zung
10^1	Zehn	Deka	da	10^{-1}	Dezi	d
10^2	Hundert	Hekto	h	10^{-2}	Zenti	c
10^3	Tausend	Kilo	k	10^{-3}	Milli	m
10^6	Million	Mega	M	10^{-6}	Mikro	μ
10^9	Milliarde	Giga	G	10^{-9}	Nano	n
10^{12}	Billion	Tera	T	10^{-12}	Piko	p
10^{15}	Billiarde	Peta	P	10^{-15}	Femto	f
10^{18}	Trillion	Exa	E	10^{-18}	Atto	a

Im anglo-amerikanischen Sprachraum wird "billion" für Milliarde gebraucht.

Mengen und Aussagen

Mengenbegriff

Menge M	–	Gesamtheit bestimmter, wohlunterschiedener Objekte
Elemente	–	Objekte einer Menge $a \in M \iff a$ ist Element der Menge M $a \notin M \iff a$ ist nicht Element der Menge M
Beschreibung	–	1. durch Aufzählung der Elemente: $M = \{a, b, c, \ldots\}$ 2. durch Charakterisierung der Elementeigenschaften mittels Aussageform: $M = \{x \in \Omega \mid A(x) \text{ ist wahr}\}$
leere Menge	–	die Menge, die keine Elemente enthält; Bezeichnung: $\emptyset$
disjunkte Mengen	–	Mengen, die kein Element gemeinsam haben: $M \cap N = \emptyset$

Relationen zwischen Mengen

Mengeninklusion (Teilmenge)

$M \subset N \iff (\forall x\colon x \in M \Longrightarrow x \in N)$	–	M ist Teilmenge von N
$M \subset N \wedge (\exists x \in N : x \notin M)$	–	M ist echte Teilmenge von N
$\mathcal{P}(M) = \{X \mid X \subset M\}$	–	Potenzmenge, Menge aller Teilmengen der Menge M
Eigenschaften:		
$M \subset M$	–	Reflexivität
$M \subset N \wedge N \subset P \Longrightarrow M \subset P$	–	Transitivität
$\emptyset \subset M \quad \forall M$	–	$\emptyset$ ist Teilmenge jeder Menge

- Andere Bezeichnung der Teilmenge: $M \subseteq N$ (echte Teilmenge: $M \subset N$).

Mengengleichheit

$M = N \iff (\forall x\colon x \in M \iff x \in N)$	–	Gleichheit
Eigenschaften:		
$M \subset N \wedge N \subset M \iff M = N$	–	Ordnungseigenschaft
$M = M$	–	Reflexivität
$M = N \Longrightarrow N = M$	–	Symmetrie
$M = N \wedge N = P \Longrightarrow M = P$	–	Transitivität

Operationen mit Mengen (Verknüpfungen)

$M \cap N = \{x \mid x \in M \wedge x \in N\}$	–	Durchschnitt der Mengen M und N; enthält alle Elemente, die sowohl in M als auch in N enthalten sind; s. Abb. (1)
$M \cup N = \{x \mid x \in M \vee x \in N\}$	–	Vereinigung der Mengen M und N; enthält alle Elemente, die in M oder in N (oder in beiden Mengen) enthalten sind; s. Abb. (2)
$M \setminus N = \{x \mid x \in M \wedge x \notin N\}$	–	Differenz der Mengen M und N; enthält alle nicht in N enthaltenen Elemente von M; s. Abb. (3)
$\mathbf{C}_{\Omega} M = \overline{M} = \Omega \setminus M$	–	Komplementärmenge von M bzgl. der Grundmenge Ω; enthält alle nicht zu $M \subset \Omega$ gehörenden Elemente; s. Abb. (4)

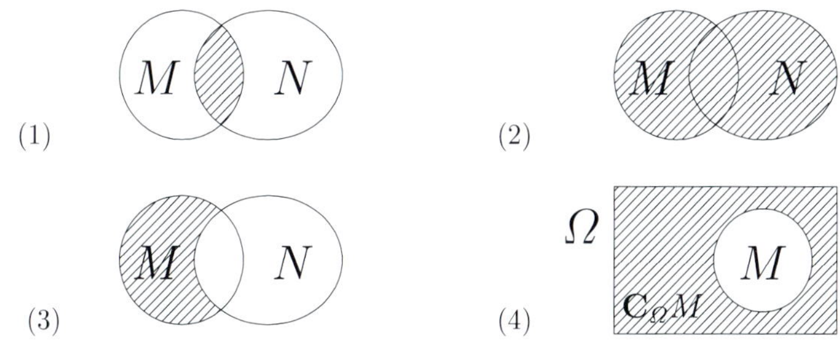

- Mengen M und N mit $M \cap N = \emptyset$ heißen *disjunkt* oder *durchschnittsfremd*.
- Mengenoperationen werden auch *Verknüpfungen* genannt.

Mehrfache Verknüpfungen

$$\bigcup_{i=1}^{n} M_i = M_1 \cup M_2 \cup \ldots \cup M_n = \{x \mid \exists\, i \in \{1, \ldots, n\} : x \in M_i\}$$

$$\bigcap_{i=1}^{n} M_i = M_1 \cap M_2 \cap \ldots \cap M_n = \{x \mid \forall\, i \in \{1, \ldots, n\} : x \in M_i\}$$

de Morgan'sche Regeln

$\overline{M \cup N} = \overline{M} \cap \overline{N}\,,$	$\overline{M \cap N} = \overline{M} \cup \overline{N}$	(zwei Mengen)
$\overline{\bigcup_{i=1}^{n} M_i} = \bigcap_{i=1}^{n} \overline{M_i}\,,$	$\overline{\bigcap_{i=1}^{n} M_i} = \bigcup_{i=1}^{n} \overline{M_i}$	(n Mengen)

Rechenregeln für Operationen zwischen Mengen

Vereinigung und Durchschnitt

$M \cup (N \cap M) = M$	$M \cap (N \cup M) = M$
$M \cup (N \cup P) = (M \cup N) \cup P$	$M \cap (N \cap P) = (M \cap N) \cap P$
$M \cup (N \cap P) = (M \cup N) \cap (M \cup P)$	
$M \cap (N \cup P) = (M \cap N) \cup (M \cap P)$	

Vereinigung, Durchschnitt und Differenz

$$M \setminus (M \setminus N) = M \cap N$$
$$M \setminus (N \cup P) = (M \setminus N) \cap (M \setminus P)$$
$$M \setminus (N \cap P) = (M \setminus N) \cup (M \setminus P)$$
$$(M \cup N) \setminus P = (M \setminus P) \cup (N \setminus P)$$
$$(M \cap N) \setminus P = (M \setminus P) \cap (N \setminus P)$$
$$M \cap N = \emptyset \iff M \setminus N = M$$

Vereinigung, Durchschnitt, Differenz und Inklusion

$$M \subset N \iff M \cap N = M \iff M \cup N = N$$
$$M \subset N \implies M \cup P \subset N \cup P$$
$$M \subset N \implies M \cap P \subset N \cap P$$
$$M \subset N \iff M \setminus N = \emptyset$$

Vereinigung, Durchschnitt und Komplementärmenge

Für die Mengen $M \subset \Omega$ und $N \subset \Omega$ gelten folgende Relationen (Komplementärbildung bzgl. Ω):

$\overline{\emptyset} = \Omega$	$\overline{\Omega} = \emptyset$	
$M \cup \overline{M} = \Omega$	$M \cap \overline{M} = \emptyset$	
$\overline{M \cup N} = \overline{M} \cap \overline{N}$	$\overline{M \cap N} = \overline{M} \cup \overline{N}$	de Morgan'sche Regeln
$\overline{(\overline{M})} = M$	$M \subset N \iff \overline{N} \subset \overline{M}$	

Produktmenge und Abbildungen

Produktmenge

(x, y)	–	geordnetes Paar; Zusammenfassung der Elemente $x \in X$, $y \in Y$ unter Beachtung der Reihenfolge
$(x, y) = (z, w) \iff x = z \land y = w$	–	Gleichheit zweier geordneter Paare
$X \times Y = \{(x, y) \mid x \in X \land y \in Y\}$	–	Produktmenge, Kreuzprodukt, kartesisches Produkt

Kreuzprodukt von n Mengen

$$\prod_{i=1}^{n} X_i = X_1 \times X_2 \times \ldots \times X_n = \{(x_1, \ldots, x_n) \mid x_i \in X_i \quad \forall\, i \in \{1, \ldots, n\}\}$$

$$\underbrace{X \times X \times \ldots \times X}_{n\text{-mal}} = X^n; \qquad \underbrace{\mathbb{R} \times \mathbb{R} \times \ldots \times \mathbb{R}}_{n\text{-mal}} = \mathbb{R}^n$$

• Die Elemente von $X_1 \times \ldots \times X_n$, d. h. $(x_1, \ldots, x_n)$, heißen *n-Tupel*, für $n = 2$ *Paare*, für $n = 3$ *Tripel*; speziell bezeichnet $\mathbb{R}^2$ alle Paare, $\mathbb{R}^n$ alle n-Tupel reeller Zahlen (Vektoren mit n Komponenten).

Abbildungen (Relationen)

$A \subset X \times Y$	–	Abbildung von X in Y; Teilmenge des Kreuzprodukts der Mengen X and Y
$D_A = \{x \in X \mid \exists\, y\colon (x, y) \in A\}$	–	Definitionsbereich von A
$W_A = \{y \in Y \mid \exists\, x\colon (x, y) \in A\}$	–	Wertebereich von A
$A^{-1} = \{(y, x) \mid (x, y) \in A\}$	–	Umkehrabbildung; zur Abbildung A inverse Abbildung

• Ist $(x, y) \in A$, so ist y ein dem Element x zugeordnetes Element. Eine Abbildung A von X in Y heißt *eindeutig*, wenn jedem Element $x \in X$ nur ein Element $y \in Y$ zugeordnet wird. Eine eindeutige Abbildung nennt man *Funktion* f; die Abbildungsvorschrift wird mit $y = f(x)$ bezeichnet. Sind sowohl die Abbildung A als auch die Umkehrabbildung A^{-1} (bzw. f^{-1}) eindeutig, heißt A (bzw. f) *eineindeutig*.

Lineare Abbildung

$f(\lambda x + \mu y) = \lambda f(x) + \mu f(y)$	–	definierende Eigenschaft einer linearen Abbildung (Funktion), $\lambda, \mu \in \mathbb{R}$

• Die Hintereinanderausführung (Komposition) $h(x) = g(f(x))$ zweier linearer Abbildungen (z. B. $f : \mathbb{R}^n \to \mathbb{R}^m$ und $g : \mathbb{R}^m \to \mathbb{R}^p$) ist wieder eine lineare Abbildung ($h\colon \mathbb{R}^n \to \mathbb{R}^p$), die mit $h = g \circ f$ bezeichnet wird.

Aussagenlogik

Aussagen und Aussageformen

Aussage p	–	Satz, der einen Tatbestand ausdrückt, der die Wahrheitswerte „wahr“ (w) oder „falsch“ (f) haben kann
Aussageform $p(x)$	–	Aussage, die von einer Variablen x abhängt; erst nach Einsetzen eines konkreten x-Wertes liegt ein Wahrheitswert vor

• Die Festlegung des Wahrheitswertes einer Aussageform $p(x)$ kann auch mittels des *Allquantors* $\forall$ ($\forall\, x$: $p(x)$; in Worten: „für alle x ist die Aussage $p(x)$ wahr“) oder des *Existenzquantors* $\exists$ ($\exists\, x : p(x)$; in Worten: „es gibt ein x, für das die Aussage $p(x)$ wahr ist“) erfolgen.

Aussagenverbindungen

• Verknüpfungen von Aussagen liefern neue Aussagen, die mithilfe von Wahrheitswerttafeln definiert werden. Aussagenverbindungen sind einstellig (Negation), zweistellig (siehe die folgende Tabelle) oder mehrstellig, zusammengesetzt aus den Verknüpfungen $\neg$, $\wedge$, $\vee$, $\Longrightarrow$, $\Longleftrightarrow$.

• Eine *Tautologie* ist eine stets wahre, eine *Kontradiktion* eine stets falsche Aussage (unabhängig vom Wahrheitswert der Teilaussagen).

Einstellige Verknüpfung (Wahrheitswerttafel)

Negation $\neg\, p$ (nicht p)

p	$\neg\, p$
w	f
f	w

Zweistellige Verknüpfungen (Wahrheitswerttafel)

Relation	lies	p q	w w	w f	f w	f f
Konjunktion	p und q	$p \wedge q$	w	f	f	f
Disjunktion	p oder q	$p \vee q$	w	w	w	f
Implikation	aus p folgt q	$p \Longrightarrow q$	w	f	w	w
Äquivalenz	p ist äquivalent zu q	$p \Longleftrightarrow q$	w	f	f	w

- Die Implikation („aus p folgt q“) wird auch als *Wenn-dann-Aussage* bezeichnet; p heißt *Prämisse* (Voraussetzung), q ist die *Konklusion* (Behauptung).

- Die Prämisse p ist *hinreichend* für die Behauptung q. Dagegen ist q *notwendig* für p. Andere Formulierungen für die Äquivalenz sind: „dann und nur dann, wenn ...“ oder „genau dann, wenn ...“.

Tautologien der Aussagenlogik

$p \vee \neg p$	–	Satz vom ausgeschlossenen Dritten
$\neg(p \wedge \neg p)$	–	Satz vom Widerspruch
$\neg(\neg p) \Longleftrightarrow p$	–	Negation der Negation
$\neg(p \Longrightarrow q) \Longleftrightarrow (p \wedge \neg q)$	–	Negation der Implikation
$\neg(p \wedge q) \Longleftrightarrow \neg p \vee \neg q$	–	de Morgan'sche Regel
$\neg(p \vee q) \Longleftrightarrow \neg p \wedge \neg q$	–	de Morgan'sche Regel
$(p \Longrightarrow q) \Longleftrightarrow (\neg q \Longrightarrow \neg p)$	–	Kontraposition
$[(p \Longrightarrow q) \wedge (q \Longrightarrow r)] \Longrightarrow (p \Longrightarrow r)$	–	Satz von der Transitivität
$p \wedge (p \Longrightarrow q) \Longrightarrow q$	–	Abtrennungsregel
$q \wedge (\neg p \Longrightarrow \neg q) \Longrightarrow p$	–	Prinzip des indirekten Beweises
$[(p_1 \vee p_2) \wedge (p_1 \Longrightarrow q) \wedge (p_2 \Longrightarrow q)] \Longrightarrow q$	–	Fallunterscheidung

Methode der vollständigen Induktion

Problem: Es ist eine von einer natürlichen Zahl n abhängige Aussage $A(n)$ für beliebige Werte von n zu beweisen.

Induktionsanfang: Die Gültigkeit der Aussage $A(n)$ wird für einen Anfangswert (meist $n = 0$ oder $n = 1$) gezeigt.

Induktionsvoraussetzung: Man nimmt an, $A(n)$ sei wahr für $n = k$.

Induktionsschluss: Unter Nutzung der Induktionsvoraussetzung wird die Richtigkeit von $A(n)$ für $n = k + 1$ nachgewiesen.

Zahlensysteme und ihre Arithmetik

Natürliche, ganze, rationale, reelle Zahlen

Natürliche Zahlen: $\mathbb{N} = \{1, 2, 3, \ldots\}$, $\mathbb{N}_0 = \{0, 1, 2, 3, \ldots\}$

Teiler	– eine natürliche Zahl $m \in \mathbb{N}$ heißt Teiler von $n \in \mathbb{N}$, falls es eine natürliche Zahl $k \in \mathbb{N}$ gibt mit $n = m \cdot k$
Primzahl	– eine Zahl $n \in \mathbb{N}$ mit $n > 1$ und den einzigen Teilern 1 und n
größter gemeinsamer Teiler	– $\text{ggT}(n, m) = \max\{k \in \mathbb{N} \mid k \text{ teilt } n \text{ und } m\}$
kleinstes gemeinsames Vielfaches	– $\text{kgV}(n, m) = \min\{k \in \mathbb{N} \mid n \text{ und } m \text{ teilen } k\}$

• Jede Zahl $n \in \mathbb{N}$, $n > 1$, lässt sich als Produkt von Primzahlpotenzen schreiben:

$$n = p_1^{r_1} \cdot p_2^{r_2} \cdot \ldots \cdot p_k^{r_k}$$

p_j Primzahlen, r_j natürliche Zahlen

Ganze Zahlen: $\mathbb{Z} = \{\ldots, -3, -2, -1, 0, 1, 2, 3, \ldots\}$

Rationale Zahlen: $\mathbb{Q} = \left\{\frac{m}{n} \mid m \in \mathbb{Z},\ n \in \mathbb{N}\right\}$

• Die Dezimaldarstellung einer rationalen Zahl ist endlich oder periodisch. Jede Zahl mit endlicher oder periodischer Dezimaldarstellung ist eine rationale Zahl.

Reelle Zahlen: $\mathbb{R}$

• Die reellen Zahlen entstehen mittels „Erweiterung" von $\mathbb{Q}$ durch die nichtperiodischen unendlichen Dezimalzahlen.

$$x = \sum_{j=-\infty}^{k} r_j g^j$$ – g-adische Darstellung

$g = 2$: Dual- $g = 8$: Oktal- $g = 10$: Dezimaldarstellung

Umrechnung dezimal $\longrightarrow$ g-adisch

1. Zerlegung der positiven Dezimalzahl x: $x = n + x_0$, $n \in \mathbb{N}$, $x_0 \in \mathbb{R}$
2. Umrechnung des ganzzahligen Teils n mit *iterierter Division* durch g:
   $$q_0 = n, \qquad q_{j-1} = q_j \cdot g + r_j, \qquad 0 \le r_j < g, \qquad j = 1, 2, \ldots$$
3. Umrechnung des nichtganzzahligen Teils x_0 durch *iterierte Multiplikation* mit g:
   $$g \cdot x_{j-1} = s_j + x_j, \qquad 0 < x_j < 1, \qquad j = 1, 2, \ldots$$
4. Ergebnis: $x = (r_k \ldots r_2 r_1 . s_1 s_2 \ldots)_g$

Umrechnung g-adisch $\longrightarrow$ dezimal (mittels ▶ Horner-Schema)

$$x = (r_k \ldots r_2 r_1 . s_1 s_2 \ldots s_p)_g = (\ldots((r_k g + r_{k-1})g + r_{k-2})g + \ldots + r_2)g + r_1 \\ +(\ldots((s_p/g + s_{p-1})/g + s_{p-2})/g + \ldots + s_1)/g$$

Rechnen mit reellen Zahlen

Elementare Gesetze

$a+b=b+a$ $a\cdot b=b\cdot a$	– Kommutativgesetze
$(a+b)+c=a+(b+c)$ $(a\cdot b)\cdot c=a\cdot(b\cdot c)$	– Assoziativgesetze
$(a+b)\cdot c=a\cdot c+b\cdot c$ $a\cdot(b+c)=a\cdot b+a\cdot c$	– Distributivgesetze
$(a+b)(c+d)=ac+bc+ad+bd$	– Ausmultiplizieren von Klammern
$\frac{a}{b}=\frac{a\cdot c}{b\cdot c}$	– Erweitern eines Bruchs $(b, c \neq 0)$
$\frac{a\cdot c}{b\cdot c}=\frac{a}{b}$	– Kürzen eines Bruchs $(b, c \neq 0)$
$\frac{a}{c}\pm\frac{b}{c}=\frac{a\pm b}{c}$	– Addition/Subtraktion von Brüchen mit gleichem Nenner $(c \neq 0)$
$\frac{a}{c}\pm\frac{b}{d}=\frac{a\cdot d\pm b\cdot c}{c\cdot d}$	– Addition/Subtraktion beliebiger Brüche $(c, d \neq 0)$
$\frac{a}{b}\cdot\frac{c}{d}=\frac{a\cdot c}{b\cdot d}$	– Multiplikation von Brüchen $(b, d \neq 0)$
$\frac{\frac{a}{b}}{\frac{c}{d}}=\frac{a}{b}:\frac{c}{d}=\frac{a\cdot d}{b\cdot c}$	– Division von Brüchen $(b, c, d \neq 0)$

Definitionen

$\sum_{i=1}^{n} a_i = a_1 + a_2 + \ldots + a_n$	– Summe der Elemente einer Folge
$\prod_{i=1}^{n} a_i = a_1 \cdot a_2 \cdot \ldots \cdot a_n$	– Produkt der Elemente einer Folge

Rechengesetze

$\sum_{i=1}^{n}(a_i+b_i)=\sum_{i=1}^{n}a_i+\sum_{i=1}^{n}b_i$	$\sum_{i=1}^{n}(c\cdot a_i)=c\cdot\sum_{i=1}^{n}a_i$
$\sum_{i=1}^{n}a_i=n\cdot a \quad (\text{für } a_i=a)$	$\sum_{i=1}^{m}\sum_{j=1}^{n}a_{ij}=\sum_{j=1}^{n}\sum_{i=1}^{m}a_{ij}$
$\sum_{i=1}^{n}a_i=\sum_{i=0}^{n-1}a_{i+1}$	$\prod_{i=1}^{n}a_i=\prod_{i=0}^{n-1}a_{i+1}$
$\prod_{i=1}^{n}(c\cdot a_i)=c^n\cdot\prod_{i=1}^{n}a_i$	$\prod_{i=1}^{n}a_i=a^n \quad (\text{für } a_i=a)$

Unabhängigkeit von der Indexvariablen

$\sum_{i=1}^{n}a_i=\sum_{k=1}^{n}a_k=\sum_{s=1}^{n}a_s$	$\prod_{i=1}^{n}a_i=\prod_{k=1}^{n}a_k=\prod_{s=1}^{n}a_s$

Beträge

Definition

$$|x|=\begin{cases} x & \text{für } x\geq 0\\ -x & \text{für } x<0\end{cases}$$ – (absoluter) Betrag der Zahl x

Rechengesetze und Eigenschaften

$|x|=x\cdot\operatorname{sgn}x$ $\qquad |-x|=|x|$ $\qquad \operatorname{sgn}x=\begin{cases}1 & \text{für } x>0,\\ 0 & \text{für } x=0,\\ -1 & \text{für } x<0\end{cases}$

$|x|=0 \iff x=0$

$|x\cdot y|=|x|\cdot|y|$ $\qquad \left|\frac{x}{y}\right|=\frac{|x|}{|y|}$ für $y\neq 0$

Dreiecksungleichungen:

$|x+y|\leq|x|+|y|$ (Gleichheit gilt genau dann, wenn $\operatorname{sgn}x=\operatorname{sgn}y$)

$\big||x|-|y|\big|\leq|x+y|$ (Gleichheit gilt genau dann, wenn $\operatorname{sgn}x=-\operatorname{sgn}y$)

Fakultät und Binomialkoeffizienten

Definitionen

$n! = 1 \cdot 2 \cdot \ldots \cdot n$	–	Fakultät ($n \in \mathbb{N}$)
$\binom{n}{k} = \dfrac{n \cdot (n-1) \cdot \ldots \cdot (n-k+1)}{1 \cdot 2 \cdot \ldots \cdot k}$	–	Binomialkoeffizient ($k, n \in \mathbb{N}$, $k \leq n$; lies: „n über k“)
$\binom{n}{k} = \begin{cases} \dfrac{n!}{k!(n-k)!} & \text{für} \quad k \leq n \\ 0 & \text{für} \quad k > n \end{cases}$	–	erweiterte Definition für $k, n \in \mathbb{N}_0$ mit $0! = 1$

$\binom{0}{0} = 1 \qquad \binom{n}{0} = 1 \qquad \binom{n}{1} = n \qquad \binom{n}{n} = 1$

Pascal'sches Dreieck:

$$\begin{array}{lccccccccccc}
n=0: & & & & & & 1 & & & & & \\
n=1: & & & & & 1 & & 1 & & & & \\
n=2: & & & & 1 & & 2 & & 1 & & & \\
n=3: & & & 1 & & 3 & & 3 & & 1 & & \\
n=4: & & 1 & & 4 & & 6 & & 4 & & 1 & \\
n=5: & 1 & & 5 & & 10 & & 10 & & 5 & & 1
\end{array}$$

(Diagonalen: $k=1$, $k=2$, $k=3$)

....

Eigenschaften

$\binom{n}{k} = \binom{n}{n-k}$	–	Symmetrieeigenschaft
$\binom{n}{k} + \binom{n}{k-1} = \binom{n+1}{k}$	–	Additionseigenschaft
$\binom{n}{0} + \binom{n+1}{1} + \ldots + \binom{n+m}{m} = \binom{n+m+1}{m}$	–	Additionstheoreme
$\binom{n}{0}\binom{m}{k} + \binom{n}{1}\binom{m}{k-1} + \ldots + \binom{n}{k}\binom{m}{0} = \binom{n+m}{k}$		
$\sum\limits_{k=0}^{n} \binom{n}{k} = 2^n$		

- Die Definition der Binomalkoeffizienten wird auch für $n \in \mathbb{R}$ benutzt. Der Additionssatz und die Additionstheoreme gelten dann ebenfalls.

Gleichungen

Umformung von Ausdrücken

$$(a+b)^2 = a^2 + 2ab + b^2$$

$$(a-b)^2 = a^2 - 2ab + b^2 \qquad \text{(binomische Formeln)}$$

$$(a+b)(a-b) = a^2 - b^2$$

$$(a \pm b)^3 = a^3 \pm 3a^2b + 3ab^2 \pm b^3 \qquad (a \pm b)(a^2 \mp ab + b^2) = a^3 \pm b^3$$

$$\frac{a^n - b^n}{a-b} = a^{n-1} + a^{n-2}b + a^{n-3}b^2 + \ldots + ab^{n-2} + b^{n-1}, \; a \neq b, \; n = 2, 3, \ldots$$

$$x^2 + bx + c = \left(x + \frac{b}{2}\right)^2 + c - \frac{b^2}{4} \qquad \text{(quadratische Ergänzung)}$$

Binomischer Satz

$$(a+b)^n = \sum_{k=0}^{n} \binom{n}{k} a^{n-k} b^k = a^n + \binom{n}{1} a^{n-1}b + \ldots + \binom{n}{n-1} ab^{n-1} + b^n, \quad n \in \mathbb{N}$$

Umformung von Gleichungen

Zwei Ausdrücke bleiben gleich, wenn sie **beide** der gleichen Rechenoperation unterworfen werden.

$$a = b \implies a + c = b + c, \qquad c \in \mathbb{R}$$

$$a = b \implies a - c = b - c, \qquad c \in \mathbb{R}$$

$$a = b \implies c \cdot a = c \cdot b, \qquad c \in \mathbb{R}$$

$$a = b, \; a \neq 0 \implies \frac{c}{a} = \frac{c}{b}, \qquad c \in \mathbb{R}$$

$$a = b \implies a^n = b^n, \qquad n \in \mathbb{N}$$

$$a^2 = b^2 \implies \begin{cases} a = b & \text{für} \quad \operatorname{sgn} a = \operatorname{sgn} b \\ a = -b & \text{für} \quad \operatorname{sgn} a = -\operatorname{sgn} b \end{cases}$$

Auflösung von Gleichungen

Enthält eine Gleichung Variablen, so kann sie für gewisse Werte dieser Variablen falsch und für andere richtig sein. Als *Auflösung* einer Gleichung bezeichnet man die Bestimmung eines oder aller Variablenwerte, für die die Gleichung **richtig** ist.

$$ax + b = 0 \implies \begin{cases} x = -\frac{b}{a} & \text{für} \quad a \neq 0 \\ x \text{ beliebig} & \text{für} \quad a = b = 0 \\ \text{keine Lösung} & \text{für} \quad a = 0,\ b \neq 0 \end{cases}$$

$$(x-a)(x-b) = 0 \implies x = a \quad \text{oder} \quad x = b$$

$$(x-a)(y-b) = 0 \implies (x = a \text{ und } y \text{ beliebig}) \quad \textbf{oder} \quad (x \text{ beliebig und } y = b)$$

Quadratische Gleichung für reelles x:

$$x^2 + px + q = 0 \implies$$

$$\begin{cases} x = -\frac{p}{2} \pm \sqrt{\frac{p^2}{4} - q} & \text{für} \quad p^2 > 4q \quad \text{(zwei verschiedene Lösungen)} \\ x = -\frac{p}{2} & \text{für} \quad p^2 = 4q \quad \text{(eine reelle Doppellösung)} \\ \text{keine Lösung} & \text{für} \quad p^2 < 4q \end{cases}$$

Ungleichungen

Rechenregeln

$x < y \ \wedge\ y < z$	$\implies$	$x < z$	$(x, y, z, u, v \in \mathbb{R})$
$x < y$	$\implies$	$x + z < y + z$	
$x < y \ \wedge\ z > 0$	$\implies$	$x \cdot z < y \cdot z$	
$x < y \ \wedge\ z < 0$	$\implies$	$x \cdot z > y \cdot z$	
$0 < x < y \ \wedge\ 0 < u < v$	$\implies$	$x \cdot u < y \cdot v$	
$0 < x < y$	$\implies$	$\frac{1}{x} > \frac{1}{y}$	
$\frac{x}{y} < \frac{u}{v} \ \wedge\ y > 0 \ \wedge\ v > 0$	$\implies$	$\frac{x}{y} < \frac{x+u}{y+v} < \frac{u}{v}$	

Bernoulli'sche Ungleichung

$$(1+x)^n \geq 1 + nx \qquad \text{für} \qquad x > -1,\ n \in \mathbb{N}$$

Cauchy-Schwarz'sche Ungleichung

$$\sum_{i=1}^{n} x_i y_i \leq \left(\sum_{i=1}^{n} x_i^2 \right)^{\frac{1}{2}} \cdot \left(\sum_{i=1}^{n} y_i^2 \right)^{\frac{1}{2}}$$

Endliche Summen

Arithmetische Reihe:

$$a_{k+1} = a_k + d \qquad \Longrightarrow \qquad s_n = \sum_{k=1}^{n} a_k = \frac{n(a_1 + a_n)}{2}$$

Geometrische Reihe:

$$a_{k+1} = q \cdot a_k \qquad \Longrightarrow \qquad s_n = \sum_{k=1}^{n} a_k = a_1 \frac{q^n - 1}{q - 1} \qquad (q \neq 1)$$

Spezielle endliche Summen

Summe	Wert
$1 + 2 + 3 + \ldots + n$	$\frac{1}{2}n(n+1)$
$1 + 3 + 5 + \ldots + (2n-1)$	n^2
$2 + 4 + 6 + \ldots + 2n$	$n(n+1)$
$1^2 + 2^2 + 3^2 + \ldots + n^2$	$\frac{1}{6}n(n+1)(2n+1)$
$1^2 + 3^2 + 5^2 + \ldots + (2n-1)^2$	$\frac{1}{3}n(4n^2-1)$
$2^2 + 4^2 + 6^2 + \ldots + (2n)^2$	$\frac{2}{3}n(n+1)(2n+1)$
$1^3 + 2^3 + 3^3 + \ldots + n^3$	$\frac{1}{4}n^2(n+1)^2$
$1^3 + 3^3 + 5^3 + \ldots + (2n-1)^3$	$n^2(2n^2-1)$
$2^3 + 4^3 + 6^3 + \ldots + (2n)^3$	$2n^2(n+1)^2$
$1 + x + x^2 + \ldots + x^n$	$\frac{x^{n+1}-1}{x-1} \qquad (x \neq 1)$
$\sin x + \sin 2x + \ldots + \sin nx$	$\frac{\cos\frac{x}{2} - \cos(n+\frac{1}{2})x}{2\sin\frac{x}{2}}$
$\cos x + \cos 2x + \ldots + \cos nx$	$\frac{\sin(n+\frac{1}{2}x) - \sin\frac{x}{2}}{2\sin\frac{x}{2}}$

Potenzen und Wurzeln

Potenzen mit ganzzahligem Exponenten ($a \in \mathbb{R}$; $n \in \mathbb{N}$; $p, q \in \mathbb{Z}$)

Potenz mit positivem Exponenten: $a^n = \underbrace{a \cdot a \cdot \ldots \cdot a}_{n \text{ Faktoren}}$, $\qquad a^0 = 1$

Potenz mit negativem Exponenten: $a^{-n} = \frac{1}{a^n} \qquad (a \neq 0)$

Rechenregeln

$a^p \cdot a^q = a^{p+q}$	$a^p \cdot b^p = (a \cdot b)^p$	$(a^p)^q = (a^q)^p = a^{p \cdot q}$
$\dfrac{a^p}{a^q} = a^{p-q}$	$\dfrac{a^p}{b^p} = \left(\dfrac{a}{b}\right)^p$	$(a, b \neq 0)$

Wurzeln und Potenzen mit reellen Exponenten

$(a, b \in \mathbb{R};\ a \geq 0,\ b > 0;\ m, n \in \mathbb{N})$

n-te Wurzel: $u = \sqrt[n]{a} \iff u^n = a, \quad u \geq 0$

Rechenregeln

$\sqrt[n]{a} \cdot \sqrt[n]{b} = \sqrt[n]{a \cdot b}$	$\dfrac{\sqrt[n]{a}}{\sqrt[n]{b}} = \sqrt[n]{\dfrac{a}{b}}$	$(a \geq 0,\ b > 0)$
$\sqrt[m]{\sqrt[n]{a}} = \sqrt[n]{\sqrt[m]{a}} = \sqrt[m \cdot n]{a}$	$\sqrt[n]{a^m} = (\sqrt[n]{a})^m$	$(a \geq 0)$

Potenz mit rationalem Exponenten: $a^{\frac{1}{n}} = \sqrt[n]{a}, \qquad a^{\frac{m}{n}} = \sqrt[n]{a^m}$

Potenz mit reellem Exponenten: $a^x = \lim\limits_{k \to \infty} a^{q_k}, \quad q_k \in \mathbb{Q}, \ \lim\limits_{k \to \infty} q_k = x$

• Für Potenzen mit reellen Exponenten gelten die gleichen Rechenregeln wie für Potenzen mit ganzzahligen Exponenten.

Logarithmen

Logarithmus zur Basis a: $x = \log_a u \iff a^x = u \quad (a > 0,\ a \neq 1,\ u > 0)$

Basis $a = 10$: $\log_{10} u = \lg u$ – dekadischer Logarithmus

Basis $a = \mathrm{e}$: $\log_{\mathrm{e}} u = \ln u$ – natürlicher Logarithmus

Rechengesetze

$\log_a(u \cdot v) = \log_a u + \log_a v$	$\log_a \left(\dfrac{u}{v}\right) = \log_a u - \log_a v$
$\log_a u^v = v \cdot \log_a u$	$\log_b u = \dfrac{\log_a u}{\log_a b} \quad (a, b, u, v > 0;\ a, b \neq 1)$

Komplexe Zahlen

i: $\mathrm{i}^2 = -1$	–	imaginäre Einheit
$z = a + b\,\mathrm{i}, \quad a, b \in \mathbb{R}$	–	kartesische Form der komplexen Zahl $z \in \mathbb{C}$
$z = r(\cos\varphi + \mathrm{i}\sin\varphi) = r\mathrm{e}^{\mathrm{i}\varphi}$	–	Polarform (oder trigonometrische Form) der komplexen Zahl $z \in \mathbb{C}$ (Euler'sche Relation)
$\mathrm{Re}\, z = a = r\cos\varphi$	–	Realteil von z
$\mathrm{Im}\, z = b = r\sin\varphi$	–	Imaginärteil von z
$\|z\| = \sqrt{a^2 + b^2} = r$	–	Betrag von z
$\arg z = \varphi$	–	Argument von z
$\overline{z} = a - b\,\mathrm{i}$	–	zu $z = a + b\,\mathrm{i}$ konjugiert komplexe Zahl

Spezielle komplexe Zahlen

$$\mathrm{e}^{\mathrm{i}0} = 1, \qquad \mathrm{e}^{\pm\mathrm{i}\frac{\pi}{3}} = \frac{1}{2}\left(1 \pm \sqrt{3}\,\mathrm{i}\right)$$

$$\mathrm{e}^{\pm\mathrm{i}\frac{\pi}{2}} = \pm\mathrm{i}, \qquad \mathrm{e}^{\pm\mathrm{i}\frac{\pi}{4}} = \frac{1}{2}\sqrt{2}(1 \pm \mathrm{i})$$

$$\mathrm{e}^{\pm\mathrm{i}\pi} = -1, \qquad \mathrm{e}^{\pm\mathrm{i}\frac{\pi}{6}} = \frac{1}{2}\left(\sqrt{3} \pm \mathrm{i}\right)$$

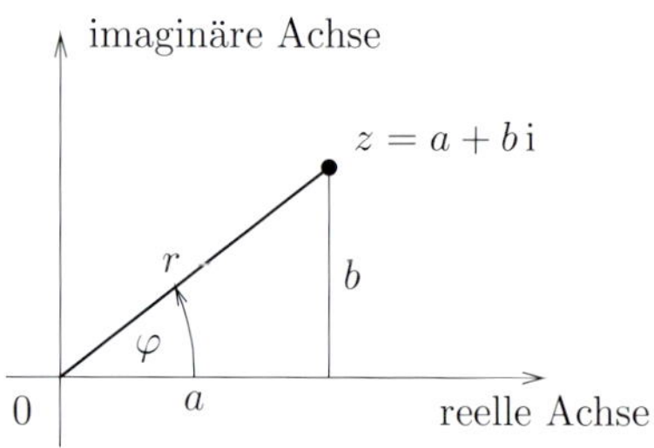

Umrechnung kartesisch ⟶ polar

Gegeben: $a, b \implies r = \sqrt{a^2 + b^2}$,

φ ist Lösung von $\cos\varphi = \dfrac{a}{r}, \quad \sin\varphi = \dfrac{b}{r}$

Umrechnung polar ⟶ kartesisch

Gegeben: $r, \varphi \implies a = r \cdot \cos\varphi, \qquad b = r \cdot \sin\varphi$

Rechenregeln

Gegeben: $z_k = a_k + b_k\,\mathrm{i} = r_k(\cos\varphi_k + \mathrm{i}\sin\varphi_k) = r_k \mathrm{e}^{\mathrm{i}\varphi_k}$, $k = 1, 2$

$$z_1 \pm z_2 = (a_1 \pm a_2) + (b_1 \pm b_2)\,\mathrm{i}$$

$$z_1 \cdot z_2 = (a_1 a_2 - b_1 b_2) + (a_1 b_2 + a_2 b_1)\,\mathrm{i}$$

$$z_1 \cdot z_2 = r_1 r_2 \left[\cos(\varphi_1 + \varphi_2) + \mathrm{i}\,\sin(\varphi_1 + \varphi_2)\right] = r_1 r_2\,\mathrm{e}^{\mathrm{i}(\varphi_1 + \varphi_2)}$$

$$\frac{z_1}{z_2} = \frac{r_1}{r_2}\left[\cos(\varphi_1 - \varphi_2) + \mathrm{i}\,\sin(\varphi_1 - \varphi_2)\right] = \frac{r_1}{r_2}\,\mathrm{e}^{\mathrm{i}(\varphi_1 - \varphi_2)}$$

$$\frac{z_1}{z_2} = \frac{z_1 \overline{z}_2}{|z_2|^2} = \frac{a_1 a_2 + b_1 b_2 + (a_2 b_1 - a_1 b_2)\,\mathrm{i}}{a_2^2 + b_2^2} \qquad (a_2^2 + b_2^2 > 0)$$

$$z \cdot \overline{z} = |z|^2 \qquad \frac{1}{z} = \frac{\overline{z}}{|z|^2}$$

Lösung von $z^n = a$ (Radizieren)

Stellt man die Zahl a in Polarform $a = r\mathrm{e}^{\mathrm{i}\varphi}$ dar, so lauten die n Lösungen

$$z_k = \sqrt[n]{r} \cdot \mathrm{e}^{\mathrm{i}\cdot(\varphi + 2k\pi)/n}, \quad k = 0, 1, \ldots, n-1$$

Diese liegen auf dem Kreis um den Ursprung mit Radius $\sqrt[n]{r}$ und bilden mit der reellen Achse die Winkel

$$\frac{\varphi + 2k\pi}{n}, \qquad k = 0, 1, \ldots, n-1$$

Unterteilung des Einheitskreises

In der Abbildung wird der Einheitskreis $|z| = 1$ durch die Punkte

$z_1 = \mathrm{e}^0, \quad z_2 = \mathrm{e}^{\mathrm{i}\cdot\frac{\pi}{3}}, \quad z_3 = \mathrm{e}^{\mathrm{i}\cdot\frac{2\pi}{3}},$

$z_4 = \mathrm{e}^{\mathrm{i}\cdot\pi}, \quad z_5 = \mathrm{e}^{\mathrm{i}\cdot\frac{4\pi}{3}}, \quad z_6 = \mathrm{e}^{\mathrm{i}\cdot\frac{5\pi}{3}},$

die die Lösungen der Gleichung

$$z^6 = 1$$

sind, in sechs Teile unterteilt.

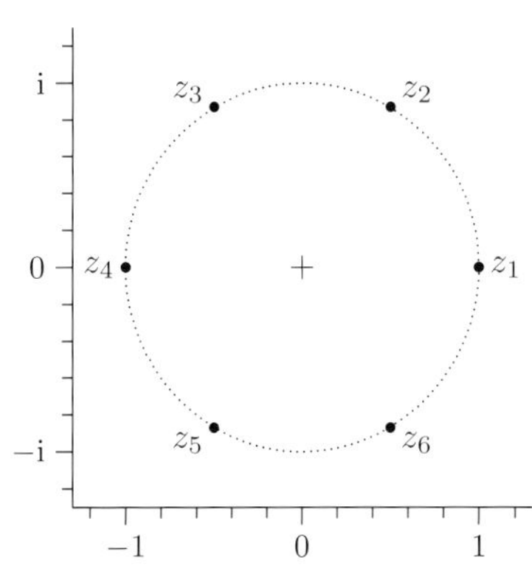

Kombinatorik

Permutationen

• Sind n verschiedene Elemente gegeben, so nennt man irgendeine Anordnung aller Elemente *Permutation*. Sind unter den n Elementen p Gruppen gleicher Elemente, spricht man von Permutation *mit Wiederholung*. Die Anzahl der Elemente in der i-ten Gruppe betrage n_i, wobei $n_1 + n_2 + \ldots + n_p = n$ gelte.

	ohne Wiederholung	mit Wiederholung
Anzahl verschiedener Permutationen	$P_n = n!$	$P_{n_1,\ldots,n_p} = \dfrac{n!}{n_1!\,n_2! \cdot \ldots \cdot n_p!}$ $n_1+n_2+\ldots+n_p = n$

Permutationen von 1, 2, 3, 4 ($n = 4$):

1 2 3 4	2 1 3 4	3 1 2 4	4 1 2 3	
1 2 4 3	2 1 4 3	3 1 4 2	4 1 3 2	
1 3 2 4	2 3 1 4	3 2 1 4	4 2 1 3	$4! = 24$
1 3 4 2	2 3 4 1	3 2 4 1	4 2 3 1	
1 4 2 3	2 4 1 3	3 4 1 2	4 3 1 2	
1 4 3 2	2 4 3 1	3 4 2 1	4 3 2 1	

Die Permutationen von 1, 2, 3 mit Wiederholung ($n = 4, n_1 = 1, n_2 = 2, n_3 = 1$):

1 2 2 3	2 1 2 3	2 2 3 1	3 1 2 2	
1 2 3 2	2 1 3 2	2 3 1 2	3 2 1 2	$\dfrac{4!}{1! \cdot 2! \cdot 1!} = 12$
1 3 2 2	2 2 1 3	2 3 2 1	3 2 2 1	

Variationen

• Sind n verschiedene Elemente und k Plätze gegeben, so nennt man irgendeine Anordnung der Elemente auf den Plätzen *Variation (ohne Wiederholung)*; dies entspricht der Auswahl von k aus n Elementen **mit Berücksichtigung der Anordnung**, $1 \le k \le n$. Tritt jedes der n Elemente in beliebiger Anzahl auf, sodass es mehrfach ausgewählt werden kann, spricht man von *Variation mit Wiederholung*.

	ohne Wiederholung	mit Wiederholung
Anzahl verschiedener Variationen	$V_n^k = \dfrac{n!}{(n-k)!}$ $1 \le k \le n$	$\overline{V}_n^k = n^k$

Die Anordnung von 1, 2, 3, 4 auf zwei Plätzen ($n = 4$, $k = 2$):

1 2	2 1	3 1	4 1	
1 3	2 3	3 2	4 2	$\frac{4!}{2!} = 12$
1 4	2 4	3 4	4 3	

Die Anordnung von 1, 2, 3, 4 auf zwei Plätzen mit Wiederholung ($n = 4$, $k = 2$):

1 1	2 1	3 1	4 1	
1 2	2 2	3 2	4 2	$4^2 = 16$
1 3	2 3	3 3	4 3	
1 4	2 4	3 4	4 4	

Kombinationen

• Werden k aus n verschiedenen Elementen ausgewählt, wobei $1 \leq k \leq n$ gilt und es **nicht auf die Berücksichtigung der Anordnung** ankommt, spricht man von einer *Kombination (ohne Wiederholung)*. Steht jedes der n verschiedenen Elemente mehrfach zur Verfügung, liegt eine *Kombination mit Wiederholung* vor.

	ohne Wiederholung	mit Wiederholung
Anzahl verschiedener Kombinationen	$C_n^k = \binom{n}{k}$ $1 \leq k \leq n$	$\overline{C}_n^k = \binom{n+k-1}{k}$

Die Kombinationen von 1, 2, 3, 4 auf zwei Plätzen ($n = 4$, $k = 2$):

1 2	2 3	3 4	
1 3	2 4		$\binom{4}{2} = 6$
1 4			

Kombinationen von 1, 2, 3, 4 auf zwei Plätzen mit Wiederholung ($n = 4$, $k = 2$):

1 1	2 2	3 3	4 4	
1 2	2 3	3 4		$\binom{4+2-1}{2} = 10$
1 3	2 4			
1 4				

Folgen und Reihen

Zahlenfolgen

Eine Abbildung $a : K \to \mathbb{R}$, $K \subset \mathbb{N}$, wird *Zahlenfolge* genannt und mit $\{a_n\}$ bezeichnet. Sie besteht für $K = \mathbb{N}$ aus den *Elementen (Gliedern)* $a_n = a(n)$, $n = 1, 2, \dots$ Die Zahlenfolge heißt *endlich* oder *unendlich*, je nachdem, ob die Menge K endlich oder unendlich ist.

Begriffe

explizite Folge	–	Bildungsgesetz $a_n = a(n)$ gegeben
rekursive Folge	–	$a_{n+1} = a(a_n, a_{n-1}, \dots, a_{n-k})$
beschränkte Folge	–	$\exists\ C \in \mathbb{R}$: $\|a_n\| \leq C \ \ \forall n \in K$
monoton wachsende Folge	–	$a_{n+1} \geq a_n \quad \forall n \in \mathbb{N}$
streng mon. wachsende Folge	–	$a_{n+1} > a_n \quad \forall n \in \mathbb{N}$
monoton fallende Folge	–	$a_{n+1} \leq a_n \quad \forall n \in \mathbb{N}$
streng monoton fallende Folge	–	$a_{n+1} < a_n \quad \forall n \in \mathbb{N}$
konvergente Folge (gegen den Grenzwert a)	–	Die Zahl a heißt *Grenzwert* der Folge $\{a_n\}$, wenn es zu jeder Zahl $\varepsilon > 0$ einen Index $n(\varepsilon)$ mit $\|a_n - g\| < \varepsilon$ für alle $n \geq n(\varepsilon)$ gibt. Schreibweise: $\lim\limits_{n\to\infty} a_n = g$ oder $a_n \to g$ für $n \to \infty$.
divergente Folge	–	Folge, die keinen Grenzwert besitzt
bestimmt divergente Folge (gegen den uneigentlichen Grenzwert $+\infty$ bzw. $-\infty$)	–	Folge, für die es zu jeder Zahl c einen Index $n(c)$ mit $a_n > c$ (bzw. $a_n < c$) für alle $n \geq n(c)$ gibt
unbestimmt divergente Folge	–	Folge, die weder konvergent noch bestimmt divergent ist
Nullfolge	–	konvergente Folge mit Grenzwert $a = 0$
alternierende Folge	–	Folge, deren Glieder abwechselnd positiv und negativ sind
arithmetische Folge	–	$a_{n+1} - a_n = d \ \ \forall n \in \mathbb{N},\ d = \text{const}$
geometrische Folge	–	$\dfrac{a_{n+1}}{a_n} = q \ \ \forall n \in \mathbb{N},\ a_n \neq 0,\ q = \text{const}$

• Eine Zahl a heißt *Häufungspunkt* der Folge $\{a_n\}$, wenn es zu jeder Zahl $\varepsilon > 0$ unendlich viele Elemente a_n mit der Eigenschaft $|a_n - a| < \varepsilon$ gibt.

Konvergenzsätze

• Eine Folge kann höchstens einen Grenzwert haben.
• Eine monotone Folge konvergiert genau dann, wenn sie beschränkt ist.
• Eine beschränkte Folge besitzt mindestens einen Häufungspunkt.
• Ist a Häufungspunkt von $\{a_n\}$, so gibt es in $\{a_n\}$ eine gegen a konvergente Teilfolge.

Konvergenzeigenschaften

Es gelte $\lim\limits_{n\to\infty} a_n = a, \quad \lim\limits_{n\to\infty} b_n = b$ sowie $\alpha, \beta \in \mathbb{R}$. Dann gilt:

$$\lim_{n\to\infty}(\alpha a_n + \beta b_n) = \alpha a + \beta b \qquad \lim_{n\to\infty} a_n b_n = ab$$

$$\lim_{n\to\infty}\frac{a_n}{b_n} = \frac{a}{b}, \quad \text{falls } b, b_n \neq 0 \qquad \lim_{n\to\infty}|a_n| = |a|$$

$$\lim_{n\to\infty}\sqrt[k]{a_n} = \sqrt[k]{a} \quad \text{für } a, a_n \geq 0, \quad k = 1, 2, \ldots$$

$$\lim_{n\to\infty}\frac{1}{n}(a_1 + \ldots + a_n) = a \qquad A \leq a_n \leq B \Longrightarrow A \leq a \leq B$$

Grenzwerte spezieller Folgen

$$\lim_{n\to\infty}\frac{1}{n} = 0 \qquad \lim_{n\to\infty}\frac{n}{n+\alpha} = 1, \quad \alpha \in \mathbb{R}$$

$$\lim_{n\to\infty}\sqrt[n]{\lambda} = 1 \quad \text{für } \lambda > 0 \qquad \lim_{n\to\infty}\left(1 + \frac{1}{n}\right)^n = \mathrm{e}$$

$$\lim_{n\to\infty}\left(1 - \frac{1}{n}\right)^n = \frac{1}{\mathrm{e}} \qquad \lim_{n\to\infty}\left(1 + \frac{\lambda}{n}\right)^n = \mathrm{e}^\lambda, \quad \lambda \in \mathbb{R}$$

Funktionenfolgen

Folgen der Form $\{f_n\}$, $n \in \mathbb{N}$, bei denen die Glieder f_n auf einem Intervall $D \subset \mathbb{R}$ definierte reellwertige Funktionen sind, werden *Funktionenfolgen* genannt. Alle Werte $x \in D$, für die die Folge $\{f_n(x)\}$ einen Grenzwert besitzt, bilden den *Konvergenzbereich* der Funktionenfolge (von dem vorausgesetzt wird, dass er mit D übereinstimmt).

• Als *Grenzfunktion* f der Funktionenfolge $\{f_n\}$ bezeichnet man die durch

$$f(x) = \lim_{n\to\infty} f_n(x), \qquad x \in D$$

definierte Funktion.

Gleichmäßige Konvergenz

- Die Funktionenfolge $\{f_n\}$ konvergiert *gleichmäßig in D* gegen die Grenzfunktion f, wenn es zu jeder reellen Zahl $\varepsilon > 0$ eine solche nicht von x abhängige Zahl $n(\varepsilon)$ gibt, dass für alle $n \geq n(\varepsilon)$ und alle $x \in D$ gilt: $|f(x) - f_n(x)| < \varepsilon$.
- Die Funktionenfolge $\{f_n\}$, ist genau dann im Intervall $D \subset \mathbb{R}$ gleichmäßig konvergent, wenn es zu jeder reellen Zahl $\varepsilon > 0$ eine nicht von x abhängige Zahl $n(\varepsilon)$ gibt mit der Eigenschaft, dass für alle $n \geq n(\varepsilon)$ und alle $m \in \mathbb{N}$ gilt:

$$|f_{n+m}(x) - f_n(x)| < \varepsilon \qquad \text{für alle } x \in D$$

Cauchy-Kriterium

Unendliche Reihen

$$a_1 + a_2 + a_3 + \ldots = \sum_{k=1}^{\infty} a_k$$

Partialsummen:

$$\begin{aligned} s_1 &= a_1 \\ s_2 &= a_1 + a_2 \\ &\ldots\ldots \\ s_n &= a_1 + a_2 + \ldots + a_n \end{aligned}$$

- Die unendliche Reihe $\sum\limits_{k=1}^{\infty} a_k$ heißt *konvergent*, wenn die Folge $\{s_n\}$ der Partialsummen konvergiert. Der Grenzwert s der Partialsummenfolge $\{s_n\}$ wird, sofern er existiert, *Summe* der Reihe genannt:

$$\lim_{n\to\infty} s_n = s = \sum_{k=1}^{\infty} a_k \,.$$

- Ist die Folge $\{s_n\}$ divergent, so heißt die Reihe $\sum\limits_{k=1}^{\infty} a_k$ *divergent.*

Konvergenzkriterien für alternierende Reihen

Die Reihe $\sum\limits_{n=1}^{\infty} a_n$ heißt *alternierend*, wenn ihre Glieder a_n abwechselnd positiv und negativ sind. Eine alternierende Reihe ist konvergent, wenn für ihre Glieder a_n gilt

$$|a_n| \geq |a_{n+1}| \text{ für } n = 1, 2, \ldots \text{ und } \lim_{n\to\infty} |a_n| = 0\,.$$

Leibniz-Kriterium

Konvergenzkriterien für Reihen mit nichtnegativen Gliedern

Eine Reihe mit nichtnegativen Gliedern a_n konvergiert genau dann, wenn die Folge $\{s_n\}$ der Partialsummen nach oben beschränkt ist.

Es gelte $0 \leq a_n \leq b_n$, $n = 1, 2, \ldots$

Ist $\sum\limits_{n=1}^{\infty} b_n$ konvergent, so ist auch $\sum\limits_{n=1}^{\infty} a_n$ konvergent.

Ist $\sum\limits_{n=1}^{\infty} a_n$ divergent, so ist auch $\sum\limits_{n=1}^{\infty} b_n$ divergent.

Vergleichskriterium

Gilt $\frac{a_{n+1}}{a_n} \leq q$, $n = 1, 2, \ldots$, mit $0<q<1$ oder $\lim\limits_{n\to\infty} \frac{a_{n+1}}{a_n} < 1$, so konvergiert die Reihe $\sum\limits_{n=1}^{\infty} a_n$; gilt $\frac{a_{n+1}}{a_n} \geq 1$, $n = 1, 2, \ldots$ oder $\lim\limits_{n\to\infty} \frac{a_{n+1}}{a_n} > 1$, so divergiert sie.	**Quotienten-kriterium**

Gilt $\sqrt[n]{a_n} \leq \lambda$, $n = 1, 2, \ldots$ mit $0<\lambda<1$ oder $\lim\limits_{n\to\infty} \sqrt[n]{a_n} < 1$, so konvergiert die Reihe $\sum\limits_{n=1}^{\infty} a_n$; gilt $\sqrt[n]{a_n} \geq 1$, $n = 1, 2, \ldots$ oder $\lim\limits_{n\to\infty} \sqrt[n]{a_n} > 1$, so divergiert sie.	**Wurzel-kriterium**

Reihen mit beliebigen Gliedern

- Konvergiert die Reihe $\sum\limits_{n=1}^{\infty} a_n$, so gilt $\boxed{\lim\limits_{n\to\infty} a_n = 0.}$ **Notwendiges Konvergenzkriterium**

- Die Reihe $\sum\limits_{n=1}^{\infty} a_n$ ist genau dann konvergent, wenn es zu jeder reellen Zahl $\varepsilon > 0$ eine solche Zahl $n(\varepsilon) \in \mathbb{N}$ gibt, dass für alle $n > n(\varepsilon)$ und für jede Zahl $m \in \mathbb{N}$ gilt:

$$\boxed{|a_n + a_{n+1} + \ldots + a_{n+m}| < \varepsilon}$$ **Cauchy-Kriterium**

- Eine Reihe $\sum\limits_{n=1}^{\infty} a_n$ heißt *absolut konvergent*, wenn die Reihe $\sum\limits_{n=1}^{\infty} |a_n|$ konvergiert.

- Die Reihe $\sum\limits_{n=1}^{\infty} a_n$ ist konvergent, wenn sie absolut konvergent ist.

Umformung von Reihen

- Werden endlich viele Glieder einer Reihe entfernt oder hinzugefügt, so ändert sich das Konvergenzverhalten der Reihe nicht.

- Konvergente Reihen bleiben konvergent, wenn man sie gliedweise addiert, subtrahiert oder mit einer Konstanten multipliziert:

$$\boxed{\sum_{n=1}^{\infty} a_n = a, \quad \sum_{n=1}^{\infty} b_n = b \quad \Longrightarrow \quad \sum_{n=1}^{\infty} (a_n \pm b_n) = a \pm b, \quad \sum_{n=1}^{\infty} c \cdot a_n = c \cdot a}$$

- In einer absolut konvergenten Reihe kann die Reihenfolge der Glieder beliebig verändert werden. Sie bleibt dabei konvergent, und die Summe bleibt gleich.

Summen spezieller Reihen

$$1-\frac{1}{2}+\frac{1}{3}\mp\ldots+\frac{(-1)^{n+1}}{n}+\ldots=\ln 2$$

$$1+\frac{1}{2}+\frac{1}{4}+\ldots+\frac{1}{2^n}+\ldots=2$$

$$1-\frac{1}{3}+\frac{1}{5}\mp\ldots+\frac{(-1)^{n+1}}{2n-1}+\ldots=\frac{\pi}{4}$$

$$1-\frac{1}{2}+\frac{1}{4}\mp\ldots+\frac{(-1)^{n}}{2^n}+\ldots=\frac{2}{3}$$

$$1+\frac{1}{2^2}+\frac{1}{3^2}+\ldots+\frac{1}{n^2}+\ldots=\frac{\pi^2}{6}$$

$$1-\frac{1}{2^2}+\frac{1}{3^2}\mp\ldots+\frac{(-1)^{n+1}}{n^2}+\ldots=\frac{\pi^2}{12}$$

$$1+\frac{1}{3^2}+\frac{1}{5^2}+\ldots+\frac{1}{(2n-1)^2}+\ldots=\frac{\pi^2}{8}$$

$$1+\frac{1}{1!}+\frac{1}{2!}+\ldots+\frac{1}{n!}+\ldots=\mathrm{e}$$

$$1-\frac{1}{1!}+\frac{1}{2!}\mp\ldots+\frac{(-1)^{n}}{n!}+\ldots=\frac{1}{\mathrm{e}}$$

$$\frac{1}{1\cdot 3}+\frac{1}{3\cdot 5}+\ldots+\frac{1}{(2n-1)(2n+1)}+\ldots=\frac{1}{2}$$

$$\frac{1}{1\cdot 2}+\frac{1}{2\cdot 3}+\ldots+\frac{1}{n(n+1)}+\ldots=1$$

$$\frac{1}{1\cdot 3}+\frac{1}{2\cdot 4}+\ldots+\frac{1}{n(n+2)}+\ldots=\frac{3}{4}$$

Funktionenreihen, Potenzreihen

Funktionenreihen

Eine unendliche Reihe, deren Glieder Funktionen sind, heißt *Funktionenreihe*:

$$f_1(x)+f_2(x)+\ldots=\sum_{k=1}^{\infty} f_k(x) \qquad \text{Partialsummen:} \quad s_n(x)=\sum_{k=1}^{n} f_k(x)$$

- Der Durchschnitt aller Definitionsbereiche der Funktionen f_k ist der *Definitionsbereich* D der Funktionenreihe. Diese wird *konvergent* für einen Wert $x \in D$ genannt, wenn die Folge $\{s_n(x)\}$ der Partialsummen gegen einen Grenzwert $s(x)$ konvergiert, anderenfalls heißt sie *divergent*. Alle $x \in D$, für die die Funktionenreihe konvergiert, bilden den *Konvergenzbereich* der Funktionenreihe (der gleich D sei).
- Als *Grenzfunktion* der Folge $\{s_n\}$ bezeichnet man diese Funktion $s\colon D \to \mathbb{R}$:

$$\lim_{n\to\infty} s_n(x) = s(x) = \sum_{k=1}^{\infty} f_k(x).$$

- Die Funktionenreihe $\sum_{k=1}^{\infty} f_k(x)$ heißt *gleichmäßig konvergent in D*, wenn die Folge $\{s_n\}$ der Partialsummen gleichmäßig konvergiert ▶ Funktionenfolgen.

Konvergenzkriterium von Weierstraß

Die Funktionenreihe $\sum_{n=1}^{\infty} f_n(x)$ konvergiert gleichmäßig in D, wenn es eine konvergente Reihe $\sum_{n=1}^{\infty} a_n$ gibt derart, dass $\forall\, n \in \mathbb{N}$ und $\forall\, x \in D$ die Beziehung $|f_n(x)| \le a_n$ gilt.

- Sind alle Funktionen f_k, $k \in \mathbb{N}$, stetig im Punkt x_0 und ist die Reihe $\sum_{k=1}^{\infty} f_k(x)$ gleichmäßig konvergent in D, so ist auch die Grenzfunktion $s(x)$ stetig in x_0.

Potenzreihen

Funktionenreihen, deren Glieder die Form $f_n(x) = a_n(x - x_0)^n$, $n \in \mathbb{N}_0$, haben, werden *Potenzreihen* mit dem *Mittelpunkt* x_0 genannt. Durch die Transformation $x := x - x_0$ entstehen Potenzreihen mit dem Mittelpunkt Null; dies wird im Weiteren vorausgesetzt. Im Konvergenzbereich stellt die Potenzreihe eine Funktion s dar:

$$s(x) = a_0 + a_1 x + a_2 x^2 + \ldots = \sum_{n=0}^{\infty} a_n x^n .$$

Ist diese Potenzreihe weder für alle $x \neq 0$ divergent noch für alle x konvergent, so gibt es genau eine relle Zahl $r > 0$, genannt *Konvergenzradius*, mit der Eigenschaft, dass die Potenzreihe für $|x| < r$ konvergiert und für $|x| > r$ divergiert. Für $|x| = r$ kann keine allgemeingültige Aussage getroffen werden. (Vereinbarung: $r = 0$, wenn die Potenzreihe nur für $x = 0$ konvergiert; $r = \infty$, wenn sie für alle $x \in \mathbb{R}$ konvergiert.)

Berechnung des Konvergenzradius

Es gelte $b_n = \left|\frac{a_n}{a_{n+1}}\right|$ und $c_n = \sqrt[n]{|a_n|}$. Dann gilt:

$\{b_n\}$ ist konvergent	$\Longrightarrow$	$r = \lim\limits_{n\to\infty} b_n$
$\{b_n\}$ ist bestimmt divergent gegen $+\infty$	$\Longrightarrow$	$r = \infty$
$\{c_n\}$ ist konvergent gegen null	$\Longrightarrow$	$r = \infty$
$\{c_n\}$ ist konvergent gegen $c \neq 0$	$\Longrightarrow$	$r = \frac{1}{c}$
$\{c_n\}$ ist bestimmt divergent gegen $+\infty$	$\Longrightarrow$	$r = 0$

Eigenschaften von Potenzreihen (Konvergenzradius $r > 0$)

- Eine Potenzreihe ist für jede Zahl $x \in (-r, r)$ absolut konvergent. Sie konvergiert gleichmäßig in jedem abgeschlossenen Intervall $I \subset (-r, r)$.
- Die Summe $s(x)$ einer Potenzreihe ist im Intervall $(-r, r)$ beliebig oft differenzierbar; ihre Ableitungen erhält man durch gliedweise Differentiation.
- In $[0, t]$ bzw. $[t, 0]$ mit $|t| < r$ kann die Potenzreihe auch gliedweise integriert werden:

$$s(x) = \sum_{n=0}^{\infty} a_n x^n \quad\Longrightarrow\quad s'(x) = \sum_{n=1}^{\infty} n a_n x^{n-1} \quad \text{und} \quad \int\limits_0^t s(x)\,\mathrm{d}x = \sum_{n=0}^{\infty} a_n \frac{t^{n+1}}{n+1}$$

- Wenn die Potenzreihen $\sum\limits_{n=0}^{\infty} a_n x^n$ und $\sum\limits_{n=0}^{\infty} b_n x^n$ im gleichen Intervall $(-v, v)$ konvergieren und dort die gleichen Summen haben, so sind beide Potenzreihen identisch: $a_n = b_n \;\; \forall\, n = 0, 1, \ldots$

Taylorreihen

Ist die Funktion $f : D \to \mathbb{R}$, $D \subset \mathbb{R}$ an der Stelle $x_0 \in D$ beliebig oft differenzierbar, so heißt die folgende Potenzreihe die zu f an der Stelle x_0 gebildete *Taylorreihe*:

$$\sum_{n=0}^{\infty} \frac{f^{(n)}(x_0)}{n!}(x - x_0)^n, \quad f^{(0)}(x) = f(x)$$

Taylorreihe

- Ist f in einer Umgebung U der Stelle x_0 beliebig oft differenzierbar und konvergiert das Restglied im ► Satz von Taylor für alle $x \in U$ gegen null, so hat die Taylorreihe einen Konvergenradius $r > 0$, und es gilt für x mit $|x - x_0| < r$:

$$f(x) = \sum_{n=0}^{\infty} \frac{f^{(n)}(x_0)}{n!}(x - x_0)^n$$

Taylorentwicklung

Tabelle einiger Potenzreihen

Konvergenzbereich: $|x| \leq 1$

Funktion	Potenzreihe, Taylorreihe
$(1+x)^\alpha$	$1+\alpha x+\frac{\alpha(\alpha-1)}{2!}x^2+\frac{\alpha(\alpha-1)(\alpha-2)}{3!}x^3+\ldots \quad (\alpha>0)$
$\sqrt{1+x}$	$1+\frac{1}{2}x-\frac{1\cdot 1}{2\cdot 4}x^2+\frac{1\cdot 1\cdot 3}{2\cdot 4\cdot 6}x^3-\frac{1\cdot 1\cdot 3\cdot 5}{2\cdot 4\cdot 6\cdot 8}x^4\pm\ldots$
$\sqrt[3]{1+x}$	$1+\frac{1}{3}x-\frac{1\cdot 2}{3\cdot 6}x^2+\frac{1\cdot 2\cdot 5}{3\cdot 6\cdot 9}x^3-\frac{1\cdot 2\cdot 5\cdot 8}{3\cdot 6\cdot 9\cdot 12}x^4\pm\ldots$

Konvergenzbereich: $|x| < 1$

Funktion	Potenzreihe, Taylorreihe
$\frac{1}{(1+x)^\alpha}$	$1-\alpha x+\frac{\alpha(\alpha+1)}{2!}x^2-\frac{\alpha(\alpha+1)(\alpha+2)}{3!}x^3\pm\ldots \quad (\alpha>0)$
$\frac{1}{1+x}$	$1-x+x^2-x^3+x^4-x^5\pm\ldots$
$\frac{1}{(1+x)^2}$	$1-2x+3x^2-4x^3+5x^4-6x^5\pm\ldots$
$\frac{1}{(1+x)^3}$	$1-\frac{1}{2}\left(2\cdot 3x-3\cdot 4x^2+4\cdot 5x^3-5\cdot 6x^4\pm\ldots\right)$
$\frac{1}{\sqrt{1+x}}$	$1-\frac{1}{2}x+\frac{1\cdot 3}{2\cdot 4}x^2-\frac{1\cdot 3\cdot 5}{2\cdot 4\cdot 6}x^3+\frac{1\cdot 3\cdot 5\cdot 7}{2\cdot 4\cdot 6\cdot 8}x^4\mp\ldots$
$\frac{1}{\sqrt[3]{1+x}}$	$1-\frac{1}{3}x+\frac{1\cdot 4}{3\cdot 6}x^2-\frac{1\cdot 4\cdot 7}{3\cdot 6\cdot 9}x^3+\frac{1\cdot 4\cdot 7\cdot 10}{3\cdot 6\cdot 9\cdot 12}x^4\mp\ldots$
$\arcsin x$	$x+\frac{1}{2\cdot 3}x^3+\frac{1\cdot 3}{2\cdot 4\cdot 5}x^5+\ldots+\frac{1\cdot 3\cdot\ldots\cdot(2n-1)}{2\cdot 4\cdot\ldots\cdot 2n\cdot(2n+1)}x^{2n+1}+\ldots$
$\arccos x$	$\frac{\pi}{2}-x-\frac{1}{2\cdot 3}x^3-\ldots-\frac{1\cdot 3\cdot\ldots\cdot(2n-1)}{2\cdot 4\cdot\ldots\cdot 2n\cdot(2n+1)}x^{2n+1}-\ldots$
$\arctan x$	$x-\frac{1}{3}x^3+\frac{1}{5}x^5-\frac{1}{7}x^7\pm\ldots+(-1)^n\frac{1}{2n+1}x^{2n+1}\pm\ldots$

Konvergenzbereich: $|x| \leq \infty$

Funktion	Potenzreihe, Taylorreihe
$\sin x$	$x - \frac{1}{3!}x^3 + \frac{1}{5!}x^5 - \frac{1}{7!}x^7 \pm \ldots + (-1)^n \frac{1}{(2n+1)!}x^{2n+1} \pm \ldots$
$\cos x$	$1 - \frac{1}{2!}x^2 + \frac{1}{4!}x^4 - \frac{1}{6!}x^6 \pm \ldots + (-1)^n \frac{1}{(2n)!}x^{2n} \pm \ldots$
e^x	$1 + \frac{1}{1!}x + \frac{1}{2!}x^2 + \ldots + \frac{1}{n!}x^n + \ldots$
a^x	$1 + \frac{\ln a}{1!}x + \frac{\ln^2 a}{2!}x^2 + \ldots + \frac{\ln^n a}{n!}x^n + \ldots$
$\sinh x$	$x + \frac{1}{3!}x^3 + \frac{1}{5!}x^5 + \ldots + \frac{1}{(2n+1)!}x^{2n+1} + \ldots$
$\cosh x$	$1 + \frac{1}{2!}x^2 + \frac{1}{4!}x^4 + \ldots + \frac{1}{(2n)!}x^{2n} + \ldots$

Konvergenzbereich: $-1 < x \leq 1$

Funktion	Potenzreihe, Taylorreihe
$\ln(1+x)$	$x - \frac{1}{2}x^2 + \frac{1}{3}x^3 - \frac{1}{4}x^4 \pm \ldots + (-1)^{n+1}\frac{1}{n}x^n \pm \ldots$

Fourierreihen

Reihen der Form

$$s(x) = a_0 + \sum_{k=1}^{\infty} \left(a_k \cos \frac{k\pi x}{l} + b_k \sin \frac{k\pi x}{l} \right)$$

werden *trigonometrische Reihen* oder *Fourierreihen* genannt. Um eine gegebene Funktion $f(x)$ durch eine Fourierreihe darzustellen, ist es notwendig, dass $f(x)$ eine periodische Funktion ist, d. h. $f(x+2l) = f(x)$, und dass für die so genannten *Fourierkoeffizienten* a_k, b_k gilt:

$$a_0 = \frac{1}{2l} \int f(x)\,\mathrm{d}x, \qquad a_k = \frac{1}{l} \int f(x) \cos \frac{k\pi x}{l}\,\mathrm{d}x, \qquad b_k = \frac{1}{l} \int f(x) \sin \frac{k\pi x}{l}\,\mathrm{d}x.$$

Symmetrische Funktionen

f gerade Funktion, d. h. $f(-x) = f(x)$ $\Longrightarrow$ $b_k = 0$ für $k = 1, 2, \ldots$

f ungerade Funktion, d. h. $f(-x) = -f(x)$ $\Longrightarrow$ $a_k = 0$ für $k = 0, 1, 2, \ldots$

Tabelle einiger Fourierreihen

Die Funktionen sind auf einem Intervall der Länge 2π definiert und mit der Periode 2π fortgesetzt.

$$y = \begin{cases} x & \text{für} \quad -\pi < x < \pi \\ 0 & \text{für} \quad x = \pi \end{cases}$$

$$= 2\left(\frac{\sin x}{1} - \frac{\sin 2x}{2} + \frac{\sin 3x}{3} \pm \ldots\right)$$

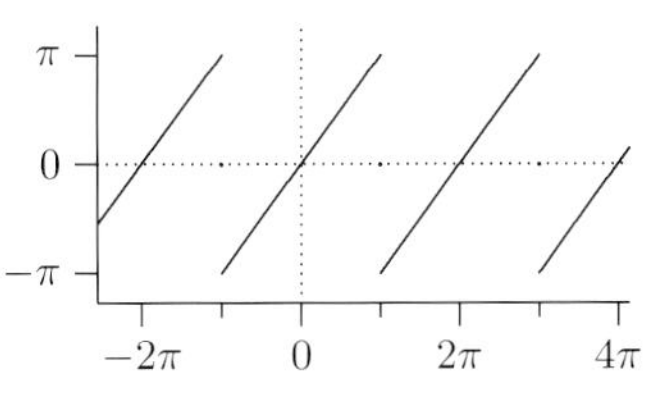

$$y = \begin{cases} x & \text{für } -\frac{\pi}{2} \leq x \leq \frac{\pi}{2} \\ \pi - x & \text{für } \frac{\pi}{2} \leq x \leq \frac{3\pi}{2} \end{cases}$$

$$= \frac{4}{\pi}\left(\frac{\sin x}{1^2} - \frac{\sin 3x}{3^2} + \frac{\sin 5x}{5^2} \mp \ldots\right)$$

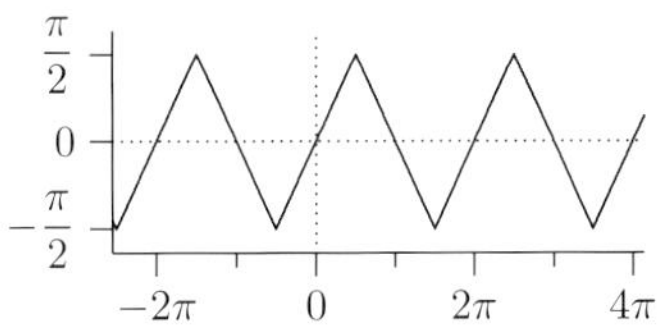

$$y = |x| \text{ für } -\pi \leq x \leq \pi$$

$$= \frac{\pi}{2} - \frac{4}{\pi}\left(\frac{\cos x}{1^2} + \frac{\cos 3x}{3^2} + \frac{\cos 5x}{5^2} + \ldots\right)$$

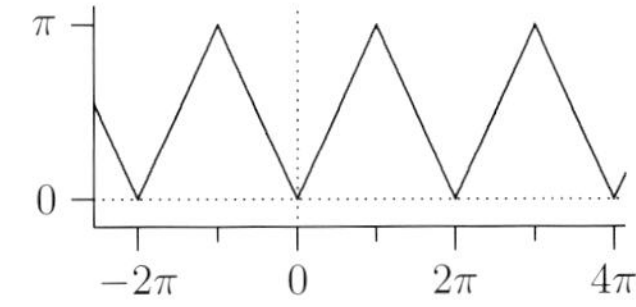

$$y = \begin{cases} -\alpha & \text{für} \quad -\pi < x < 0 \\ \alpha & \text{für} \quad 0 < x < \pi \\ 0 & \text{für} \quad x = 0, \pi \end{cases}$$

$$= \frac{4\alpha}{\pi}\left(\frac{\sin x}{1} + \frac{\sin 3x}{3} + \frac{\sin 5x}{5} + \ldots\right)$$

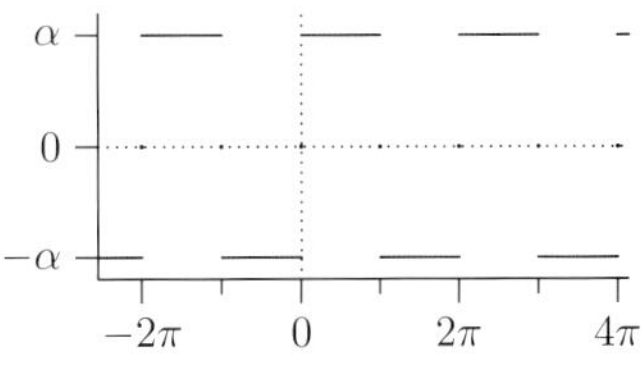

$$y = |\sin x| \text{ für } -\pi \leq x \leq \pi$$

$$= \frac{2}{\pi} - \frac{4}{\pi}\left(\frac{\cos 2x}{1 \cdot 3} + \frac{\cos 4x}{3 \cdot 5} + \frac{\cos 6x}{5 \cdot 7} + \ldots\right)$$

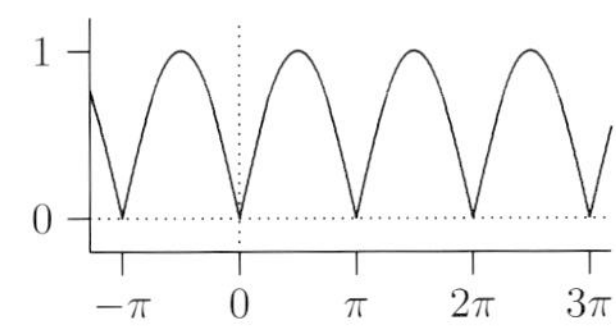

Finanzmathematik

Einfache Zinsrechnung

Bezeichnungen

p	–	Zinssatz, Zinsfuß pro Periode (in Prozent)
t	–	Teil (Vielfaches) einer Zinsperiode, Zeitpunkt
K_0	–	Anfangskapital, Barwert, Gegenwartswert
K_t	–	Kapital zum Zeitpunkt t, Zeitwert
Z_t	–	Zinsen für den Zeitraum t
i	–	Zinssatz, Zinsrate: $i = \frac{p}{100}$
T	–	Anzahl der Zinstage

• In Deutschland rechnet man im Allgemeinen mit 30 Zinstagen pro Monat und 360 Zinstagen pro Jahr. Die am häufigsten vorkommende Zinsperiode ist das Jahr (Zinsen p. a., per annum), aber auch Halbjahr, Quartal, Monat oder andere Zeiträume können Zinsperiode sein. Bei allen die Größe T enthaltenden Formeln wird als Zinsperiode ein Jahr unterstellt.

Grundlegende Formeln

$T = 30 \cdot (m_2 - m_1) + n_2 - n_1$	–	Zinstage; m_i, n_i bezeichnen Monat und Tag des i-ten Zeitpunkts, $i = 1, 2$
$Z_t = K_0 \cdot \dfrac{p}{100} \cdot t = K_0 \cdot i \cdot t$	–	Zinsbetrag
$Z_T = \dfrac{K_0 \cdot i \cdot T}{360} = \dfrac{K_0 \cdot p \cdot T}{100 \cdot 360}$	–	Zinsbetrag auf Tagebasis
$K_0 = \dfrac{100 \cdot Z_t}{p \cdot t} = \dfrac{Z_t}{i \cdot t}$	–	(Anfangs-) Kapital (in $t = 0$)
$p = \dfrac{100 \cdot Z_t}{K_0 \cdot t}$	–	Zinssatz (in Prozent)
$i = \dfrac{Z_t}{K_0 \cdot t}$	–	Zinssatz, Zinsrate
$t = \dfrac{100 \cdot Z_t}{K_0 \cdot p} = \dfrac{Z_t}{K_0 \cdot i}$	–	Laufzeit

Kapital zum Zeitpunkt t

$K_t = K_0(1+i\cdot t) = K_0\left(1+i\cdot\frac{T}{360}\right)$	– Zeitwert, Kapital zum Zeitpunkt t
$K_0 = \frac{K_t}{1+i\cdot t} = \frac{K_t}{1+i\cdot\frac{T}{360}}$	– Barwert
$i = \frac{K_n-K_0}{K_0\cdot t} = 360\cdot\frac{K_n-K_0}{K_0\cdot T}$	– Zinssatz
$t = \frac{K_n-K_0}{K_0\cdot i}$	– (Lauf-) Zeit
$T = 360\cdot\frac{K_n-K_0}{K_0\cdot i}$	– Anzahl der Zinstage

Regelmäßige Zahlungen

• Bei Einteilung der ursprünglichen Zinsperiode in m Teilperioden der Dauer $\frac{1}{m}$ udn regelmäßigen Zahlungen der Höhe r zu Beginn (vorschüssig) bzw. am Ende (nachschüssig) jeder Teilperiode entsteht ein Endwert (Jahresersatzrate) von

$R = r\left(m+\frac{m+1}{2}\cdot i\right)$	– bei vorschüssiger Zahlung
$R = r\left(m+\frac{m-1}{2}\cdot i\right)$	– bei nachschüssiger Zahlung

Speziell $m = 12$ (monatliche Zahlungen und jährliche Verzinsung):

$R = r(12+6,5i)$ – vorschüssig; $R = r(12+5,5i)$ – nachschüssig

Verschiedene Methoden zur Zinsberechnung

Es bezeichne $t_k = T_k M_k J_k$ Tag, Monat und Jahr des k-ten Datums ($k=1$: Anfangsdatum, $k=2$: Enddatum); $t = t_2 - t_1$ beschreibe die tatsächliche Anzahl der Tage zwischen beiden Daten; L_k seien die Laufzeittage im „angebrochenen" Jahr k, Tagebasis $k=365$ oder 366; $f(T_1)=0$, $T_1 \le 29$, $f(T_1)=1$, $T_1 \ge 30$.

Methode	Zeitraum t
30/360	$\frac{360(J_2-J_1)+30(M_2-M_1)+T_2-\min\{T_1,30\}-\max\{T_2-30,0\}f(T_1)}{360}$
act/360	$(t_2-t_1)/360$
act/act	$\frac{T_1}{\text{Tagebasis 1}} + J_2 - J_1 - 1 + \frac{T_2}{\text{Tagebasis 2}}$ *

* Liegt der Zinszeitraum innerhalb eines Jahres, verbleibt nur der erste Summand.

Zinseszinsrechnung

Betrachtet man mehrere Zinsperioden und werden die Zinsen nicht ausgezahlt, sondern angesammelt, so spricht man von *Zinseszinsrechnung* oder geometrischer Verzinsung. Die Zinszahlung erfolgt üblicherweise am Ende der Zinsperiode.

Bezeichnungen

p	–	Zinssatz, Zinsfuß (in Prozent) pro Zinsperiode
n	–	Anzahl der Zinsperioden
K_0	–	Anfangskapital, Barwert, Gegenwartswert
K_n	–	Kapital nach n Perioden, Endwert
i	–	(Nominal-) Zinssatz: $i = \frac{p}{100}$
q	–	Aufzinsungsfaktor (für eine Periode): $q = 1 + i$
q^n	–	Aufzinsungsfaktor (für n Perioden)
m	–	Anzahl unterjähriger Zinsperioden (Teilperioden)
d	–	Diskontfaktor
$i_m, \hat{i}_m$	–	zur unterjährigen (Teil-) Periode gehöriger Zinssatz
δ	–	Zinsintensität

Umrechnung der Grundgrößen

	p	i	q	d	δ
p	p	$100i$	$100(q-1)$	$100\frac{d}{1-d}$	$100(\mathrm{e}^{\delta}-1)$
i	$\frac{p}{100}$	i	$q-1$	$\frac{d}{1-d}$	$\mathrm{e}^{\delta}-1$
q	$1+\frac{p}{100}$	$1+i$	q	$\frac{1}{1-d}$	e^{δ}
d	$\frac{p}{100+p}$	$\frac{i}{1+i}$	$\frac{q-1}{q}$	d	$1-\mathrm{e}^{-\delta}$
δ	$\ln\left(1+\frac{p}{100}\right)$	$\ln(1+i)$	$\ln q$	$\ln\left(\frac{1}{1-d}\right)$	δ

Grundlegende Formeln

$K_n = K_0 \cdot (1+i)^n = K_0 \cdot q^n$	– Leibniz'sche Endwertformel
$K_0 = \dfrac{K_n}{(1+i)^n} = \dfrac{K_n}{q^n}$	– Barwert, Zeitwert für $t = 0$
$p = 100\left(\sqrt[n]{\dfrac{K_n}{K_0}} - 1\right)$	– Zinssatz, Rendite (in Prozent)
$n = \dfrac{\log K_n - \log K_0}{\log q}$	– Laufzeit
$n \approx \dfrac{69}{p}$	– Näherungsformel für Verdoppelungsdauer eines Kapitals
$K_n = K_0 \cdot q_1 \cdot q_2 \cdot \ldots \cdot q_n$	– Endwert bei wechselnden Zinssätzen p_j, $j=1,\ldots,n$ (mit $q_j = 1 + \frac{p_j}{100}$)
$p_r = 100\left(\dfrac{1+i}{1+r} - 1\right) \approx 100(i-r)$	– Realzinssatz bei Inflationsrate r

Gemischte (taggenaue) Verzinsung

$K_t = K_0(1+it_1)(1+i)^N(1+it_2)$	– Kapital nach der Zeit t

- N bezeichnet die Anzahl ganzer Zinsperioden, während t_1, t_2 die Teile einer Zinsperiode darstellen, wo einfache Zinsen gezahlt werden (lineare Verzinsung).
- Zur Vereinfachung wird bei finanzmathematischen Berechnungen anstelle der Formel der gemischten (taggenauen) Verzinsung häufig die Leibniz'sche Endwertformel mit nicht ganzzahligem Exponenten angewendet, d. h. $K_t = K_0(1+i)^t$ mit $t = t_1 + N + t_2$.

Vorschüssige Verzinsung: Der Diskont

Wird der Zinssatz dadurch festgelegt, dass die Zinsen als Bruchteil des Kapitals am **Ende** der Periode ausgedrückt werden, spricht man von *vorschüssiger (antizipativer)* Verzinsung (▶ Diskontfaktor S. 45).

$d = \dfrac{K_1 - K_0}{K_1} = \dfrac{K_t - K_0}{K_t \cdot t}$	– Zinssatz (Diskontrate) bei vorschüssiger Verzinsung
$K_n = \dfrac{K_0}{(1-d)^n}$	– Endwert
$K_0 = K_n(1-d)^n$	– Barwert

Unterjährige und stetige Verzinsung

$K_{n,m} = K_0 \cdot \left(1 + \frac{i}{m}\right)^{n \cdot m}$	– Endwert nach n Perioden bei m-maliger Verzinsung pro Periode
$i_m = \frac{i}{m}$	– relativer unterjähriger Zinssatz
$\hat{i}_m = \sqrt[m]{1+i} - 1$	– äquivalenter unterjähriger Zinssatz
$i_{\text{eff}} = (1 + i_m)^m - 1$	– effektiver Jahreszinssatz
$p_{\text{eff}} = 100\left[(1 + \dfrac{p}{100m})^m - 1\right]$	– effektiver Jahreszinssatz (in Prozent)

- Die Ausgangszinsperiode kann beliebig sein.
- Die Berechnung des Endwerts bei m-maliger Verzinsung mit dem äquivalenten unterjährigen Zinssatz $\hat{i}_m$ führt auf denselben Endwert wie einmalige Verzinsung mit dem Nominalzinssatz i; die Berechnung des Endwerts bei m-maliger Verzinsung mit dem relativen unterjährigen Zinssatz i_m führt auf denjenigen (größeren) Endwert, der sich bei einmaliger Verzinsung mit dem Effektivzinssatz i_{eff} ergibt.

Stetige Verzinsung

$K_{n,\infty} = K_0 \cdot \mathrm{e}^{i \cdot n}$	– Endwert bei stetiger Verzinsung
$i^* = \ln(1+i)$	– Zinsintensität (zum Zinssatz i äquivalent)
$i = \mathrm{e}^{i^*} - 1$	– Nominalzinssatz (zur Zinsintensität i^* äquivalent)

Mittlerer Zahlungstermin

Problem: Zu welchem Zeitpunkt t_m, genannt *mittlerer Zahlungstermin*, ist alternativ die Gesamtschuld $K_1 + K_2 + \ldots + K_k$ auf einmal zurückzubezahlen?

K_1 K_2 K_k

0 t_1 t_2 $\cdots$ t_k

Zahlungsverpflichtungen

Einfache Verzinsung:

$$t_m = \frac{K_1 + K_2 + \ldots + K_k - K_0}{i}, \quad \text{wobei} \quad K_0 = \frac{K_1}{1+it_1} + \ldots + \frac{K_k}{1+it_k}$$

Geometrische Verzinsung:

$$t_m = \frac{\ln(K_1 + \ldots + K_k) - \ln K_0}{\ln q}, \quad \text{wobei} \quad K_0 = \frac{K_1}{q^{t_1}} + \ldots + \frac{K_k}{q^{t_k}}$$

Stetige Verzinsung:

$$t_m = \frac{\ln(K_1 + \ldots + K_k) - \ln K_0}{i^*}, \quad \text{wobei} \quad K_0 = K_1 \mathrm{e}^{-i^* t_1} + \ldots + K_k \mathrm{e}^{-i^* t_k}$$

Rentenrechnung

Bezeichnungen

p	–	Zinssatz (in Prozent)
n	–	Dauer; Anzahl der Zahlungsperioden bzw. Ratenzahlungen
R	–	Höhe der Renten- bzw. Ratenzahlungen
q	–	Aufzinsungsfaktor: $q = 1 + \frac{p}{100}$

Grundlegende Formeln

Grundvoraussetzung ist die Übereinstimmung von Zins- und Ratenperiode.

$E_n^{\text{vor}} = R \cdot q \cdot \dfrac{q^n - 1}{q - 1}$	–	Endwert der vorschüssigen Rente
$B_n^{\text{vor}} = \dfrac{R}{q^{n-1}} \cdot \dfrac{q^n - 1}{q - 1}$	–	Barwert der vorschüssigen Rente
$E_n^{\text{nach}} = R \cdot \dfrac{q^n - 1}{q - 1}$	–	Endwert der nachschüssigen Rente
$B_n^{\text{nach}} = \dfrac{R}{q^n} \cdot \dfrac{q^n - 1}{q - 1}$	–	Barwert der nachschüssigen Rente
$B_\infty^{\text{vor}} = \dfrac{Rq}{q - 1}$	–	Barwert der vorschüssigen ewigen Rente
$B_\infty^{\text{nach}} = \dfrac{R}{q - 1}$	–	Barwert der nachschüssigen ewigen Rente
$n = \dfrac{1}{\ln q} \cdot \ln\left(E_n^{\text{nach}} \cdot \dfrac{q-1}{R} + 1\right) = \dfrac{1}{\ln q} \cdot \ln \dfrac{R}{R - P_n^{\text{nach}}(q-1)}$	–	Laufzeit

Bar- und Endwertfaktoren

	vorschüssig	nachschüssig
Endwertfaktor	$\ddot{s}_{\overline{n}\rceil} = q \cdot \dfrac{q^n - 1}{q - 1}$	$s_{\overline{n}\rceil} = \dfrac{q^n - 1}{q - 1}$
Barwertfaktor	$\ddot{a}_{\overline{n}\rceil} = \dfrac{q^n - 1}{q^{n-1}(q - 1)}$	$a_{\overline{n}\rceil} = \dfrac{q^n - 1}{q^n(q - 1)}$

Zinsperiode > Zahlungsperiode

Erfolgen pro Zinsperiode m Ratenzahlungen, sind in obigen Formeln die Größen r durch $R = r\left(m + \frac{m+1}{2} \cdot i\right)$ bei vorschüssiger und $R = r\left(m + \frac{m-1}{2} \cdot i\right)$ bei nachschüssiger Zahlung zu ersetzen (Jahresersatzrate). Diese Beträge entstehen erst am Ende der Zinsperiode, sodass stets **nachschüssige** Rentenformeln anzuwenden sind.

Grundgrößen bei Zeitrenten

$a_{\overline{n}\rceil}$	–	Barwert einer n-mal nachschüssig zahlbaren Rente vom Betrag 1
$\ddot{a}_{\overline{n}\rceil}$	–	Barwert einer n-mal vorschüssig zahlbaren Rente vom Betrag 1
$s_{\overline{n}\rceil}$	–	Endwert einer n-mal nachschüssig zahlbaren Rente vom Betrag 1
$\ddot{s}_{\overline{n}\rceil}$	–	Endwert einer n-mal vorschüssig zahlbaren Rente vom Betrag 1
$a_{\overline{\infty}\rceil}$	–	Barwert einer nachschüssig zahlbaren ewigen Rente vom Betrag 1
$\ddot{a}_{\overline{\infty}\rceil}$	–	Barwert einer vorschüssig zahlbaren ewigen Rente vom Betrag 1

Bar- und Endwertfaktoren

$$a_{\overline{n}\rceil} = \frac{1}{q} + \frac{1}{q^2} + \frac{1}{q^3} + \ldots + \frac{1}{q^n} = \frac{q^n - 1}{q^n(q-1)}$$

$$\ddot{a}_{\overline{n}\rceil} = 1 + \frac{1}{q} + \frac{1}{q^2} + \ldots + \frac{1}{q^{n-1}} = \frac{q^n - 1}{q^{n-1}(q-1)}$$

$$s_{\overline{n}\rceil} = 1 + q + q^2 + \ldots + q^{n-1} = \frac{q^n - 1}{q-1}$$

$$\ddot{s}_{\overline{n}\rceil} = q + q^2 + q^3 + \ldots + q^n = q \cdot \frac{q^n - 1}{q-1}$$

$$a_{\overline{\infty}\rceil} = \frac{1}{q} + \frac{1}{q^2} + \frac{1}{q^3} + \ldots = \frac{1}{q-1}$$

$$\ddot{a}_{\overline{\infty}\rceil} = 1 + \frac{1}{q} + \frac{1}{q^2} + \ldots = \frac{q}{q-1}$$

Umrechnungstabelle

	$a_{\overline{n}\rceil}$	$\ddot{a}_{\overline{n}\rceil}$	$s_{\overline{n}\rceil}$	$\ddot{s}_{\overline{n}\rceil}$	q^n
$a_{\overline{n}\rceil}$	$a_{\overline{n}\rceil}$	$\frac{\ddot{a}_{\overline{n}\rceil}}{q}$	$\frac{s_{\overline{n}\rceil}}{1+is_{\overline{n}\rceil}}$	$\frac{\ddot{s}_{\overline{n}\rceil}}{q(1+d\ddot{s}_{\overline{n}\rceil})}$	$\frac{q^n-1}{q^n i}$
$\ddot{a}_{\overline{n}\rceil}$	$qa_{\overline{n}\rceil}$	$\ddot{a}_{\overline{n}\rceil}$	$\frac{qs_{\overline{n}\rceil}}{1+is_{\overline{n}\rceil}}$	$\frac{\ddot{s}_{\overline{n}\rceil}}{1+d\ddot{s}_{\overline{n}\rceil}}$	$\frac{q^n-1}{q^n d}$
$s_{\overline{n}\rceil}$	$\frac{a_{\overline{n}\rceil}}{1-ia_{\overline{n}\rceil}}$	$\frac{\ddot{a}_{\overline{n}\rceil}}{q(1-d\ddot{a}_{\overline{n}\rceil})}$	$s_{\overline{n}\rceil}$	$\frac{\ddot{s}_{\overline{n}\rceil}}{q}$	$\frac{q^n-1}{i}$
$\ddot{s}_{\overline{n}\rceil}$	$\frac{qa_{\overline{n}\rceil}}{1-ia_{\overline{n}\rceil}}$	$\frac{\ddot{a}_{\overline{n}\rceil}}{1-d\ddot{a}_{\overline{n}\rceil}}$	$qs_{\overline{n}\rceil}$	$\ddot{s}_{\overline{n}\rceil}$	$\frac{q^n-1}{d}$
q^n	$\frac{1}{1-ia_{\overline{n}\rceil}}$	$\frac{1}{1-d\ddot{a}_{\overline{n}\rceil}}$	$1+is_{\overline{n}\rceil}$	$1+d\ddot{s}_{\overline{n}\rceil}$	q^n

Dynamische Renten

Arithmetisch wachsende dynamische Rente

Zahlungsströme (Zuwächse proportional zur Rate R, Proportionalitätsfaktor δ):

$$\begin{array}{ccccc} R & R(1+\delta) & & R(1+(n-1)\delta) & \\ 0 & 1 & \cdots & n-1 & n \end{array} \qquad \begin{array}{ccccc} & R & R(1+\delta) & & R(1+(n-1)\delta) \\ 0 & 1 & 2 & \cdots & n \end{array}$$

$$E_n^{\text{vor}} = \frac{Rq}{q-1}\left[q^n - 1 + \delta\left(\frac{q^n-1}{q-1} - n\right)\right]$$

$$B_n^{\text{vor}} = \frac{R}{q^{n-1}(q-1)}\left[q^n - 1 + \delta\left(\frac{q^n-1}{q-1} - n\right)\right]$$

$$E_n^{\text{nach}} = \frac{R}{q-1}\left[q^n - 1 + \delta\left(\frac{q^n-1}{q-1} - n\right)\right]$$

$$B_n^{\text{nach}} = \frac{R}{q^n(q-1)}\left[q^n - 1 + \delta\left(\frac{q^n-1}{q-1} - n\right)\right]$$

$$B_\infty^{\text{vor}} = \frac{Rq}{q-1}\left(1 + \frac{\delta}{q-1}\right), \qquad B_\infty^{\text{nach}} = \frac{R}{q-1}\left(1 + \frac{\delta}{q-1}\right)$$

Geometrisch wachsende dynamische Renten

$$\begin{array}{ccccc} R & Rb & Rb^2 & Rb^{n-1} & \\ 0 & 1 & 2 \;\cdots & n-1 & n \end{array} \qquad \begin{array}{ccccc} & R & Rb & & Rb^{n-1} \\ 0 & 1 & 2 & \cdots & n \end{array}$$

Der konstante Quotient $b = 1 + \frac{s}{100}$ aufeinander folgender Glieder ist charakterisiert durch die *prozentuale Steigerungsrate* s.

$$E_n^{\text{vor}} = Rq \cdot \frac{q^n - b^n}{q-b}, \quad b \neq q; \qquad E_n^{\text{vor}} = Rnq^n, \quad b = q$$

$$B_n^{\text{vor}} = \frac{R}{q^{n-1}} \cdot \frac{q^n - b^n}{q-b}, \quad b \neq q; \qquad B_n^{\text{vor}} = Rn, \quad b = q$$

$$E_n^{\text{nach}} = R \cdot \frac{q^n - b^n}{q-b}, \quad b \neq q; \qquad E_n^{\text{nach}} = Rnq^{n-1}, \quad b = q$$

$$B_n^{\text{nach}} = \frac{R}{q^n} \cdot \frac{q^n - b^n}{q-b}, \quad b \neq q; \qquad B_n^{\text{nach}} = \frac{Rn}{q}, \quad b = q$$

$$B_\infty^{\text{vor}} = \frac{Rq}{q-b}, \quad b < q; \qquad B_\infty^{\text{nach}} = \frac{R}{q-b}, \quad b < q$$

Tilgungsrechnung

Bezeichnungen

p	–	Zinssatz (in Prozent)
n	–	Anzahl der Rückzahlungsperioden
i	–	Zinssatz: $i = \frac{p}{100}$
q	–	Aufzinsungsfaktor: $q = 1 + i$
S_0	–	Darlehen, Anfangsschuld
S_k	–	Restschuld am Ende der k-ten Periode
T_k	–	Tilgungsbetrag in der k-ten Periode
Z_k	–	Zinsbetrag in der k-ten Periode
A_k	–	Annuität in der k-ten Periode

Tilgungsarten

- *Ratenschuldtilgung*: Tilgungsraten konstant: $T_k = T = \dfrac{S_0}{n}$, Zinsen fallend
- *Annuitätentilgung*: Annuitäten konstant: $A_k = A = \text{const}$, Zinsen fallend, Tilgungsbeträge steigend
- *Zinsschuldtilgung (endfällige Tilgung)*: $A_k = S_0 i$, $k = 1, \ldots, n-1$; $A_n = S_0(1+i)$
- In einem *Tilgungsplan* werden für jede Periode alle relevanten Größen (Zinsen, Tilgung, Annuität, Restschuld, ggf. Aufgeld) tabellarisch dargestellt.

Grundlegende Formeln

$A_k = T_k + Z_k$	–	Annuität, bestehend aus Tilgung plus Zinsen
$S_k = S_{k-1} - T_k$	–	Restschuld in Periode k = Restschuld in Periode $k-1$ minus Tilgungsbetrag in Periode k
$Z_k = S_{k-1} \cdot i$	–	Zinsen in k-ter Periode, gezahlt auf Restschuld am Ende von Periode $k-1$

Ratenschuldtilgung (Zinsperiode = Zahlungsperiode)

$T_k = \dfrac{S_0}{n}$	–	Tilgung in der k-ten Periode
$Z_k = S_0 \cdot \left(1 - \dfrac{k-1}{n}\right) i$	–	Zinsen in der k-ten Periode
$A_k = \dfrac{S_0}{n} \left[1 - (n-k+1)i\right]$	–	Annuität in der k-ten Periode
$S_k = S_0 \cdot \left(1 - \dfrac{k}{n}\right)$	–	Restschuld am Ende der k-ten Periode

Annuitätentilgung (Zinsperiode = Zahlungsperiode)

$A = S_0 \cdot \dfrac{q^n(q-1)}{q^n-1}$	–	Annuität
$S_0 = \dfrac{A(q^n-1)}{q^n(q-1)}$	–	Anfangsschuld
$T_k = T_1 q^{k-1} = (A - S_0 \cdot i)q^{k-1}$	–	Tilgung in der k-ten Periode
$S_k = S_0 q^k - A\dfrac{q^k-1}{q-1} = S_0 - T_1\dfrac{q^k-1}{q-1}$	–	Restschuld am Ende der k-ten Periode
$Z_k = S_0 i - T_1(q^{k-1}-1) = A - T_1 q^{k-1}$	–	Zinsen in der k-ten Periode
$n = \dfrac{1}{\log q}\left[\log A - \log(A - S_0 i)\right]$	–	Dauer bis zur vollständigen Tilgung

Unterjährige Tilgungszahlungen

In jeder Zinsperiode werden m konstante unterjährige Annuitäten $A^{(m)}$ gezahlt.

$A^{(m)} = \dfrac{A}{m + \frac{m-1}{2} \cdot i}$	–	nachschüssige Zahlung
$A^{(m)} = \dfrac{A}{m + \frac{m+1}{2} \cdot i}$	–	vorschüssige Zahlung

Spezialfall (monatliche Zahlungen, jährliche Verzinsung, d. h. $m = 12$:

$A_{\text{mon}} = \dfrac{A}{12 + 5,5i}$	–	Zahlungen am Monatsende
$A_{\text{mon}} = \dfrac{A}{12 + 6,5i}$	–	Zahlungen zu Monatsbeginn

Tilgung mit Aufgeld

Bei einer Tilgung mit zusätzlichem Aufgeld (Agio) von α Prozent auf den Tilgungsbetrag ist die Größe T_k durch $\hat{T}_k = T_k \cdot \left(1 + \frac{\alpha}{100}\right) = T_k \cdot f_\alpha$ zu ersetzen. Bei der Annuitätentilgung mit eingeschlossenem Aufgeld sind $S_\alpha = S_0 \cdot f_\alpha$ (*fiktive Schuld*), $i_\alpha = \dfrac{i}{f_\alpha}$ (*fiktiver Zinssatz*) bzw. $q_\alpha = 1 + i_\alpha$ in die obigen Formeln einzusetzen.

Kursrechnung

Bezeichnungen

C	–	(Emissions-) Kurs (in Prozent)
K_{nom}	–	Nominalkapital, -wert
K_{real}	–	Realkapital, -wert
n	–	(Rest-) Laufzeit
p, p_{eff}	–	Nominal- (bzw. Effektiv-) Zinssatz, Rendite (in Prozent)
$b_{n,\text{nom}}$; $b_{n,\text{real}}$	–	nachschüssige Rentenbarwertfaktoren
$a = C - 100$	–	Agio bei Über-pari-Kurs
$d = 100 - C$	–	Disagio bei Unter-pari-Kurs
R	–	Rückzahlung am Laufzeitende
$q_{\text{eff}} = 1 + \frac{p_{\text{eff}}}{100}$	–	Aufzinsungsfaktoren

Kursformeln

$C = 100 \cdot \dfrac{K_{\text{real}}}{K_{\text{nom}}}$	–	Kurs als Quotient aus Real- und Nominalkapital
$C = 100 \cdot \dfrac{b_{n,\text{real}}}{b_{n,\text{nom}}} = 100 \cdot \dfrac{\sum\limits_{k=1}^{n} \frac{1}{q_{\text{eff}}^k}}{\sum\limits_{k=1}^{n} \frac{1}{q^k}}$	–	Kurs einer Annuitätenschuld
$C = \dfrac{100}{n} \left[n \cdot \dfrac{p}{p_{\text{eff}}} + b_{n,\text{real}} \left(1 - \dfrac{p}{p_{\text{eff}}} \right) \right]$	–	Kurs einer Ratenschuld
$C = \dfrac{1}{q_{\text{eff}}^n} \cdot \left(p \cdot \dfrac{q_{\text{eff}}^n - 1}{q_{\text{eff}} - 1} + R \right)$	–	Kurs einer Zinsschuld mit Rückzahlung R
$C = 100 \cdot \dfrac{p}{p_{\text{eff}}}$	–	Kurs einer ewigen Rente
$p_s = \dfrac{100}{C} \left(p - \dfrac{a}{n} \right) = \dfrac{100}{C} \left(p + \dfrac{d}{n} \right)$	–	simple yield-to-maturity, Börsenformel

= näherungsweise Rendite einer Zinsschuld (Kurs über bzw. unter pari)

- Durch den Kurs werden Wertpapiere (oder Aktien) am Markt bewertet. Bei gegebenem Kurs C kann die Rendite aus obigen Gleichungen i. Allg. (näherungsweise) durch das Lösen einer Polynomgleichung höheren Grades ermittelt werden (▶ S. 58).

Renditeberechnung

Die Berechnung der *Rendite* (auch *Effektivzinssatz*) ist untrennbarer Bestandteil aller Teilgebiete der Finanzmathematik.

Äquivalenzprinzip (Barwertvergleich)

Zur Berechnung der Rendite einer Zahlungsvereinbarung, Geldanlage etc. dient das *Äquivalenzprinzip*, bei dem, bezogen auf einen festen Zeitpunkt t, die Leistungen des Gläubigers den Leistungen des Schuldners oder auch die Zahlungen bei einer Zahlungsweise denen bei einer anderen Zahlungsweise gegenübergestellt werden. Wird dabei $t = 0$ gewählt, spricht man vom *Barwertvergleich*.

Bezeichnungen

p	–	Nominalzinssatz	p_k	–	Zinssatz im k-ten Jahr
n	–	Laufzeit	m	–	Anzahl unterjähriger Zinsperioden
i	–	Zinssatz	T	–	Zahlungstage vor Fälligkeitstermin
A	–	Annuität	S_k	–	Restschuld nach k Jahren
B	–	Bonus	s	–	prozentuale Preisermäßigung
S_0^N	–	Nettodarlehen	$q = 1 + i = 1 + \frac{p}{100}$,		$q_k = 1 + \frac{p_k}{100}$

Beispiele zur Renditeberechnung

$p_{\text{eff}} = \dfrac{360}{T} \cdot \dfrac{100s}{100 - s}$	– Skonto
$p_{\text{eff}} = 100\left[\left(1 + \dfrac{p}{100m}\right)^m - 1\right]$	– effektiver Jahreszinssatz bei unterjähriger Verzinsung
$p_{\text{eff}} = 100\left(\sqrt[7]{q_1 \cdot q_2 \cdot \ldots \cdot q_7} - 1\right)$	– Rendite eines Bundesschatzbriefes Typ B (bei voller Laufzeit von 7 Jahren)

- In vielen Fällen führt die Berechnung der Rendite p_{eff} (bzw. $q_{\text{eff}} = 1 + \frac{p_{\text{eff}}}{100} = 1 + i_{\text{eff}}$) auf das Lösen einer Polynomgleichung höheren Grades (▶ S. 58):

$100 = \dfrac{100}{q_{\text{eff}}^n} + \displaystyle\sum_{k=1}^{n} \dfrac{p}{q_{\text{eff}}^k}$	– Rendite einer Zinsschuldtilgung (Anleihe)
$100 = \dfrac{100}{q_{\text{eff}}^6} + \displaystyle\sum_{k=1}^{6} \dfrac{p_i}{q_{\text{eff}}^k}$	– Rendite eines Bundesschatzbriefes Typ A (bei voller Laufzeit von 6 Jahren)
$S_0^N q_{\text{eff}}^k - A\dfrac{q_{\text{eff}}^k - 1}{q_{\text{eff}} - 1} = S_k$	– anfänglicher effektiver Jahreszins bei nicht vollständig ausgezahltem Darlehen (▶ Annuitätentilgung)
$(12 + 6{,}5 i_{\text{eff}})\dfrac{q_{\text{eff}}^n - 1}{q_{\text{eff}} - 1} = (12 + 6{,}5 i)\dfrac{q^n - 1}{q - 1} + B$	– Rendite eines Sparplans mit Bonus bei monatlichen vorschüssigen Einzahlungen

Effektivzinsberechnung laut Preisangabenverordnung

In der Preisangabenverordnung (PAngV) vom 28.7.2000 (Neufassung; BGBl I S. 1244) wird in § 6 sowie im Anhang die Vorgehensweise zur Ermittlung des (anfänglichen) effektiven Jahreszinssatzes von Krediten vorgeschrieben.

m	Anzahl der Einzelzahlungen des Darlehens
n	Anzahl der Tilgungszahlungen (inklusive Zahlungen von Kosten)
t_k	der in Jahren oder Jahresbruchteilen ausgedrückte Zeitabstand zwischen dem Zeitpunkt der ersten Darlehensauszahlung und dem Zeitpunkt der Darlehensauszahlung mit der Nummer k, $k = 1, \ldots, m$; $t_1 = 0$
t'_j	der in Jahren oder Jahresbruchteilen ausgedrückte Zeitabstand zwischen dem Zeitpunkt der ersten Darlehensauszahlung und dem Zeitpunkt der Tilgungszahlung oder Zahlung von Kosten mit der Nummer j, $j = 1, \ldots, n$
A_k	Auszahlungsbetrag des Darlehens mit der Nummer k, $k = 1, \ldots, m$
A'_j	Betrag der Tilgungszahlung oder einer Zahlung von Kosten mit der Nummer j, $j = 1, \ldots, n$

Ansatz zur Berechnung der effektiven Jahreszinsrate i (Äquivalenzprinzip in Form des Barwertvergleichs):

$$\sum_{k=1}^{m} \frac{A_k}{(1+i)^{t_k}} = \sum_{j=1}^{n} \frac{A'_j}{(1+i)^{t'_j}} .$$

Die von Kreditgeber und Kreditnehmer zu unterschiedlichen Zeitpunkten gezahlten Beträge sind nicht notwendigerweise gleich groß und werden nicht notwendigerweise in gleichen Zeitabständen entrichtet.

- Anfangszeitpunkt ist der Tag der ersten Darlehensauszahlung ($t_1 = 0$).
- Die Zeiträume t_k und t'_j werden in Jahren oder Jahresbruchteilen ausgedrückt. Zugrunde gelegt werden für das Jahr 365 Tage, 52 Wochen oder 12 gleichlange Monate, wobei für letztere eine Länge von $365/12 = 30{,}41\overline{6}$ Tagen angenommen wird.
- Der Vomhundertsatz ist auf zwei Dezimalstellen genau anzugeben; die zweite Dezimalstelle wird aufgerundet, wenn die folgende Ziffer größer oder gleich 5 ist.
- Der effektive Zinssatz wird entweder algebraisch oder mit numerischen Näherungsverfahren berechnet (s. S. 58).

Investitionsrechnung

Die mehrperiodige Investitionsrechnung liefert Methoden und Modelle zur Beurteilung der Wirtschaftlichkeit von Investitionen. Die bekanntesten sind: *Kapitalwertmethode, Methode des internen Zinsfußes, Annuitätenmethode.* Zukünftige Einnahmen und Ausgaben sind prognostizierte Werte.

Bezeichnungen

E_k, A_k	–	Einnahme (Ausgabe) zum Zeitpunkt k
C_k	–	Einnahmeüberschuss zum Zeitpunkt k: $C_k = E_k - A_k$
K_E	–	Kapitalwert der Einnahmen
K_A	–	Kapitalwert der Ausgaben
C	–	Kapitalwert der Investition
n	–	Anzahl der Perioden
p	–	Kalkulationszinssatz
q	–	Aufzinsungsfaktor: $q = 1 + \frac{p}{100}$

Kapitalwertmethode

$K_E = \sum\limits_{k=0}^{n} \frac{E_k}{q^k}$	–	Kapitalwert der Einnahmen; Summe der Barwerte aller zukünftigen Einnahmen
$K_A = \sum\limits_{k=0}^{n} \frac{A_k}{q^k}$	–	Kapitalwert der Ausgaben; Summe der Barwerte aller zukünftigen Ausgaben
$C = \sum\limits_{k=0}^{n} \frac{C_k}{q^k} = K_E - K_A$	–	Kapitalwert der Einnahmeüberschüsse

- Bei $C = 0$ entspricht die Investition dem gegebenen Kalkulationszinssatz p, bei $C > 0$ ist ihre Rendite höher, bei $C < 0$ niedriger als p. Stehen mehrere Investitionen zur Auswahl, wird derjenigen mit dem höchsten Kapitalwert der Vorzug gegeben.

Methode des internen Zinsfußes

Der *interne Zinsfuß* ist ein Zinssatz (es kann mehrere geben), bei dem der Kapitalwert der Investition gleich null ist. Bei mehreren möglichen Investitionen wird diejenige mit dem höchsten internen Zinsfuß ausgewählt.

Annuitätenmethode

$F_A = \frac{q^n \cdot (q-1)}{q^n - 1}$	–	Annuitäten- (Kapitalwiedergewinnungs-) Faktor
$A_E = K_E \cdot F_A$	–	Einnahmenannuität
$A_A = K_A \cdot F_A$	–	Ausgabenannuität
$A_G = A_E - A_A$	–	Gewinnannuität

- Bei $A_E = A_A$ erbringt die Investition eine Rendite in Höhe von p, für $A_E > A_A$ ist die Rendite höher als der Kalkulationszinssatz p.

Abschreibungen

Abschreibungen beschreiben die Wertminderung von Anlagegütern. Die Differenz aus Anfangswert (Anschaffungspreis, Herstellungskosten) und Abschreibung ergibt den *Buchwert*.

n	–	Nutzungsdauer (in Jahren)
A	–	Anfangswert
w_k	–	Wertminderung (Abschreibung) nach k Jahren
R_k	–	Buchwert nach k Jahren (R_n – Restwert)

Lineare Abschreibung

$w_k = w = \dfrac{A - R_n}{n}$	–	jährliche Abschreibung
$R_k = A - k \cdot w$	–	Buchwert nach k Jahren

Arithmetisch-degressive Abschreibung (Abnahme um jeweils $d =$ const)

$w_k = w_1 - (k-1) \cdot d$	–	Abschreibung im k-ten Jahr
$d = 2 \cdot \dfrac{nw_1 - (A - R_n)}{n(n-1)}$	–	Reduktionsbetrag der Abschreibungen
Digitale Abschreibung (als Sonderform): $w_n = d$		
$w_k = (n - k + 1) \cdot d$	–	Abschreibung im k-ten Jahr
$d = \dfrac{2 \cdot (A - R_n)}{n(n+1)}$	–	Reduktionsbetrag der Abschreibungen

Geometrisch-degressive Abschreibung (Abnahme um jeweils s Prozent vom Vorjahresbuchwert)

$R_k = A \cdot \left(1 - \dfrac{s}{100}\right)^k$	–	Buchwert nach k Jahren
$s = 100 \cdot \left(1 - \sqrt[n]{\dfrac{R_n}{A}}\right)$	–	Abschreibungsprozentsatz
$w_k = A \cdot \dfrac{s}{100} \cdot \left(1 - \dfrac{s}{100}\right)^{k-1}$	–	Abschreibung im k-ten Jahr

Übergang von degressiver zu linearer Abschreibung

Unter der Voraussetzung $R_n = 0$ ist es zweckmäßig, die Abschreibungen bis zum Jahr $\lceil k \rceil$ mit $k = n + 1 - \frac{100}{s}$ geometrisch-degressiv, danach linear vorzunehmen.

Numerische Methoden der Nullstellenberechnung

Gesucht: Nullstelle x^* der stetigen Funktion $f(x)$; ε sei die Genauigkeitsschranke für den Abbruch der Iterationsverfahren.

Wertetabelle
Berechne für ausgewählte Werte x die zugehörigen Funktionswerte $f(x)$. Im Ergebnis erhält man eine ungefähre Übersicht über den Kurvenverlauf und die Lage der Nullstellen.

Intervallhalbierung (Bisektion)
Gegeben: x_L mit $f(x_L) < 0$ und x_R mit $f(x_R) > 0$.

1. Berechne $x_M = \frac{1}{2}(x_L + x_R)$ und $f(x_M)$.
2. Falls $|f(x_M)| < \varepsilon$, so stoppe und wähle x_M als Näherung für x^*.
3. Gilt $f(x_M) < 0$, so setze $x_L := x_M$ (x_R unverändert); gilt $f(x_M) > 0$, so setze $x_R := x_M$ (x_L unverändert), gehe zu 1.

Sekantenverfahren (regula falsi, lineare Interpolation)
Gegeben: x_L mit $f(x_L) < 0$ und x_R mit $f(x_R) > 0$.

1. Berechne $x_S = x_L - \dfrac{x_R - x_L}{f(x_R) - f(x_L)} f(x_L)$ sowie $f(x_S)$.
2. Falls $|f(x_S)| < \varepsilon$, so stoppe und nimm x_S als Näherung für x^*.
3. Gilt $f(x_S) < 0$, so setze $x_L := x_S$ (x_R unverändert); gilt $f(x_M) > 0$, so setze $x_R := x_S$ (x_L unverändert), gehe zu 1.

• Für $f(x_L) > 0$, $f(x_R) < 0$ lassen sich obige Verfahren entsprechend anpassen.

Tangentenverfahren (Newtonverfahren
Gegeben: $x_0 \in U(x^*)$; die Funktion f sei differenzierbar.

1. Berechne $x_{k+1} = x_k - \dfrac{f(x_k)}{f'(x_k)}$.
2. Falls $|f(x_{k+1})| < \varepsilon$, so stoppe und nimm x_{k+1} als Näherung für x^*.
3. Setze $k := k + 1$, gehe zu 1.

• Falls $f'(x_k) = 0$ für ein gewisses k, so starte das Verfahren neu mit einem anderen Punkt x_0.
• Anderes Abbruchkriterium: $|x_L - x_R| < \varepsilon$ bzw. $|x_{k+1} - x_k| < \varepsilon$.

Descartes'sche Vorzeichenregel. *Die Anzahl positiver Nullstellen des Polynoms* $\sum\limits_{k=0}^{n} a_k x^k$ *ist gleich* w *oder* $w - 2$ *oder* $w - 4$, ..., *wobei* w *die Zahl der Vorzeichenwechsel in der Koeffizientenfolge* $a_0, a_1, a_2, \ldots, a_n$ *ist (Nullen werden weggelassen).*

Funktionen einer unabhängigen Variablen

Begriffe

Eine reelle Funktion f einer unabhängigen Veränderlichen $x \in \mathbb{R}$ ist eine Abbildung (Zuordnungsvorschrift) $y = f(x)$, die jeder Zahl x des Definitionsbereiches $D_f \subset \mathbb{R}$ genau eine Zahl $y \in \mathbb{R}$ zuordnet. Schreibweise: $f \colon D_f \to \mathbb{R}$.

Definitionsbereich	–	$D_f = \{x \in \mathbb{R} \mid \exists\, y \in W_f \text{ mit } y = f(x)\}$
Wertebereich	–	$W_f = \{y \in \mathbb{R} \mid \exists\, x \in D_f \text{ mit } y = f(x)\}$
eineindeutige Funktion	–	zu jedem $y \in W_f$ gibt es genau ein $x \in D_f$ mit $y = f(x)$
inverse Funktion, Umkehrfunktion	–	ist f eineindeutig, so ist die Abbildung $y \to x$ mit $y = f(x)$ auch eine eineindeutige Funktion, genannt inverse Funktion zu f; Bezeichnung $f^{-1} \colon W_f \to \mathbb{R}$

Wachstum, Symmetrie, Periodizität

monoton wachsende Funktion	–	$f(x_1) \le f(x_2)\ \ \forall\, x_1, x_2 \in D_f,\ x_1 < x_2$
monoton fallende Funktion	–	$f(x_1) \ge f(x_2)\ \ \forall\, x_1, x_2 \in D_f,\ x_1 < x_2$
streng mon. wachsende Funktion	–	$f(x_1) < f(x_2)\ \ \forall\, x_1, x_2 \in D_f,\ x_1 < x_2$
streng monoton fallende Funktion	–	$f(x_1) > f(x_2)\ \ \forall\, x_1, x_2 \in D_f,\ x_1 < x_2$
gerade Funktion	–	$f(-x) = f(x)\ \forall\ x \in (-a, a) \cap D_f,\ a > 0$
ungerade Funktion	–	$f(-x) = -f(x)\ \forall\ x \in (-a, a) \cap D_f, a > 0$
periodische Funktion (Periode p)	–	$f(x+p) = f(x)\ \ \forall x, x+p \in D_f$

- ε-Umgebung des Punktes x^* (= Menge aller Punkte mit einem Abstand zu x^*, der kleiner als ε ist): $U_\varepsilon(x^*) = \{x \in \mathbb{R} : |x - x^*| < \varepsilon\}, \quad \varepsilon > 0$

Beschränktheit

nach oben beschränkte Funktion	–	$\exists\, K \colon f(x) \le K\ \ \forall\, x \in D_f$
nach unten beschränkte Funktion	–	$\exists\, K \colon f(x) \ge K\ \ \forall\, x \in D_f$
beschränkte Funktion	–	$\exists\, K \colon \lvert f(x) \rvert \le K\ \ \forall\, x \in D_f$

Extrema

Supremum	–	kleinste obere Schranke K; $\sup\limits_{x\in D_f} f(x)$
Infimum	–	größte untere Schranke K; $\inf\limits_{x\in D_f} f(x)$
globale Maximumstelle	–	$x^*\in D_f$ mit $f(x^*)\ge f(x)\ \forall x\in D_f$
globales Maximum	–	$f(x^*)=\max\limits_{x\in D_f} f(x)$
lokale Maximumstelle	–	$x^*\in D_f$ mit $f(x^*)\ge f(x)\ \forall x\in D_f\cap U_\varepsilon(x^*)$
globale Minimumstelle	–	$x^*\in D_f$ mit $f(x^*)\le f(x)\ \forall x\in D_f$
globales Minimum	–	$f(x^*)=\min\limits_{x\in D_f} f(x)$
lokale Minimumstelle	–	$x^*\in D_f$ mit $f(x^*)\le f(x)\ \forall x\in D_f\cap U_\varepsilon(x^*)$

Krümmungseigenschaften

konvexe Funktion	–	$f(\lambda x_1+(1-\lambda)x_2)\le \lambda f(x_1)+(1-\lambda)f(x_2)$
streng konvexe Funktion	–	$f(\lambda x_1+(1-\lambda)x_2)< \lambda f(x_1)+(1-\lambda)f(x_2)$
konkave Funktion	–	$f(\lambda x_1+(1-\lambda)x_2)\ge \lambda f(x_1)+(1-\lambda)f(x_2)$
streng konkave Funktion	–	$f(\lambda x_1+(1-\lambda)x_2)> \lambda f(x_1)+(1-\lambda)f(x_2)$

Die Ungleichungen gelten für beliebige $x_1,x_2\in D_f$ und beliebige Zahlen $\lambda\in(0,1)$. Bei Konvexität und Konkavität gelten sie auch für $\lambda=0$ und $\lambda=1$.

Darstellung von reellen Funktionen

Nullstelle	–	eine Zahl $x_0\in D_f$ mit $f(x_0)=0$
Graph einer Funktion	–	Darstellung der zu f zugeordneten Punkte $(x,y)=(x,f(x))$ in der Ebene $\mathbb{R}^2$, i. Allg. unter Verwendung eines kartesischen Koordinatensystems
kartesisches Koordinatensystem	–	aus zwei senkrecht aufeinander stehenden Koordinatenachsen bestehendes System in der Ebene; horizontale (*Abszissen-*) Achse meist x, vertikale (*Ordinaten-*) Achse meist y; die Achsen sind mit (u. U. unterschiedlichen) Maßstäben versehen

Lineare Funktionen

Es gelte $a, b, \lambda \in \mathbb{R}$.

lineare Funktion	– $y = f(x) = ax$
affin lineare Funktion	– $y = f(x) = ax + b$

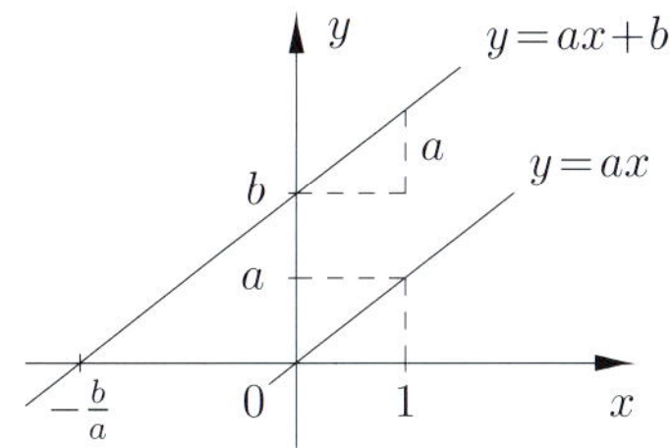

Eigenschaften linearer Funktionen

$$f(x_1 + x_2) = f(x_1) + f(x_2) \qquad f(\lambda x) = \lambda f(x) \qquad f(0) = 0$$

Eigenschaften affin linearer Funktionen

$$\frac{f(x_1) - f(x_2)}{x_1 - x_2} = a \qquad f\left(-\frac{b}{a}\right) = 0, \quad a \neq 0 \qquad f(0) = b$$

- Affin lineare Funktionen werden oftmals einfach als lineare Funktionen bezeichnet.
- In einem x, y-Koordinatensystem, dessen Achsen gleichmäßig unterteilt sind, ist der Graph einer linearen oder affin linearen Funktion eine Gerade.

Quadratische Funktionen $y = f(x) = ax^2 + bx + c \quad (a \neq 0)$

Diskriminante: $\boxed{D = p^2 - 4q}$

mit $p = \frac{b}{a}, \quad q = \frac{c}{a}$

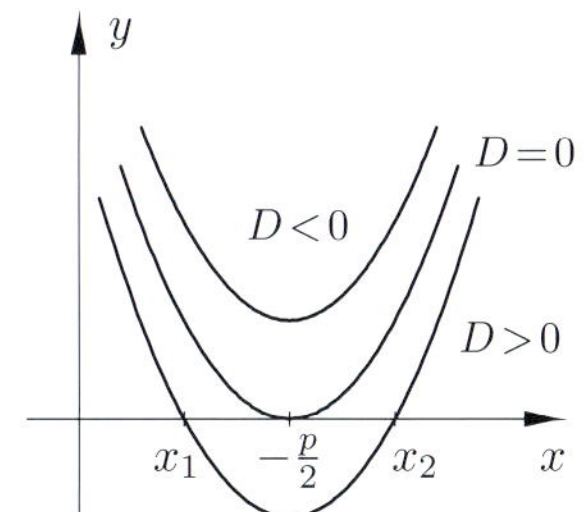

Nullstellen

$D > 0:$	$x_{1,2} = \frac{1}{2}\left(-p \pm \sqrt{D}\right)$	–	zwei reelle Nullstellen
$D = 0:$	$x_1 = x_2 = -\frac{p}{2}$	–	eine doppelte Nullstelle
$D < 0:$		–	keine Nullstelle

Speziell: $f(x) = x^2 + px + q \qquad \Longrightarrow \qquad x_{1,2} = -\frac{p}{2} \pm \sqrt{\frac{p^2}{4} - q}$

Extremstellen

$a > 0:$	eine Minimumstelle	$x_{\min} = -\dfrac{p}{2}$
$a < 0:$	eine Maximumstelle	$x_{\max} = -\dfrac{p}{2}$

• Für $a>0$ ($a<0$) ist f eine streng konvexe (konkave) Funktion und der Graph von f eine nach oben (unten) geöffnete Parabel mit Scheitelpunkt $\left(-\frac{p}{2}, -\frac{aD}{4}\right)$.

Potenzfunktionen

Potenzfunktionen $y = x^n$, $n \in \mathbb{N}$

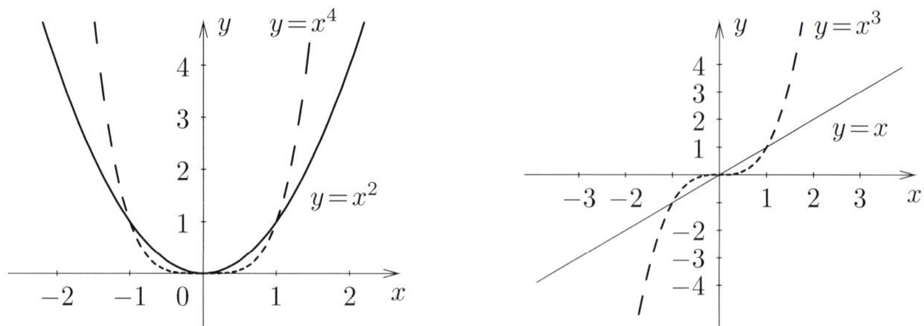

Gerade und ungerade Potenzfunktionen

Definitionsbereich: $D_f = \mathbb{R}$;
Wertebereich: $W_f = \mathbb{R}$, falls n ungerade; $W_f = \mathbb{R}^+$, falls n gerade

• Ist n gerade, so stellt $y = x^n$ eine gerade Funktion dar, für ungerades n ist $y = x^n$ eine ungerade Funktion (▶ S. 59).
• Die Funktion $x^0 \equiv 1$ ist eine Konstante.

Allgemeine Potenzfunktionen $y = x^\alpha$, $\alpha \in \mathbb{R}$, $x > 0$

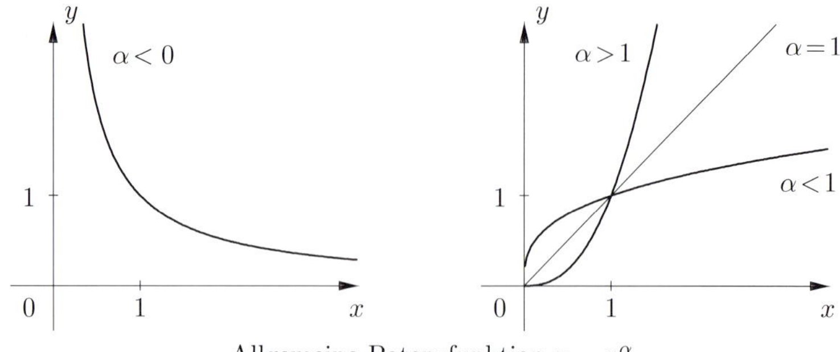

Allgemeine Potenzfunktion $y = x^\alpha$

Definitionsbereich: $D_f = \mathbb{R}^+$, falls $\alpha \geq 0$; $D_f = \{x \,|\, x > 0\}$, falls $\alpha < 0$

Wertebereich: $W_f = \mathbb{R}^+$, falls $\alpha \geq 0$; $W_f = \{y \,|\, y > 0\}$, falls $\alpha < 0$

• Für $\alpha = \frac{1}{n}$ spricht man von *Wurzelfunktion*: $y = x^{\frac{1}{n}} = \sqrt[n]{x}$. Sie ist die Umkehrfunktion zur Funktion $y = x^n$ (für $x > 0$).

• Für spezielle Werte von α ist D_f umfassender: $D_f = \mathbb{R}^n$ (z. B. für $\alpha = \frac{1}{n}$, n ungerade) oder $D_f = \mathbb{R}\setminus\{0\}$ (z. B. für $\alpha = -n$, $n \in \mathbb{N}$).

• Wegen $\varepsilon_f(x) = \alpha = \text{const}$ handelt es sich bei Potenzfunktionen um Funktionen mit konstanter ▶ Elastizität (S. 82).

Polynome

Funktionen $y = p_n(x)\colon \mathbb{R} \to \mathbb{R}$ der Gestalt

$$p_n(x) = a_n x^n + a_{n-1}x^{n-1} + \ldots + a_1 x + a_0, \quad a_n \neq 0, \quad a_i \in \mathbb{R}, \quad n \in \mathbb{N}_0$$

heißen *ganze rationale Funktionen* oder *Polynome n-ten Grades*.

• Nach dem Fundamentalsatz von Gauß kann jedes Polynom n-ten Grades als

$$p_n(x) = a_n(x - x_1)(x - x_2)\ldots(x - x_{n-1})(x - x_n)$$ **Produktdarstellung**

dargestellt werden. Die Zahlen x_i sind die reellen oder komplexen Nullstellen des Polynoms. Komplexe Nullstellen treten stets paarweise in konjugiert komplexer Form auf. Die Nullstelle x_i ist p-fache Nullstelle oder Nullstelle *der Ordnung p*, wenn der Faktor $(x - x_i)$ in der Produktdarstellung p-mal vorkommt. Funktions- und Ableitungswerte von Polynomen lassen sich wie folgt berechnen:

$$b_{n-1} := a_n, \quad b_i := a_{i+1} + ab_{i+1}, \quad i = n-2, \ldots, 0, \quad p_n(a) = a_0 + ab_0$$

$$c_{n-2} := b_{n-1}, \quad c_i := b_{i+1} + ac_{i+1}, \quad i = n-3, \ldots, 0, \quad p_n'(a) = b_0 + ac_0$$

Horner-Schema

	a_n	a_{n-1}	a_{n-2}	$\ldots$	a_2	a_1	a_0
a	$-$	ab_{n-1}	ab_{n-2}	$\ldots$	ab_2	ab_1	ab_0
	b_{n-1}	b_{n-2}	b_{n-3}	$\ldots$	b_1	b_0	$p_n(a)$
a	$-$	ac_{n-2}	ac_{n-3}	$\ldots$	ac_1	ac_0	
	c_{n-2}	c_{n-3}	c_{n-4}	$\ldots$	c_0	$p_n'(a)$	

Es gilt:

$$p_n(x) = p_n(a) + (x - a)\cdot(b_{n-1}x^{n-1} + b_{n-2}x^{n-2} + \cdots + b_1 x + b_0)$$

Gebrochen rationale Funktionen, Partialbruchzerlegung

Funktionen der Gestalt $y = r(x)$ mit

$$r(x) = \frac{p_m(x)}{q_n(x)} = \frac{a_m x^m + a_{m-1}x^{m-1} + \cdots + a_1 x + a_0}{b_n x^n + b_{n-1}x^{n-1} + \cdots + b_1 x + b_0}, \qquad a_m \neq 0,\ b_n \neq 0$$

heißen *gebrochen rationale* Funktionen, und zwar *echt* gebrochen für $m < n$ und *unecht* gebrochen für $m \geq n$.

• Eine *unecht* gebrochene rationale Funktion kann durch *Polynomdivision* auf die Form $\boxed{r(x) = p(x) + s(x)}$ gebracht werden, wobei $p(x)$ ein Polynom ist (*Asymptote*) und $s(x)$ eine *echt* gebrochen rationale Funktion (▶ Produktdarstellung einer Polynomfunktion).

Nullstellen von $r(x)$	–	alle Nullstellen des Zählerpolynoms, die keine Nullstellen des Nennerpolynoms sind
Polstellen von $r(x)$	–	alle Nullstellen des Nennerpolynoms, die keine Nullstellen des Zählerpolynoms sind und alle gemeinsamen Nullstellen von Zähler und Nenner, deren Vielfachheit im Zähler kleiner als ihre Vielfachheit im Nenner ist
Lücken von $r(x)$	–	alle gemeinsamen Nullstellen des Zähler- und Nennerpolynoms, deren Vielfachheit im Zählerpolynom größer oder gleich ihrer Vielfachheit im Nennerpolynom ist

Partialbruchzerlegung

echt gebrochen rationaler Funktionen $r(x) = \dfrac{p_m(x)}{q_n(x)}$, $m < n$

1. Darstellung des Nennerpolynoms $q_n(x)$ als Produkt von linearen und quadratischen Polynomen mit reellen Koeffizienten, wobei die quadratischen Polynome konjugiert komplexe Nullstellen besitzen:

   $$q_n(x) = (x-a)^\alpha (x-b)^\beta \ldots (x^2 + cx + d)^\gamma \ldots$$

2. Ansatz

   $$r(x) = \frac{A_1}{x-a} + \frac{A_2}{(x-a)^2} + \ldots + \frac{A_\alpha}{(x-a)^\alpha} + \frac{B_1}{x-b} + \frac{B_2}{(x-b)^2} + \ldots + \frac{B_\beta}{(x-b)^\beta} + \ldots + \frac{C_1 x + D_1}{x^2 + cx + d} + \ldots + \frac{C_\gamma x + D_\gamma}{(x^2 + cx + d)^\gamma} + \ldots$$

3. Bestimmung der (reellen) Koeffizienten $A_i, B_i, C_i, D_i, \ldots$ des Ansatzes:
   a) Ansatz auf Hauptnenner bringen.
   b) Mit Hauptnenner multiplizieren.
   c) Einsetzen von $x = a$, $x = b, \ldots$ liefert $A_\alpha, B_\beta, \ldots$
   d) Koeffizientenvergleich liefert lineare Gleichungen für die restlichen unbekannten Koeffizienten.

Exponentialfunktionen

$y = a^x$	–	Exponentialfunktion, $a \in \mathbb{R},\ a > 0$
a	–	Basis
x	–	Exponent
Spezialfall $a = \mathrm{e}$:		
$y = \mathrm{e}^x = \exp(x)$	–	Exponentialfunktion zur Basis e

Definitionsbereich: $D_f = \mathbb{R}$

Wertebereich: $W_f = \mathbb{R}^+ = \{y \mid y > 0\}$

- Die Umkehrfunktion der Exponentialfunktion $y = a^x$ ist die Logarithmusfunktion $y = \log_a x$ (▶ S. 66).
- Rechengesetze ▶ Potenzen (S. 26)
- Das Wachstum einer Exponentialfunktion mit $a > 1$ ist stärker als das Wachstum jeder Potenzfunktion $y = x^n$.

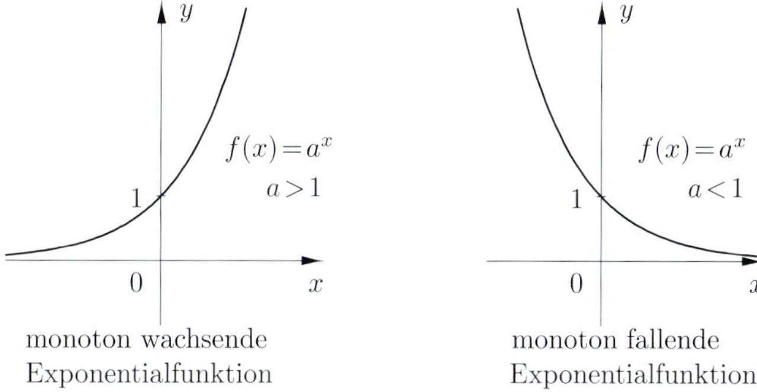

monoton wachsende Exponentialfunktion

monoton fallende Exponentialfunktion

Negativer Exponent

Durch die Umformung

$$a^{-x} = \left(\frac{1}{a}\right)^x, \qquad a > 0,$$

können Funktionswerte für negativen (positiven) Exponenten auf Funktionswerte mit positivem (negativem) Exponenten zurückgeführt werden.

Basis a, $0 < a < 1$

Durch die Umformung

$$a^{-x} = b^x \quad \text{mit} \quad b = \frac{1}{a},$$

kann eine Exponentialfunktion mit Basis a, $0 < a < 1$, auf eine Exponentialfunktion mit Basis b, $b > 1$, zurückgeführt werden.

Logarithmusfunktionen

$y = \log_a x$	–	Logarithmusfunktion, $a \in \mathbb{R},\ a > 1$
x	–	Argument
a	–	Basis
Spezialfall $a = \mathrm{e}$:		
$y = \ln x$	–	Funktion des natürlichen Logarithmus
Spezialfall $a = 10$:		
$y = \lg x$	–	Funktion des dekadischen Logarithmus

Definitionsbereich: $D_f = \mathbb{R}^+ = \{x \in \mathbb{R} \mid x > 0\}$

Wertebereich: $W = \mathbb{R}$

- Der Wert $y = \log_a x$ ist durch die Relation $x = a^y$ definiert.
- Rechengesetze ▶ Logarithmen (S. 26).

- Die Umkehrfunktion der Logarithmusfunktion $y = \log_a x$ ist die Exponentialfunktion (▶ S. 65). bei gleichem Maßstab auf der x- und y-Achse ergibt sich der Graph der Funktion $y = a^x$ als Spiegelung des Graphen von $y = \log_a x$ an der Winkelhalbierenden $y = x$.

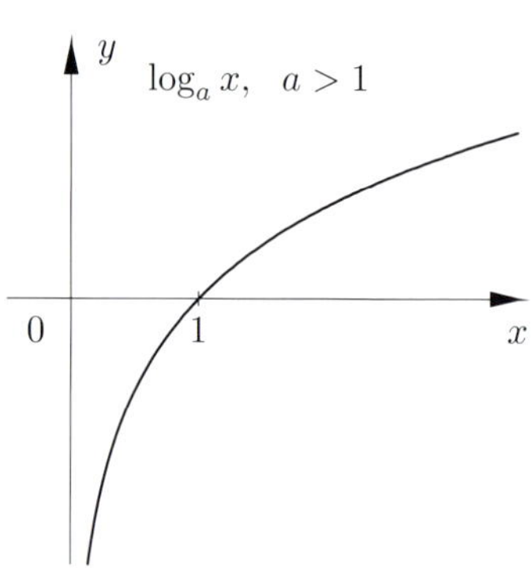

Logarithmusfunktion, monoton wachsend

Basis a, $0 < a < 1$

Durch die Transformation

$$\log_a x = -\log_b x \quad \text{mit} \quad b = \frac{1}{a}$$

kann eine Logarithmusfunktion mit Basis a, $0 < a < 1$, auf eine Logarithmusfunktion mit Basis b, $b > 1$, zurückgeführt werden.

Trigonometrische Funktionen

Wegen des Strahlensatzes herrschen in kongruenten Dreiecken gleiche Verhältnisse zwischen den Seiten, die in rechtwinkligen Dreiecken eindeutig durch einen der nicht rechten Winkel bestimmt sind. Man setzt

$$\sin x = \frac{a}{c}, \qquad \cos x = \frac{b}{c},$$

$$\tan x = \frac{a}{b}, \qquad \cot x = \frac{b}{a}.$$

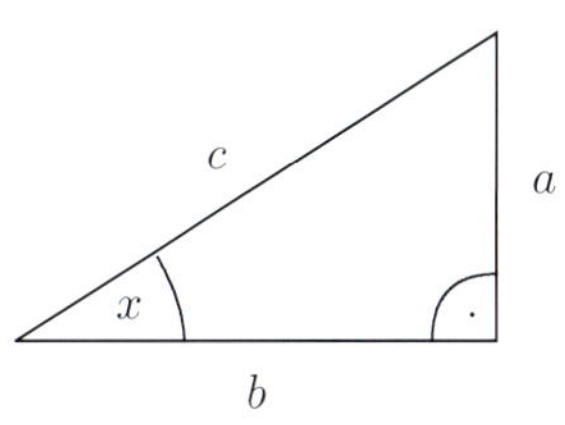

Für Winkel x zwischen $\frac{\pi}{2}$ und 2π werden die Strecken a, b entsprechend ihrer Lage in einem rechtwinkligen Koordinatensystem mit Vorzeichen versehen.

Verschiebungs- und Spiegelungseigenschaften

$\sin\left(\frac{\pi}{2}+x\right)=\sin\left(\frac{\pi}{2}-x\right)=\cos x$	$\sin(\pi+x)=-\sin x$
$\cos\left(\frac{\pi}{2}+x\right)=-\cos\left(\frac{\pi}{2}-x\right)=-\sin x$	$\cos(\pi+x)=-\cos x$
$\tan\left(\frac{\pi}{2}+x\right)=-\tan\left(\frac{\pi}{2}-x\right)=-\cot x$	$\tan(\pi+x)=\tan x$
$\cot\left(\frac{\pi}{2}+x\right)=-\cot\left(\frac{\pi}{2}-x\right)=-\tan x$	$\cot(\pi+x)=\cot x$
$\sin\left(\frac{3\pi}{2}+x\right)=-\cos x$	$\cos\left(\frac{3\pi}{2}+x\right)=\sin x$
$\tan\left(\frac{3\pi}{2}+x\right)=-\cot x$	$\cot\left(\frac{3\pi}{2}+x\right)=-\tan x$

Periodizität

$\sin(x+2\pi)=\sin x$	$\cos(x+2\pi)=\cos x$
$\tan(x+\pi)=\tan x$	$\cot(x+\pi)=\cot x$

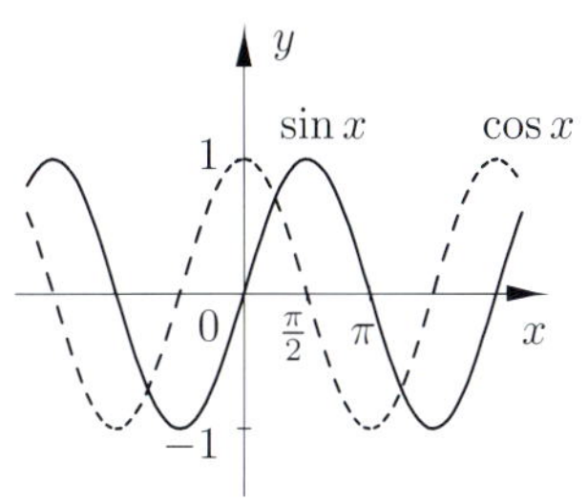

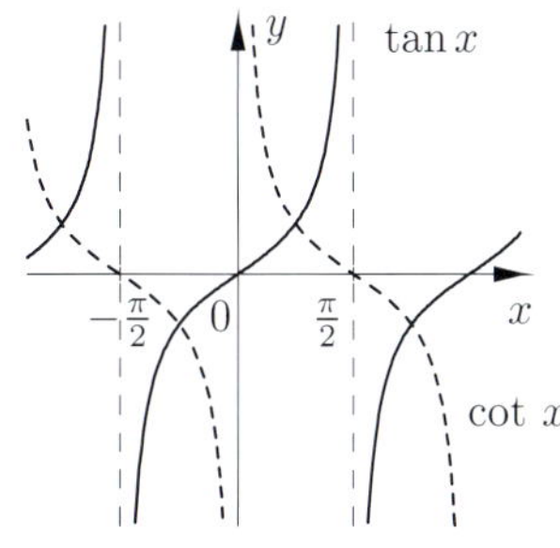

Spezielle Funktionswerte

Bogenmaß	0	$\frac{\pi}{6}$	$\frac{\pi}{4}$	$\frac{\pi}{3}$	$\frac{\pi}{2}$
Gradmaß	$0°$	$30°$	$45°$	$60°$	$90°$
$\sin x$	0	$\frac{1}{2}$	$\frac{1}{2}\sqrt{2}$	$\frac{1}{2}\sqrt{3}$	1
$\cos x$	1	$\frac{1}{2}\sqrt{3}$	$\frac{1}{2}\sqrt{2}$	$\frac{1}{2}$	0
$\tan x$	0	$\frac{1}{3}\sqrt{3}$	1	$\sqrt{3}$	–
$\cot x$	–	$\sqrt{3}$	1	$\frac{1}{3}\sqrt{3}$	0

Umrechnung von Winkelfunktionen $(0 \leq x \leq \frac{\pi}{2})$

	$\sin x$	$\cos x$	$\tan x$	$\cot x$
$\sin x$	–	$\sqrt{1-\cos^2 x}$	$\dfrac{\tan x}{\sqrt{1+\tan^2 x}}$	$\dfrac{1}{\sqrt{1+\cot^2 x}}$
$\cos x$	$\sqrt{1-\sin^2 x}$	–	$\dfrac{1}{\sqrt{1+\tan^2 x}}$	$\dfrac{\cot x}{\sqrt{1+\cot^2 x}}$
$\tan x$	$\dfrac{\sin x}{\sqrt{1-\sin^2 x}}$	$\dfrac{\sqrt{1-\cos^2 x}}{\cos x}$	–	$\dfrac{1}{\cot x}$
$\cot x$	$\dfrac{\sqrt{1-\sin^2 x}}{\sin x}$	$\dfrac{\cos x}{\sqrt{1-\cos^2 x}}$	$\dfrac{1}{\tan x}$	–

$$\sin^2 x + \cos^2 x = 1, \qquad \tan x = \frac{\sin x}{\cos x} \quad (\cos x \neq 0), \qquad \cot x = \frac{\cos x}{\sin x} \quad (\sin x \neq 0)$$

Additionssätze

$$\sin(x \pm y) = \sin x \cos y \pm \cos x \sin y \qquad \cos(x \pm y) = \cos x \cos y \mp \sin x \sin y$$

$$\tan(x \pm y) = \frac{\tan x \pm \tan y}{1 \mp \tan x \tan y} \qquad \cot(x \pm y) = \frac{\cot x \cot y \mp 1}{\cot y \pm \cot x}$$

Doppelwinkelformeln

$$\sin 2x = 2 \sin x \cos x = \frac{2 \tan x}{1 + \tan^2 x} \qquad \cos 2x = \cos^2 x - \sin^2 x = \frac{1 - \tan^2 x}{1 + \tan^2 x}$$

$$\tan 2x = \frac{2 \tan x}{1 - \tan^2 x} = \frac{2}{\cot x - \tan x} \qquad \cot 2x = \frac{\cot^2 x - 1}{2 \cot x} = \frac{\cot x - \tan x}{2}$$

Halbwinkelformeln (für $0 < x < \pi$)

$$\sin\frac{x}{2} = \sqrt{\frac{1-\cos x}{2}} \qquad \tan\frac{x}{2} = \sqrt{\frac{1-\cos x}{1+\cos x}} = \frac{\sin x}{1+\cos x} = \frac{1-\cos x}{\sin x}$$

$$\cos\frac{x}{2} = \sqrt{\frac{1+\cos x}{2}} \qquad \cot\frac{x}{2} = \sqrt{\frac{1+\cos x}{1-\cos x}} = \frac{\sin x}{1-\cos x} = \frac{1+\cos x}{\sin x}$$

Potenzen von Winkelfunktionen

$$\sin^2 x = \frac{1}{2}(1-\cos 2x) \qquad \cos^2 x = \frac{1}{2}(1+\cos 2x)$$

$$\sin^3 x = \frac{1}{4}(3\sin x - \sin 3x) \qquad \cos^3 x = \frac{1}{4}(3\cos x + \cos 3x)$$

$$\sin^4 x = \frac{1}{8}(3 - 4\cos 2x + \cos 4x) \qquad \cos^4 x = \frac{1}{8}(3 + 4\cos 2x + \cos 4x)$$

Arkusfunktionen

- Die Umkehrfunktionen (inversen Funktionen) der Winkelfunktionen werden als *Arkusfunktionen* oder *zyklometrische* Funktionen bezeichnet. So entsteht z. B. die Funktion $y = \arcsin x$ (Arkussinus) aus $x = \sin y$.

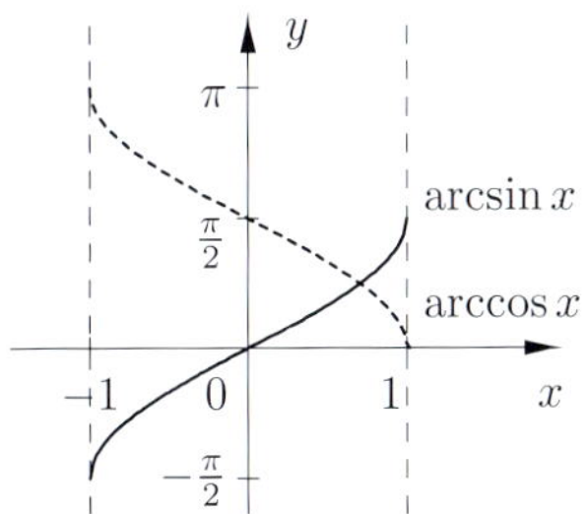

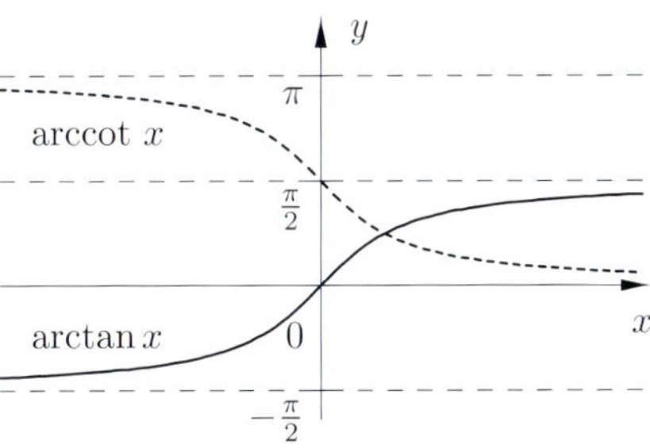

Definitions- und Wertebereiche

Arkusfunktion	Definitionsbereich	Wertebereich
$y = \arcsin x$	$-1 \le x \le 1$	$-\frac{\pi}{2} \le y \le \frac{\pi}{2}$
$y = \arccos x$	$-1 \le x \le 1$	$0 \le y \le \pi$
$y = \arctan x$	$-\infty < x < \infty$	$-\frac{\pi}{2} < y < \frac{\pi}{2}$
$y = \text{arccot}\, x$	$-\infty < x < \infty$	$0 < y < \pi$

Hyperbelfunktionen

$y = \sinh x = \frac{1}{2}(e^x - e^{-x})$	– Hyperbelsinus (Sinus hyperbolicus), $D_f = \mathbb{R}$, $W_f = \mathbb{R}$
$y = \cosh x = \frac{1}{2}(e^x + e^{-x})$	– Hyperbelkosinus (Cosinus hyperbolicus), $D_f = \mathbb{R}$, $W_f = [1, \infty)$
$y = \tanh x = \frac{e^x - e^{-x}}{e^x + e^{-x}}$	– Hyperbeltangens (Tangens hyperbolicus), $D_f = \mathbb{R}$, $W_f = (-1, 1)$
$y = \coth x = \frac{e^x + e^{-x}}{e^x - e^{-x}}$	– Hyperbelkotangens (Cotangens hyperbolicus) $D_f = \mathbb{R} \setminus \{0\}$, $W_f = (-\infty, -1) \cup (1, \infty)$

Areafunktionen

Die Umkehrfunktionen des Hyperbelsinus, Hyperbeltangens, Hyperbelkotangens und des rechten Teils des Hyperbelkosinus werden *Areafunktionen* genannt.

$y = \operatorname{arsinh} x$	– Areasinus (Area sinus hyperbolicus), $D_f = \mathbb{R}$, $W_f = \mathbb{R}$
$y = \operatorname{arcosh} x$	– Areakosinus (Area cosinus hyperbolicus), $D_f = [1, \infty)$, $W_f = [0, \infty)$
$y = \operatorname{artanh} x$	– Areatangens (Area tangens hyperbolicus), $D_f = (-1, 1)$, $W_f = \mathbb{R}$
$y = \operatorname{arcoth} x$	– Areakotangens (Area cotangens hyperbolicus), $D_f = (-\infty, -1) \cup (1, \infty)$, $W_f = \mathbb{R} \setminus \{0\}$

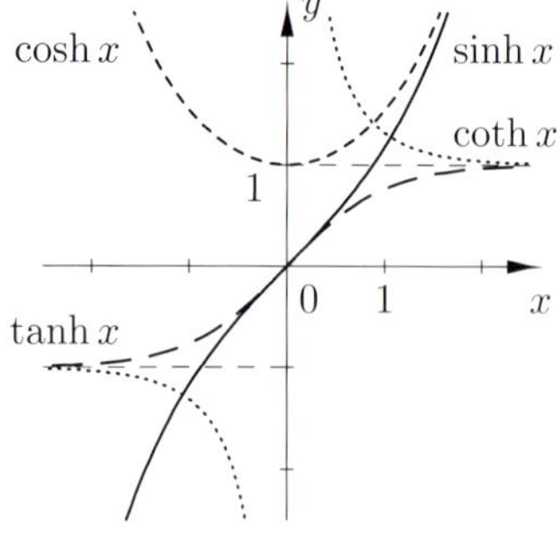

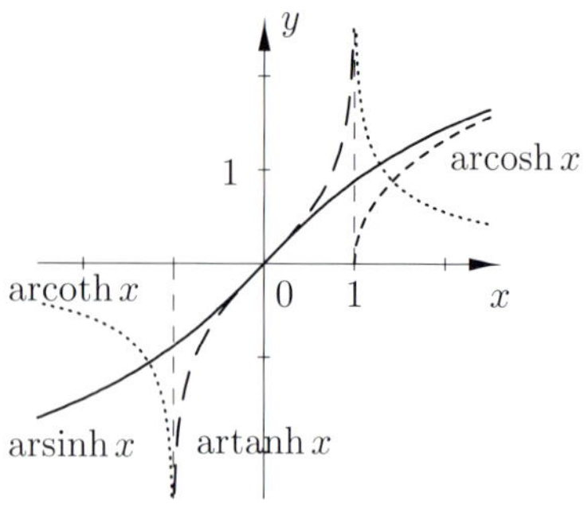

Ausgewählte ökonomische Funktionen

Bezeichnungen

x	–	Menge eines Gutes (in ME)
p	–	Preis eines Gutes (in GE/ME)
E	–	Volkseinkommen, Sozialprodukt (in GE/ZE)

Mikro- und makroökonomische Funktionen

$x = x(p)$	–	Nachfragefunktion (Preis-Absatz-Funktion); i. Allg. streng monoton fallend; x – nachgefragte bzw. abgesetzte Menge
$p = p(x)$	–	Angebotsfunktion; i. Allg. monoton wachsend; x – angebotene Menge
$U(p) = x(p) \cdot p$	–	Umsatzfunktion (Ertragsfunktion, Erlösfunktion); in Abhängigkeit vom Preis p
$K(x) = K_f + K_v(x)$	–	Kostenfunktion als Summe aus Fixkosten und mengen (bzw. beschäftigungs-)abhängigem variablem Kostenanteil
$k(x) = \dfrac{K(x)}{x}$	–	Durchschnitts(gesamt)kosten; Stückkosten
$k_f(x) = \dfrac{K_f}{x}$	–	durchschnittliche fixe Kosten; stückfixe Kosten
$k_v(x) = \dfrac{K_v(x)}{x}$	–	durchschnittliche variable Kosten; stückvariable Kosten
$G(x) = U(x) - K(x)$	–	Gewinn (Betriebsgewinn)
$D(x) = U(x) - K_v(x)$	–	(Gesamt-) Deckungsbeitrag
$g(x) = \dfrac{G(x)}{x}$	–	Durchschnittsgewinn; Stückgewinn
$C = C(E)$	–	(makroökonomische) Konsumfunktion, Ausgaben für Konsumgüter; i. Allg. monoton wachsend
$S(E) = E - C(E)$	–	(makroökonomische) Sparfunktion

- Der Wert der zu einer Funktion f gehörenden *Durchschnittsfunktion* $\bar{f}(x) = \frac{f(x)}{x}$ ist gleich der Steigung des vom Ursprung zum Punkt $(x, f(x))$ verlaufenden Strahls. Er gibt den **pro Einheit** von x entfallenden Funktionswert an.

- Ein der Gleichung $G(x) = 0$, d. h. $U(x) = K(x)$ genügender Punkt x wird *Gewinnschwelle* genannt, seine Ermittlung (*Break-even-Analyse*) erfolgt im Allgemeinen mit einem numerischen Näherungsverfahren.

- Der Stückgewinn ist gleich der Differenz aus (Stück-) Preis und Stückkosten: $g(x) = p(x) - k(x)$. Der *Deckungsbeitrag pro Stück* ergibt sich als Differenz aus Preis und stückvariablen Kosten.

Logistische Funktion (Sättigungsprozess)

Die Funktion

$$y = f(t) = \frac{a}{1 + b \cdot \mathrm{e}^{-ct}}, \qquad a, b, c > 0$$

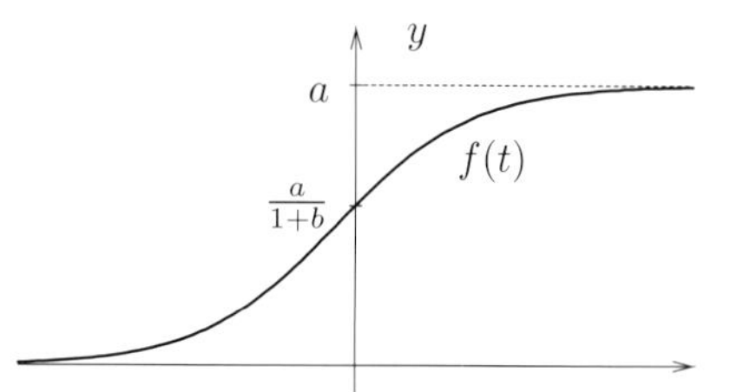

genügt den Beziehungen $\varrho_f(t) = \frac{y'}{y} = p(a - y)$ bzw. $y' = py(a - y)$ (▶ Differentialgleichungen). Hierbei sind:

p	–	Proportionalitätsfaktor,
y	–	Impulsfaktor,
$a - y$	–	Bremsfaktor.

- Das Wachstumstempo $\varrho_f(t)$ ist zu einem beliebigen Zeitpunkt t dem Abstand vom Sättigungsniveau a direkt proportional. Der Zuwachs der Funktion f ist dem Produkt aus Impulsfaktor und Bremsfaktor proportional.

Lagerbestandsfunktion („Sägezahnfunktion")

$$y = f(t) = i \cdot S - \frac{S}{T} \cdot t, \qquad (i-1)T \le t < iT, \qquad T > 0, \ i = 1, 2, \ldots$$

,

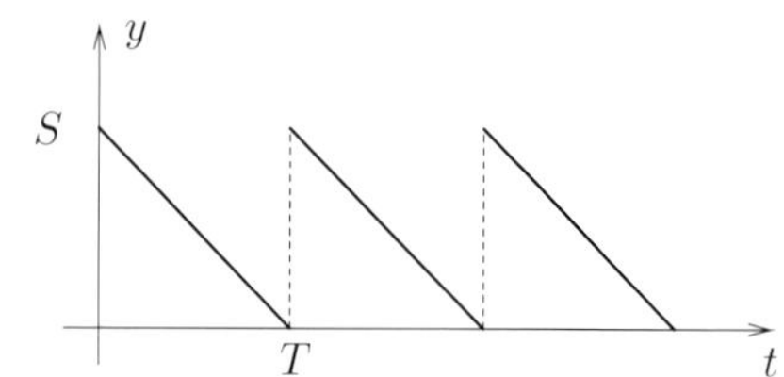

- In den Zeitpunkten iT, $i = 0, 1, 2, \ldots$, wird das Lager aufgefüllt, in den Intervallen $[(i-1)T, iT)$ erfolgt die Auslieferung mit zeitlich konstanter Intensität.

Gompertz-Makeham-Funktion (Sterblichkeitsgesetz)

Die Funktion

$$y = f(t) = a \cdot b^t \cdot c^{d^t}, \quad a, b, c \in \mathbb{R}, \ d > 0$$

genügt der Beziehung $y' = p(t)y$ (► Differentialgleichungen) mit dem Proportionalitätsfaktor (Sterblichkeitsintensität) $p(t) = p_1 + p_2 \cdot d^t = \ln|b| + \ln|c| \cdot \ln d \cdot d^t$.

- Die Abnahme der Anzahl der Lebenden einer Personengesamtheit im Intervall $[t, t+\mathrm{d}t]$ ist der noch lebenden Personenzahl proportional.

Trendfunktion mit periodischen Schwankungen

$$y = f(t) = a + bt + c \cdot \sin dt,$$
$$a, b, c, d \in \mathbb{R}$$

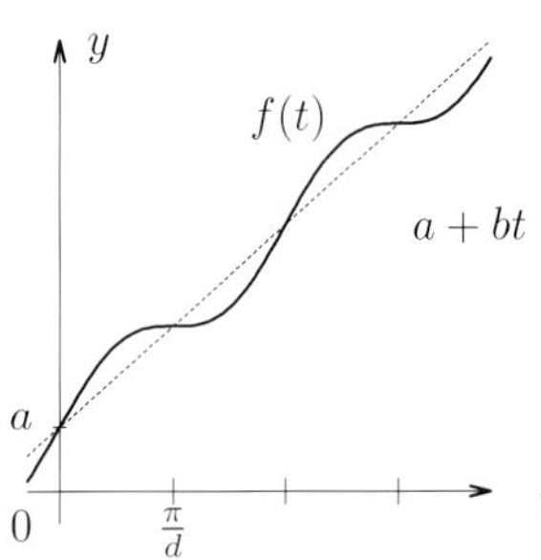

- Die lineare Trendfunktion $a+bt$ wird überlagert von der periodischen Funktion $\sin dt$, die (jährliche) saisonale Schwankungen beschreibt.

Stetiges (exponentielles) Wachstum

Die Funktion

$$y = f(t) = a_0 \cdot q^{\alpha t}$$

beschreibt das zeitabhängige Wachstums- bzw. Abnahmeverhalte (Bevölkerung, Geldmenge usw.); a_0 – Anfangsbestand zum Zeitpunkt $t = 0$, α – Wachstumsintensität.

Verallgemeinertes exponentielles Wachstum

$$y = f(t) = a + b \cdot q^t,$$
$$a, b > 0, \ q > 1$$

- Sowohl die Funktion selbst als auch deren Änderungsrate (Wachstumstempo) $\varrho_f(t) = \frac{y'}{y}$ (► S. 82) sind monoton wachsend; ferner gilt $\lim_{t\to\infty} \varrho_f(t) = \ln q$.

Cobb-Douglas-Produktionsfunktion (ein Inputfaktor)

Die *isoelastische* (d. h. eine konstante Elastizität ▶ S. 82 besitzende) Funktion

$$x = f(r) = c \cdot r^{\alpha}, \quad c, \alpha > 0$$

beschreibt den Zusammenhang zwischen dem Inputfaktor r (in Mengeneinheiten) und dem Output (Produktionsergebnis; in ggf. unterschiedlichen Mengeneinheiten; ▶ S. 131).

Limitationale Produktionsfunktion (ein Inputfaktor)

$$x = f(r) = \begin{cases} a \cdot r, & \text{falls} \quad r \leq \hat{r} \\ b, & \text{falls} \quad r > \hat{r}, \end{cases} \qquad a, b > 0$$

- Produktionsfunktionen dieses Typs entstehen aus Produktionsfunktionen, die mehrere Inputfaktoren berücksichtigen, wenn alle Inputs bis auf einen konstant gehalten werden (*partielle Faktorvariation*).

Differentialrechnung für Funktionen einer Variablen

Grenzwert einer Funktion

Eine Zahl $a \in \mathbb{R}$ heißt *Grenzwert* der Funktion f im Punkt x_0, wenn für **jede** gegen den Punkt x_0 konvergierende Punktfolge $\{x_n\}$ mit $x_n \in D_f$ gilt $\lim\limits_{n\to\infty} f(x_n) = a$. Bezeichnung: $\lim\limits_{x\to x_0} f(x) = a$ (bzw. $f(x) \to a$ für $x \to x_0$).

• Gilt zusätzlich zu obigen Bedingungen die einschränkende Forderung $x_n > x_0$ ($x_n < x_0$), spricht man vom *rechtsseitigen (linksseitigen)* Grenzwert. Bezeichnung: $\lim\limits_{x\downarrow x_0} f(x) = a$ ($\lim\limits_{x\uparrow x_0} f(x) = a$). Für die Existenz des Grenzwertes einer Funktion müssen rechts- und linksseitiger Grenzwert übereinstimmen.

• Konvergiert die Folge $\{f(x_n)\}$ nicht, so sagt man, die Funktion f besitze im Punkt x_0 keinen Grenzwert. Wachsen (fallen) die Funktionswerte über alle Grenzen (*uneigentlicher* Grenzwert), schreibt man $\lim\limits_{x\to x_0} f(x) = \infty$ (bzw. $-\infty$).

Rechenregeln für Grenzwerte

Existieren die beiden Grenzwerte $\lim\limits_{x\to x_0} f(x) = a$ und $\lim\limits_{x\to x_0} g(x) = b$, so gilt:

$$\lim_{x\to x_0} (f(x) \pm g(x)) = a \pm b, \qquad \lim_{x\to x_0} (f(x) \cdot g(x)) = a \cdot b,$$

$$\lim_{x\to x_0} \frac{f(x)}{g(x)} = \frac{a}{b}, \quad \text{falls} \quad g(x) \neq 0, \quad b \neq 0.$$

L'Hospital'sche Regeln für $\frac{0}{0}$ bzw. $\frac{\infty}{\infty}$

Die Funktionen f und g seien differenzierbar in einer Umgebung von x_0, der Grenzwert $\lim\limits_{x\to x_0} \frac{f'(x)}{g'(x)} = K$ existiere (als endlicher oder unendlicher Wert), es gelte $g'(x) \neq 0$, $\lim\limits_{x\to x_0} f(x) = 0$, $\lim\limits_{x\to x_0} g(x) = 0$ oder $\lim\limits_{x\to x_0} |f(x)| = \lim\limits_{x\to x_0} |g(x)| = \infty$. Dann gilt auch $\lim\limits_{x\to x_0} \frac{f(x)}{g(x)} = K$.

• Im Fall $x \to \pm\infty$ gelten analoge Aussagen.

• Ausdrücke der Form $0 \cdot \infty$ oder $\infty - \infty$ lassen sich durch Umformung auf die Gestalt $\frac{0}{0}$ oder $\frac{\infty}{\infty}$ bringen. Ausdrücke der Art 0^0, ∞^0 oder 1^∞ werden mithilfe der Umformung $f(x)^{g(x)} = \mathrm{e}^{g(x) \ln f(x)}$ auf die Form $0 \cdot \infty$ gebracht.

Wichtige Grenzwerte

$\lim\limits_{x\to\pm\infty}\frac{1}{x}=0,$	$\lim\limits_{x\to\infty}\mathrm{e}^x=\infty,$	$\lim\limits_{x\to-\infty}\mathrm{e}^x=0,$
$\lim\limits_{x\to\infty}x^n=\infty\;\;(n\geq 1),$	$\lim\limits_{x\to\infty}\ln x=\infty,$	$\lim\limits_{x\downarrow 0}\ln x=-\infty,$
$\lim\limits_{x\to\infty}\frac{x^n}{\mathrm{e}^{\alpha x}}=0\quad(\alpha\in\mathbb{R},\ \alpha>0,\ n\in\mathbb{N}),$		$\lim\limits_{x\to\infty}q^x=0\;\;(0<q<1),$
$\lim\limits_{x\to\infty}q^x=\infty\;\;(q>1),$		$\lim\limits_{x\to\infty}\left(1+\frac{\alpha}{x}\right)^x=\mathrm{e}^\alpha\;\;(\alpha\in\mathbb{R})$

Stetigkeit

Eine Funktion $f: D_f\to\mathbb{R}$ wird *stetig im Punkt* $x_0\in D_f$ genannt, wenn gilt:

$$\lim_{x\to x_0}f(x)=f(x_0).$$

- Alternative Formulierung: f ist *stetig im Punkt* x_0, wenn es zu jeder (beliebig kleinen) Zahl $\varepsilon>0$ eine Zahl $\delta>0$ gibt, für die gilt $|f(x)-f(x_0)|<\varepsilon$, falls $|x-x_0|<\delta$.
- Ist eine Funktion stetig $\forall\,x\in D_f$, so wird sie *stetig* genannt.

Arten von Unstetigkeitsstellen

endlicher Sprung	–	$\lim\limits_{x\downarrow x_0}f(x)\neq\lim\limits_{x\uparrow x_0}f(x)$
unendlicher Sprung	–	einer der beiden einseitigen Grenzwerte ist unendlich
Polstelle	–	$\big|\lim\limits_{x\downarrow x_0}f(x)\big|=\big|\lim\limits_{x\uparrow x_0}f(x)\big|=\infty$
Polstelle der Ordnung $p\in\mathbb{N}$	–	Stelle x_0, für die der Grenzwert $\lim\limits_{x\to x_0}(x-x_0)^pf(x)$ existiert, endlich und von null verschieden ist
Lücke = hebbare Unstetigkeit	–	$\lim\limits_{x\to x_0}f(x)=a$ existiert, aber f ist nicht definiert für $x=x_0$ oder es gilt $f(x_0)\neq a$

- Gebrochen rationale Funktionen besitzen an den Nullstellen ihres Nenners Polstellen, sofern der Zähler an dieser Stelle ungleich null ist ▶ gebrochen rationale Funktionen, S. 64).

Eigenschaften stetiger Funktionen

- Sind die Funktionen f und g stetig auf ihren Definitionsbereichen D_f bzw. D_g, so sind die Funktionen $f+g$, $f-g$, $f\cdot g$ und $\frac{f}{g}$ stetig auf $D_f\cap D_g$ (letztere für $g(x)\neq 0$).

• Ist die Funktion f im abgeschlossenen Intervall $[a, b]$ stetig, so nimmt sie auf diesem Intervall ihren größten Wert $f_{\max}$ und ihren kleinsten Wert $f_{\min}$ an. Jede dazwischen liegende Zahl wird mindestens einmal als Funktionswert angenommen.

Rechenregeln für Grenzwerte stetiger Funktionen

Ist f stetig, so gilt $\lim\limits_{x \to x_0} f(g(x)) = f\left(\lim\limits_{x \to x_0} g(x)\right)$.

Speziell:

$$\lim_{x \to x_0} (f(x))^n = \left(\lim_{x \to x_0} f(x)\right)^n, \qquad \lim_{x \to x_0} a^{f(x)} = a^{\left(\lim\limits_{x \to x_0} f(x)\right)}, \quad a > 0$$

$$\lim_{x \to x_0} \ln f(x) = \ln\left(\lim_{x \to x_0} f(x)\right), \qquad \text{falls} \quad f(x) > 0$$

Differentiation

Differenzen- und Differentialquotient

$$\frac{\Delta y}{\Delta x} = \frac{f(x + \Delta x) - f(x)}{\Delta x} = \tan\beta$$

$$\frac{\mathrm{d}y}{\mathrm{d}x} = \lim_{\Delta x \to 0} \frac{f(x + \Delta x) - f(x)}{\Delta x} = \tan\alpha$$

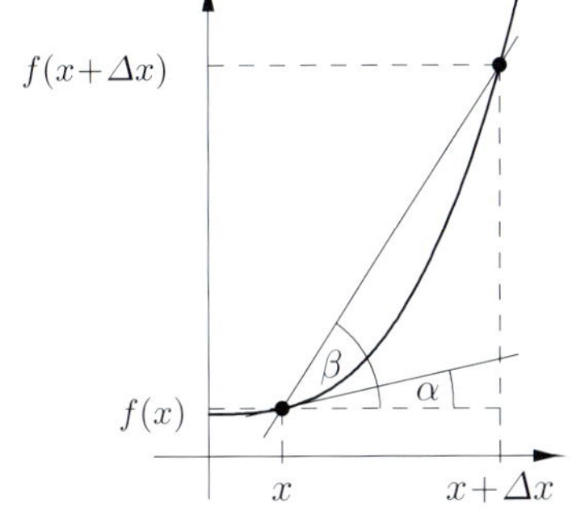

Falls letzterer Grenzwert existiert, heißt die Funktion f an der Stelle *an der Stelle x differenzierbar.* Sie ist dann dort auch stetig. Ist f differenzierbar $\forall x \in D_f$, so wird sie *differenzierbar* auf D_f genannt.

Der Grenzwert wird *Differentialquotient* oder *Ableitung* genannt und mit $\frac{\mathrm{d}y}{\mathrm{d}x}$ (oder $\frac{\mathrm{d}f}{\mathrm{d}x}$, $y'(x)$, $f'(x)$) bezeichnet. Der *Differenzenquotient* $\frac{\Delta y}{\Delta x}$ ist der Anstieg der Sekante durch die Kurvenpunkte $(x, f(x))$ und $(x + \Delta x, f(x + \Delta x))$. Der Differentialquotient ist der Anstieg der Tangente an den Graph von f im Punkt $(x, f(x))$.

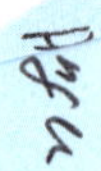

Differentiationsregeln

	Funktion	Ableitung
Faktorregel	$a \cdot u(x)$	$a \cdot u'(x)$, a – reell
Summenregel	$u(x) \pm v(x)$	$u'(x) \pm v'(x)$
Produktregel	$u(x) \cdot v(x)$	$u'(x) \cdot v(x) + u(x) \cdot v'(x)$
Quotientenregel	$\dfrac{u(x)}{v(x)}$	$\dfrac{u'(x) \cdot v(x) - u(x) \cdot v'(x)}{[v(x)]^2}$
Spezialfall:	$\dfrac{1}{v(x)}$	$-\dfrac{v'(x)}{[v(x)]^2}$
Kettenregel	$u(v(x))$ (bzw. $y = u(z)$, $z = v(x)$)	$u'(z) \cdot v'(x)$ $\left(\text{bzw. } \dfrac{dy}{dx} = \dfrac{dy}{dz} \cdot \dfrac{dz}{dx}\right)$
Ableitung mittels Umkehrfunktion	$f(x)$	$\dfrac{1}{(f^{-1})'(f(x))}$ bzw. $\dfrac{dy}{dx} = \dfrac{1}{\frac{dx}{dy}}$
logarithmische Differentiation	$f(x)$	$(\ln f(x))' \cdot f(x)$
implizite Funktion	$y = f(x)$ gegeben als $F(x,y) = 0$	$f'(x) = -\dfrac{F_x(x,y)}{F_y(x,y)}$
allgemeine Exponentialfunktion	$u(x)^{v(x)}$ $(u(x) > 0)$	$u(x)^{v(x)} \cdot \left(v'(x) \ln u(x) + v(x) \dfrac{u'(x)}{u(x)}\right)$

• Differentiation mittels Umkehrfunktion bzw. logarithmische Differentiation werden angewendet, wenn die Umkehrfunktion bzw. die Funktion $\ln f(x)$ „leichter“ zu differenzieren sind als die ursprüngliche Funktion.

Ableitungen elementarer Funktionen

$f(x)$	$f'(x)$	$f(x)$	$f'(x)$
$c = \text{const}$	0	$\ln x$	$\frac{1}{x}$
x	1	$\log_a x$	$\frac{1}{x \cdot \ln a} = \frac{1}{x} \log_a \mathrm{e}$
x^n	$n \cdot x^{n-1}$	$\lg x$	$\frac{1}{x} \lg \mathrm{e}$
$\frac{1}{x}$	$-\frac{1}{x^2}$	$\sin x$	$\cos x$
$\frac{1}{x^n}$	$-\frac{n}{x^{n+1}}$	$\cos x$	$-\sin x$
$\sqrt{x}$	$\frac{1}{2\sqrt{x}}$	$\tan x$	$1 + \tan^2 x = \frac{1}{\cos^2 x}$
$\sqrt[n]{x}$	$\frac{1}{n\sqrt[n]{x^{n-1}}}$	$\cot x$	$-1 - \cot^2 x = -\frac{1}{\sin^2 x}$
x^x	$x^x(\ln x + 1)$	$\arcsin x$	$\frac{1}{\sqrt{1-x^2}}$
e^x	e^x	$\arccos x$	$-\frac{1}{\sqrt{1-x^2}}$
a^x	$a^x \ln a$	$\arctan x$	$\frac{1}{1+x^2}$
$\operatorname{arccot} x$	$-\frac{1}{1+x^2}$	$\sinh x$	$\cosh x$
$\cosh x$	$\sinh x$	$\tanh x$	$1 - \tanh^2 x$
$\coth x$	$1 - \coth^2 x$	$\operatorname{arsinh} x$	$\frac{1}{\sqrt{1+x^2}}$
$\operatorname{arcosh} x$	$\frac{1}{\sqrt{x^2-1}}$	$\operatorname{artanh} x$	$\frac{1}{1-x^2}$
$\operatorname{arcoth} x$	$-\frac{1}{x^2-1}$		

Differential

Für eine an der Stelle x_0 differenzierbare Funktion f ist

$$\Delta y = \Delta f(x_0) = f(x_0 + \Delta x) - f(x_0) = f'(x_0) \cdot \Delta x + \mathrm{o}(\Delta x),$$

wobei die Beziehung $\lim\limits_{\Delta x \to 0} \dfrac{\mathrm{o}(\Delta x)}{\Delta x} = 0$ gilt. Dabei ist $\mathrm{o}(\cdot)$ („klein o“) das *Landau'sche Symbol.*

Der in dieser Beziehung auftretende Ausdruck

$$\boxed{\mathrm{d}y = \mathrm{d}f(x_0) = f'(x_0) \cdot \Delta x}$$

bzw.

$$\boxed{\mathrm{d}y = f'(x_0) \cdot \mathrm{d}x}$$

heißt *Differential* der Funktion f im Punkt x_0. Er stellt den Hauptanteil der Funktionswertänderung bei Änderung des Argumentes x_0 um Δx dar:

$$\boxed{\Delta f(x_0) \approx f'(x_0) \cdot \Delta x}$$

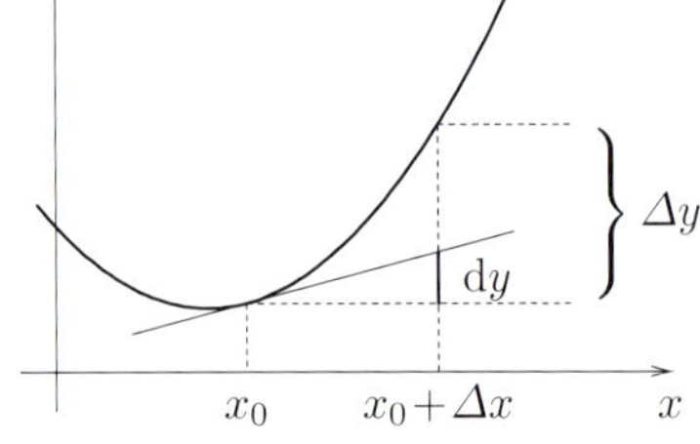

Ökonomische Interpretation der 1. Ableitung

• In wirtschaftswissenschaftlichen Anwendungen wird die 1. Ableitung einer Funktion oft als *Grenzfunktion* oder *Marginalfunktion* bezeichnet. Sie beschreibt **näherungsweise** die Funktionswertänderung bei Änderung der unabhängigen Variablen x um eine Einheit, d. h. $\Delta x = 1$ (▶ Differential). Hintergrund ist der praktisch-ökonomische Begriff der *Grenzfunktion* als Funktionswertänderung bei Änderung von x um eine Einheit:

$$\boxed{\Delta f(x) = f(x+1) - f(x)}$$

• Die Untersuchung wirtschaftlicher Fragestellungen mithilfe von Grenzfunktionen wird auch als *Marginalanalyse* bezeichnet. Dabei sind die **Maßeinheiten** der eingehenden Größen wichtig:

$$\boxed{\text{Maßeinheit der Grenzfunktion } f' \quad = \quad \text{Maßeinheit von } f \,/\, \text{Maßeinheit von } x}$$

Maßeinheiten ökonomischer Funktionen und ihrer Grenzfunktionen

GE – Geldeinheit(en), ME, ME_i – Mengeneinheit(en), ZE – Zeiteinheit

Funktion $f(x)$	Maßeinheit von f	Maßeinheit von x	Grenzfunktion $f'(x)$	Maßeinheit von f'
Kosten	GE	ME	Grenzkosten	$\frac{GE}{ME}$
Stückkosten	$\frac{GE}{ME}$	ME	Grenzstückkosten	$\frac{GE/ME}{ME}$
Umsatz (mengenabhängig)	GE	ME	Grenzumsatz	$\frac{GE}{ME}$
Umsatz (preisabhängig)	GE	$\frac{GE}{ME}$	Grenzumsatz	$\frac{GE}{GE/ME}$
Produktionsfunktion	ME_1	ME_2	Grenzproduktivität (Grenzertrag)	$\frac{ME_1}{ME_2}$
Durchschnittsertrag	$\frac{ME_1}{ME_2}$	ME_2	Grenzdurchschnittsertrag	$\frac{ME_1/ME_2}{ME_2}$
Gewinn	GE	ME	Grenzgewinn	GE/ME
Stückgewinn	$\frac{GE}{ME}$	ME	Grenzstückgewinn	$\frac{GE/ME}{ME}$
Konsumfunktion	$\frac{GE}{ZE}$	$\frac{GE}{ZE}$	marginale Konsumquote (Grenzhang zum Konsum)	100 %
Sparfunktion	$\frac{GE}{ZE}$	$\frac{GE}{ZE}$	marginale Sparquote (Grenzhang zum Sparen)	100 %

Änderungsraten und Elastizitäten

Begriffe

$\frac{\Delta x}{x}$	– mittlere relative Änderung von x ($x \neq 0$)
$\frac{\Delta f(x)}{\Delta x} = \frac{f(x+\Delta x) - f(x)}{\Delta x}$	– mittlere relative Änderung von f (Differenzenquotient)
$R_f(x) = \frac{\Delta f(x)}{\Delta x} \cdot \frac{1}{f(x)}$	– mittlere Änderungsrate von f im Punkt x
$E_f(x) = \frac{\Delta f(x)}{f(x)} : \frac{\Delta x}{x} = \frac{\Delta f(x)}{\Delta x} \cdot \frac{x}{f(x)}$	– mittlere Elastizität von f im Punkt x
$\varrho_f(x) = \lim\limits_{\Delta x \to 0} R_f(x) = \frac{f'(x)}{f(x)}$	– Änderungsrate von f im Punkt x; Wachstumsgeschwindigkeit
$\varepsilon_f(x) = \lim\limits_{\Delta x \to 0} E_f(x) = f'(x) \cdot \frac{x}{f(x)}$	– (Punkt-) Elastizität von f im Punkt x

- Die mittlere Elastizität und die Elastizität sind unabhängig von den für x und $f(x)$ gewählten Maßeinheiten (dimensionslos). Die Elastizität gibt näherungsweise an, um wie viel Prozent sich $f(x)$ ändert (= relative Änderung), wenn sich x um 1 % ändert.

- Beschreibt $y = f(t)$ das Wachstum (die Veränderung) einer ökonomischen Größe in Abhängigkeit von der Zeit t, so gibt $\varrho_f(t)$ die näherungsweise prozentuale Änderung von $f(t)$ pro Zeiteinheit zum Zeitpunkt t an.

- Eine Funktion f heißt im Punkt x

elastisch,	falls $\lvert\varepsilon_f(x)\rvert > 1$	$f(x)$ ändert sich relativ stärker als x,
proportional elastisch (oder 1-elastisch),	falls $\lvert\varepsilon_f(x)\rvert = 1$	näherungsweise gleiche relative Änderung bei x und $f(x)$,
unelastisch,	falls $\lvert\varepsilon_f(x)\rvert < 1$	$f(x)$ ändert sich relativ weniger stark als x,
vollkommen unelastisch (oder starr),	falls $\varepsilon_f(x) = 0$	in linearer Näherung keine Änderung von $f(x)$ bei Änderung von x.

Rechenregeln für Elastizitäten und Änderungsraten

Regel	Elastizität	Änderungsrate
konstanter Faktor	$\varepsilon_{cf}(x) = \varepsilon_f(x) \quad (c \in \mathbb{R})$	$\varrho_{cf}(x) = \varrho_f(x) \quad (c \in \mathbb{R})$
Summe	$\varepsilon_{f+g}(x) = \frac{f(x)\varepsilon_f(x)+g(x)\varepsilon_g(x)}{f(x)+g(x)}$	$\varrho_{f+g}(x) = \frac{f(x)\varrho_f(x)+g(x)\varrho_g(x)}{f(x)+g(x)}$
Produkt	$\varepsilon_{f\cdot g}(x) = \varepsilon_f(x) + \varepsilon_g(x)$	$\varrho_{f\cdot g}(x) = \varrho_f(x) + \varrho_g(x)$
Quotient	$\varepsilon_{\frac{f}{g}}(x) = \varepsilon_f(x) - \varepsilon_g(x)$	$\varrho_{\frac{f}{g}}(x) = \varrho_f(x) - \varrho_g(x)$
mittelbare Funktion	$\varepsilon_{f\circ g}(x) = \varepsilon_f(g(x)) \cdot \varepsilon_g(x)$	$\varrho_{f\circ g}(x) = g(x)\varrho_f(g(x))\varrho_g(x)$
Umkehr-funktion	$\varepsilon_{f^{-1}}(y) = \dfrac{1}{\varepsilon_f(x)}$	$\varrho_{f^{-1}}(y) = \dfrac{1}{\varepsilon_f(x) \cdot f(x)}$

Elastizität der Durchschnittsfunktion

$$\varepsilon_{\bar{f}}(x) = \varepsilon_f(x) - 1$$

$\bar{f}$ – Durchschnittsfunktion $\left(\bar{f}(x) = \dfrac{f(x)}{x},\ x \neq 0\right)$

- Beschreibt speziell $U(p) = p \cdot x(p)$ den Umsatz und $x(p)$ die Nachfrage, so ist wegen $\overline{U}(p) = x(p)$ die Preiselastizität der Nachfrage stets um eins kleiner als die Preiselastizität des Umsatzes.

Allgemeine Amoroso-Robinson-Gleichung

$$f'(x) = \bar{f}(x) \cdot \varepsilon_f(x) = \bar{f}(x) \cdot \big(1 + \varepsilon_{\bar{f}}(x)\big)$$

Spezielle Amoroso-Robinson-Gleichung

$$V'(y) = x \cdot \left(1 + \frac{1}{\varepsilon_N(x)}\right)$$

x – Preis,
$y = N(x)$ – Nachfrage,
N^{-1} – Umkehrfunktion zu N,
$U(x) = x \cdot N(x) = V(y) = y \cdot N^{-1}(y)$ – Umsatz,
V' – Grenzumsatz,
$\varepsilon_N(x)$ – Preiselastizität der Nachfrage

Mittelwertsätze

Mittelwertsatz der Differentialrechnung

Die Funktion f sei auf $[a,b]$ stetig und auf (a,b) differenzierbar. Dann gibt es (mindestens) eine Zahl $\xi \in (a,b)$, für die gilt

$$\boxed{\frac{f(b)-f(a)}{b-a} = f'(\xi)}$$

Verallgemeinerter Mittelwertsatz der Differentialrechnung

Die Funktionen f und g seien auf dem Intervall $[a,b]$ stetig und auf (a,b) differenzierbar. Ferner gelte $g'(x) \neq 0$ für beliebiges $x \in (a,b)$. Dann gibt es (mindestens) eine Zahl $\xi \in (a,b)$, für die gilt

$$\boxed{\frac{f(b)-f(a)}{g(b)-g(a)} = \frac{f'(\xi)}{g'(\xi)}}$$

Höhere Ableitungen und Taylorentwicklung

Höhere Ableitungen

Die Funktion f heißt *n-mal differenzierbar*, wenn die Ableitungen f', $f'' := (f')'$, $f''' := (f'')'$, $\ldots$, $f^{(n)} := (f^{(n-1)})'$ existieren; $f^{(n)}$ wird *n-te Ableitung* oder *Ableitung n-ter Ordnung* von f genannt. Mit $f^{(0)}$ wird f selbst bezeichnet.

Satz von Taylor

Die Funktion f sei in einer Umgebung $U_\varepsilon(x_0)$ des Punktes x_0 $(n+1)$-mal differenzierbar. Ferner sei $x \in U_\varepsilon(x_0)$. Dann gibt es eine zwischen x_0 und x gelegene Zahl ξ („Zwischenstelle“), für die

$$\boxed{\begin{aligned} f(x) = f(x_0) &+ \frac{f'(x_0)}{1!}(x-x_0) + \frac{f''(x_0)}{2!}(x-x_0)^2 + \ldots \\ &+ \frac{f^{(n)}(x_0)}{n!}(x-x_0)^n + \frac{f^{(n+1)}(\xi)}{(n+1)!}(x-x_0)^{n+1} \end{aligned}}$$

gilt, wobei der letzte Summand das *Restglied* in Lagrange-Form ist. Dieses beschreibt den begangenen Fehler, wenn man $f(x)$ durch obige Polynomfunktion n-ten Grades ersetzt.

- Andere Schreibweise (Entwicklung bei x statt x_0 mit der Zwischenstelle $x+\zeta h$, $0<\zeta<1$):

$$\boxed{f(x+h)=f(x) + \frac{f'(x)}{1!}h + \frac{f''(x)}{2!}h^2 + \ldots + \frac{f^{(n)}(x)}{n!}h^n + \frac{f^{(n+1)}(x+\zeta h)}{(n+1)!}h^{n+1}}$$

- *MacLaurin-Form* der Taylorformel ($x_0 = 0$, Zwischenstelle ζx, $0 < \zeta < 1$):

$$f(x) = f(0) + \frac{f'(0)}{1!} \cdot x + \frac{f''(0)}{2!} \cdot x^2 + \ldots + \frac{f^{(n)}(0)}{n!} \cdot x^n + \frac{f^{(n+1)}(\zeta x)}{(n+1)!} \cdot x^{n+1}$$

Taylorformeln elementarer Funktionen (mit Entwicklungsstelle $x_0 = 0$)

Funktion	Taylorpolynom	Restglied
e^x	$1 + x + \frac{x^2}{2!} + \frac{x^3}{3!} + \ldots + \frac{x^n}{n!}$	$\frac{e^{\zeta x}}{(n+1)!} x^{n+1}$
a^x ($a > 0$)	$1 + \frac{\ln a}{1!} x + \ldots + \frac{\ln^n a}{n!} x^n$	$\frac{a^{\zeta x} (\ln a)^{n+1}}{(n+1)!} x^{n+1}$
$\sin x$	$x - \frac{x^3}{3!} \pm \ldots + (-1)^{n-1} \frac{x^{2n-1}}{(2n-1)!}$	$(-1)^n \frac{\cos \zeta x}{(2n+1)!} x^{2n+1}$
$\cos x$	$1 - \frac{x^2}{2!} + \frac{x^4}{4!} \mp \ldots + (-1)^n \frac{x^{2n}}{(2n)!}$	$(-1)^{n+1} \frac{\cos \zeta x}{(2n+2)!} x^{2n+2}$
$\ln(1+x)$	$x - \frac{x^2}{2} + \frac{x^3}{3} \mp \ldots + (-1)^{n-1} \frac{x^n}{n}$	$(-1)^n \frac{x^{n+1}}{(1+\zeta x)^{n+1}}$
$\frac{1}{1+x}$	$1 - x + x^2 - x^3 \pm \ldots + (-1)^n x^n$	$\frac{(-1)^{n+1}}{(1+\zeta x)^{n+2}} x^{n+1}$
$(1+x)^\alpha$	$1 + \binom{\alpha}{1} x + \ldots + \binom{\alpha}{n} x^n$	$\binom{\alpha}{n+1} (1+\zeta x)^{\alpha-n-1} x^{n+1}$

Näherungsformeln

Für „kleine" x, d. h. für $|x| \ll 1$, ergeben die ersten Summanden der Taylorpolynome mit $x_0 = 0$ (lineare bzw. quadratische Approximation) bereits für viele Anwendungen ausreichende Näherungen. In der Tabelle auf S. 86 sind die Toleranzgrenzen g angegeben, für die bei $|x| \leq g$ der begangene absolute Fehler ε kleiner als 0,001 ist (▶ Taylorreihen).

Tabelle der Näherungsfunktionen

Funktion und ihre Näherung	Toleranzgrenze g
$\frac{1}{1+x} \approx 1 - x$	$0,031$
$\frac{1}{\sqrt[n]{1+x}} \approx 1 - \frac{x}{n}$	$0,036\sqrt{n}$ $\quad (x > 0)$
$\sin x \approx x$	0,181
$\tan x \approx x$	0,143
$a^x \approx 1 + x \ln a$	$0,044 \cdot (\ln a)^{-1}$
$\sqrt[n]{1+x} \approx 1 + \frac{x}{n}$	
$(1+x)^\alpha \approx 1 + \alpha x$	
$\cos x \approx 1 - \frac{x^2}{2}$	0,394
$\mathrm{e}^x \approx 1 + x$	0,044
$\ln(1+x) \approx x$	0,045

Beschreibung der Eigenschaften von Funktionen mittels Ableitungen

Monotonie

Die Funktion f sei im Intervall $[a, b]$ definiert und differenzierbar. Dann gilt

$f'(x) = 0$	$\forall x \in [a, b]$	$\Longleftrightarrow$	f ist konstant auf $[a, b]$
$f'(x) \geq 0$	$\forall x \in [a, b]$	$\Longleftrightarrow$	f ist monoton wachsend auf $[a, b]$
$f'(x) \leq 0$	$\forall x \in [a, b]$	$\Longleftrightarrow$	f ist monoton fallend auf $[a, b]$
$f'(x) > 0$	$\forall x \in [a, b]$	$\Longrightarrow$	f ist streng monoton wachsend auf $[a, b]$
$f'(x) < 0$	$\forall x \in [a, b]$	$\Longrightarrow$	f ist streng monoton fallend auf $[a, b]$

- Die Umkehrung der letzten beiden Ausssagen gilt nur in abgeschwächter Form: Wächst (fällt) f streng monoton auf $[a, b]$, so folgt nur $f'(x) \geq 0$ (bzw. $f'(x) \leq 0$).

Notwendige Bedingung für ein Extremum

Besitzt die Funktion f an der Stelle $x_0 \in (a,b)$ ein (lokales oder globales) Extremum und ist f im Punkt x_0 differenzierbar, so gilt $\boxed{f'(x_0) = 0\,.}$ Jeder Punkt x_0 mit dieser Eigenschaft heißt *stationärer* Punkt der Funktion f.

- Die Aussage trifft nur auf Punkte zu, wo f differenzierbar ist; außerdem können Randpunkte des Definitionsbereiches und Stellen, an denen f nicht differenzierbar ist (*Knickstellen*), Extremstellen sein.

Hinreichende Bedingungen für Extrema

Ist die Funktion f in $(a,b) \subset D_f$ n-mal differenzierbar, so hat f an der Stelle $x_0 \in (a,b)$ ein Extremum, wenn

$$\boxed{f'(x_0) = f''(x_0) = \ldots = f^{(n-1)}(x_0) = 0, \quad f^{(n)}(x_0) \neq 0}$$

gilt und n gerade ist. Bei $f^{(n)}(x_0) < 0$ liegt in x_0 ein Maximum, bei $f^{(n)}(x_0) > 0$ ein Minimum vor.

- Speziell gilt:

$f'(x_0) = 0 \;\wedge\; f''(x_0) < 0$	$\Longrightarrow$	f hat in x_0 ein lokales Maximum
$f'(x_0) = 0 \;\wedge\; f''(x_0) > 0$	$\Longrightarrow$	f hat in x_0 ein lokales Minimum

- Für die Randpunkte a, b gilt ferner, falls f dort stetig differenzierbar ist:

$f'(a) < 0 \;\; (f'(a) > 0)$	$\Longrightarrow$	f hat in a ein lokales Maximum (Minimum)
$f'(b) > 0 \;\; (f'(b) < 0)$	$\Longrightarrow$	f hat in b ein lokales Maximum (Minimum)

- Ist f in der *Umgebung* $U_\varepsilon(x_0) = \{x\colon |x - x_0| < \varepsilon\}$, $\varepsilon > 0$, eines stationären Punktes x_0 differenzierbar und wechselt in x_0 das Vorzeichen von f', so liegt in x_0 ein lokales Extremum vor und zwar ein Maximum, falls $f'(x) > 0$ für $x < x_0$ und $f'(x) < 0$ für $x > x_0$ gilt. Wechselt das Vorzeichen der Ableitung vom Negativen ins Positive, handelt es sich um ein lokales Minimum.

- Erfolgt in $U_\varepsilon(x_0)$ kein Vorzeichenwechsel von f', so hat die Funktion f **kein** Extremum in x_0; es liegt dann ein *Horizontalwendepunkt* vor.

Wachstum

- Sind im Intervall $[a,b]$ die Bedingungen $f'(x) > 0$ und $f''(x) \geq 0$ erfüllt, so wächst die Funktion f *progressiv*, während für $f'(x) > 0$ und $f''(x) \leq 0$ das Wachstum *degressiv* genannt wird.

Krümmungsverhalten einer Funktion

Die Funktion f sei in (a, b) zweimal differenzierbar. Dann gilt:

f konvex in (a, b)	$\iff$	$f''(x) \geq 0 \quad \forall\, x \in (a, b)$
	$\iff$	$f(y) - f(x) \geq (y - x)f'(x) \quad \forall\, x, y \in (a, b)$
f streng konvex	$\Longleftarrow$	$f''(x) > 0 \quad \forall\, x \in (a, b)$
in (a, b)	$\iff$	$f(y) - f(x) > (y - x)f'(x) \quad \forall\, x, y \in (a, b), x \neq y$
f konkav in (a, b)	$\iff$	$f''(x) \leq 0 \quad \forall\, x \in (a, b)$
	$\iff$	$f(y) - f(x) \leq (y - x)f'(x) \quad \forall\, x, y \in (a, b)$
f steng konkav	$\Longleftarrow$	$f''(x) < 0 \quad \forall\, x \in (a, b)$
in (a, b)	$\iff$	$f(y) - f(x) < (y - x)f'(x) \quad \forall\, x, y \in (a, b), x \neq y$

Krümmung

Der Grenzwert des Verhältnisses von Änderung $\Delta\alpha$ des Winkels α zwischen der Richtung einer Kurve und der x-Achse zur Änderung der Bogenlänge Δs für $\Delta s \to 0$ wird *Krümmung* der Kurve genannt:

$$C = \lim_{\Delta s \downarrow 0} \frac{\Delta\alpha}{\Delta s}\,.$$

Darstellung der Kurve	Krümmung C
Kartesische Form $y = f(x)$	$\dfrac{f''(x)}{(1 + (f'(x))^2)^{3/2}}$
Parametrische Form $x = x(t)$, $y = y(t)$	$\dfrac{\dot{x}(t)\ddot{y}(t) - \dot{y}(t)\ddot{y}(t)}{(\dot{x}^2(t) + \dot{y}^2(t))^{3/2}}$ mit $\dot{x}(t) = \dfrac{\mathrm{d}x}{\mathrm{d}t}, \quad \dot{y}(t) = \dfrac{\mathrm{d}y}{\mathrm{d}t}$

- Die Krümmung C einer Kurve ist gleich dem Kehrwert des Radius des Krümmungskreises, der die Kurve $y = f(x)$ im Punkt $P(x, f(x))$ berührt.
- Die Krümmung C ist nichtnegativ, wenn die Kurve konvex ist und nichtpositiv, wenn sie konkav ist.

Notwendige Bedingung für einen Wendepunkt

Ist die Funktion f im Intervall (a, b) zweimal differenzierbar und besitzt sie in x_w einen *Wendepunkt* (Stelle des Wechsels zwischen Konvexität und Konkavität), so gilt $\boxed{f''(x_w) = 0}$

Hinreichende Bedingung für einen Wendepunkt

Ist f in (a, b) dreimal stetig differenzierbar, so ist hinreichend dafür, dass an der Stelle x_w mit $f''(x_w) = 0$ ein Wendepunkt vorliegt, die Gültigkeit der Beziehung $\boxed{f'''(x_w) \neq 0}$

Untersuchung ökonomischer Funktionen, Gewinnmaximierung

Bezeichnungen

$\bar{f}(x) = \dfrac{f(x)}{x}$	–	Durchschnittsfunktion
$f'(x)$	–	Grenzfunktion
$K(x) = K_v(x) + K_f$	–	Gesamtkosten = variable Kosten + Fixkosten
$k(x) = \dfrac{K(x)}{x}$	–	(Gesamt-) Stückkosten
$k_v(x) = \dfrac{K_v(x)}{x}$	–	stückvariable Kosten
$G(x) = U(x) - K(x)$	–	Gewinn = Umsatz – Kosten
$g(x) = \dfrac{G(x)}{x}$	–	Stückgewinn

- Wegen $\bar{f}(1) = f(1)$ stimmen für $x = 1$ Funktionswert und Wert der Durchschnittsfunktion überein.

Durchschnittsfunktion und Grenzfunktion

$\boxed{\bar{f}'(x) = 0 \quad \Longrightarrow \quad f'(x) = \bar{f}(x)}$ (notwendige Extremalbedingung)

- Eine Durchschnittsfunktion kann nur dort einen Extremwert besitzen, wo sie gleich der Grenzfunktion ist.

Speziell: $K_v'(x_m) = k_v(x_m) = k_{v,\min}$

• An der Stelle x_m minimaler variabler Kosten pro Stück sind Grenzkosten und stückvariable Kosten gleich (Betriebsminimum; kurzfristige Preisuntergrenze).

$$K'(x_0) = k(x_0) = k_{\min}$$

• Für minimale Gesamtstückkosten müssen Grenzkosten und Stückkosten gleich sein (Betriebsoptimum; langfristige Preisuntergrenze).

Gewinnmaximierung im Polypol und Monopol

Zu lösen ist die Extremwertaufgabe $G(x) = U(x) - K(x) = p \cdot x - K(x) \to \max$; ihre Lösung sei x^*.

• Im *Polypol* (vollständige Konkurrenz) ist der Marktpreis p eines Gutes aus Sicht der Anbieter eine Konstante. Im *Angebots-) Monopol* wird eine (monoton fallende) Preis-Absatz-Funktion $p = p(x)$ als Markt-Gesamtnachfragefunktion unterstellt.

Polypol; Maximierung des Gesamtgewinns

$$K'(x^*) = p, \qquad K''(x^*) > 0$$

(hinreichende Maximumbedingung)

• Ein polypolistischer Anbieter erzielt ein Gewinnmaximum mit derjenigen Angebotsmenge x^*, für die die Grenzkosten gleich dem Marktpreis sind. Ein Maximum kann nur existieren, wenn x^* im konvexen Bereich der Kostenfunktion liegt.

Polypol; Maximierung des Stückgewinns

$$g'(x_0) = k'(x_0) = 0, \quad g''(x_0) = -k''(x_0) < 0$$

(hinreichende Maximumbedingung)

• Der maximale Stückgewinn liegt an der Stelle des Stückkostenminimums (Betriebsoptimum).

Polypol; lineare Gesamtkostenfunktion, Kapazitätsgrenze x_0

$$x^* = x_0$$

• Das Gewinnmaximum liegt an der Kapazitätsgrenze. Der maximale Gewinn ist positiv, sofern die *Gewinnschwelle* (*„break even point“* ▶ S. 72) in $(0, x_0)$ liegt.

• Das Stückkostenminimum und das Stückgewinnmaximum liegen jeweils an der Kapazitätsgrenze.

Monopol; Maximierung des Gesamtgewinns

$$K'(x^*) = U'(x^*), \qquad G''(x^*) < 0$$

(hinreichende Maximumbedingung)

• An der Stelle des Gewinnmaximums stimmen Grenzumsatz (Grenzerlös) und Grenzkosten überein (*Cournot'scher Punkt*).

Monopol; Stückgewinnmaximierung

$$p'(\hat{x}) = k'(\hat{x}), \qquad g''(\hat{x}) < 0$$

(hinreichende Maximumbedingung)

• Der maximale Stückgewinn wird in dem Punkt $\hat{x}$ angenommen, wo die Anstiege von Preis-Absatz-Funktion und Stückkostenfunktion gleich sind.

Optimale Losgröße (optimale Bestellmenge)

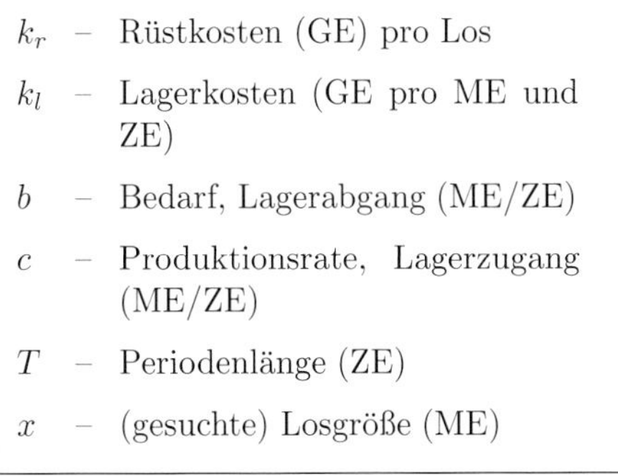

k_r	–	Rüstkosten (GE) pro Los
k_l	–	Lagerkosten (GE pro ME und ZE)
b	–	Bedarf, Lagerabgang (ME/ZE)
c	–	Produktionsrate, Lagerzugang (ME/ZE)
T	–	Periodenlänge (ZE)
x	–	(gesuchte) Losgröße (ME)

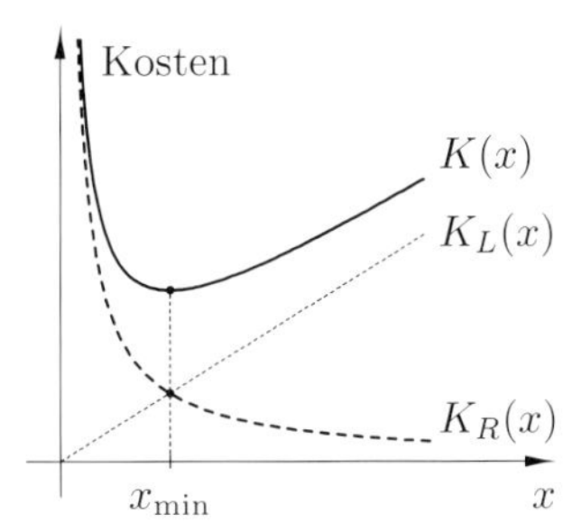

GE, ME, ZE – Geld-, Mengen- bzw. Zeiteinheit

• Die Lagerabgangsrate b sowie die Lagerzugangsrate c, $c > d$, werden als konstant vorausgesetzt. (Für $c = b$ wird „aus theoretischer Sicht" kein Lager benötigt.)

• Gesucht ist diejenige Losgröße x^*, für die die Gesamtkosten pro Periode, bestehend aus Rüst- und Lagerkosten, minimal werden. Je größer das Produktionslos, desto geringer die Rüstkosten, aber desto höher die (auf den durchschnittlichen Lagerbestand bezogenen) Lagerhaltungskosten.

Wichtige Größen

$t_0 = \dfrac{x}{c}$	– Fertigungsdauer eines Loses
$T_0 = \dfrac{x}{b}$	– Dauer eines Produktions- bzw. Lagerzyklus
$l_{\max} = \left(1 - \dfrac{b}{c}\right) x$	– maximaler Lagerbestand
$\bar{l} = \left(1 - \dfrac{b}{c}\right) \cdot \dfrac{x}{2}$	– durchschnittlicher Lagerbestand
$B = b \cdot T$	– Gesamtbedarf in $[0, T]$
$n = \dfrac{B}{x} = \dfrac{bT}{x}$	– Anzahl zu produzierender Lose in $[0, T]$
$K_R(x) = \dfrac{B}{x} \cdot k_r$	– Gesamtrüstkosten in $[0, T]$
$K_L(x) = \left(1 - \dfrac{b}{c}\right) \cdot \dfrac{x}{2} \cdot k_l \cdot T$	– Gesamtlagerkosten in $[0, T]$
$K(x) = K_R(x) + K_L(x)$	– Periodengesamtkosten

Optimale Losgrößenformel

$$x^* = \sqrt{\frac{2dc_S}{\left(1 - \frac{d}{r}\right) c_I}}$$

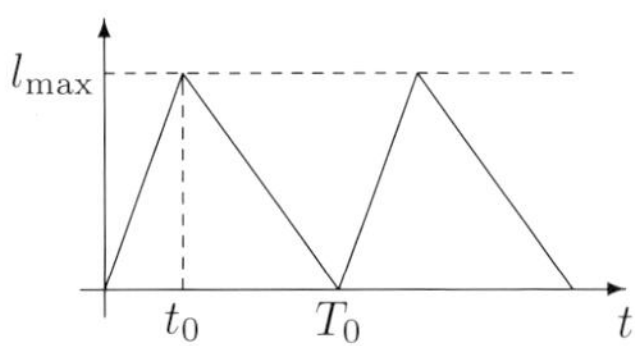

• Erfolgt der gesamte Lagerzugang sofort zu Beginn des Lagerzyklus ($c \to \infty$), so gilt $l_{\max} = x$ („Sägezahnkurve" ► S. 72) bzw.

$$x^* = \sqrt{\frac{2dc_S}{c_I}}$$

Losgrößenformel von Harris und Wilson

• Bei Beschaffung und Lagerung eines kontinuierlich in der Produktion eingesetzten Rohstoffes ergibt sich ein gleich strukturiertes **Problem der optimalen Bestellmenge**: bestellfixe Kosten sprechen für wenige, große Bestellungen; bestandsabhängige Lagerkosten für häufige, kleinere Bestellungen.

• In modifizierten Losgrößen- und Bestellmengenmodellen werden die Kosten **pro ME** minimiert, die Lagerkosten k_l weiter spezifiziert bzw. zusätzliche Fixkosten berücksichtigt. Dennoch ergibt sich dieselbe Struktur der Lösungsformel.

Integralrechnung

Unbestimmtes Integral

Jede Funktion $F : (a,b) \to \mathbb{R}$ mit der Eigenschaft $F'(x) = f(x)$ für alle $x \in (a,b)$ heißt *Stammfunktion* der Funktion $f : (a,b) \to \mathbb{R}$. Die Menge aller Stammfunktionen $\{F + C \,|\, C \in \mathbb{R}\}$ heißt *unbestimmtes Integral* von f auf (a,b); C ist die Integrationskonstante. Man schreibt: $\displaystyle\int f(x)\,\mathrm{d}x = F(x) + C$.

Integrationsregeln

konstanter Faktor	$\displaystyle\int \lambda f(x)\,\mathrm{d}x = \lambda \int f(x)\,\mathrm{d}x,$	$\lambda \in \mathbb{R}$
Summe, Differenz	$\displaystyle\int [f(x) \pm g(x)]\,\mathrm{d}x = \int f(x)\,\mathrm{d}x \pm \int g(x)\,\mathrm{d}x$	
partielle Integration	$\displaystyle\int u(x)v'(x)\,\mathrm{d}x = u(x)v(x) - \int u'(x)v(x)\,\mathrm{d}x$	
Substitution	$\displaystyle\int f(g(x)) \cdot g'(x)\,\mathrm{d}x = \int f(z)\,\mathrm{d}z,$ (Wechsel der Variablen)	$z = g(x)$
Speziell: $f(z) = \frac{1}{z}$	$\displaystyle\int \frac{g'(x)}{g(x)}\,\mathrm{d}x = \ln\|g(x)\| + C,$	$g(x) \neq 0$
Lineare Substitution	$\displaystyle\int f(ax+b)\,\mathrm{d}x = \frac{1}{a}F(ax+b) + C,$ (F sei eine Stammfunktion von f)	$a, b \in \mathbb{R}$, $a \neq 0$

Integration gebrochen rationaler Funktionen

$$\int \frac{a_m x^m + a_{m-1}x^{m-1} + \ldots + a_1 x + a_0}{b_n x^n + b_{n-1}x^{n-1} + \ldots + b_1 x + b_0}\,\mathrm{d}x$$

Polynomdivision und Partialbruchzerlegung führen auf Integrale über Polynome und spezielle *Partialbrüche*. Die Partialbrüche können durch Anwendung von Formeln aus der ▶ Tabelle unbestimmter Integrale integriert werden. Die wichtigsten sind (Voraussetzungen: $x - a \neq 0$, $k > 1$, $p^2 < 4q$):

$$\int \frac{\mathrm{d}x}{x-a} = \ln|x-a| + C$$

$$\int \frac{\mathrm{d}x}{(x-a)^k} = -\frac{1}{(k-1)(x-a)^{k-1}} + C$$

$$\int \frac{\mathrm{d}x}{x^2+px+q} = \frac{2}{\sqrt{4q-p^2}} \arctan \frac{2x+p}{\sqrt{4q-p^2}} + C$$

$$\int \frac{Ax+B}{x^2+px+q}\,\mathrm{d}x = \frac{A}{2}\ln(x^2+px+q) + \left(B - \frac{1}{2}Ap\right)\int \frac{\mathrm{d}x}{x^2+px+q}$$

Bestimmtes Integral

Die Fläche A, die zwischen dem Intervall $[a,b]$ der x-Achse und dem Graph der beschränkten Funktion f liegt, kann näherungsweise durch Summanden der Form $\sum\limits_{i=1}^{n} f(\xi_i^{(n)})\Delta x_i^{(n)}$ mit $\Delta x_i^{(n)} = x_i^{(n)} - x_{i-1}^{(n)}$ und $\sum\limits_{i=1}^{n} \Delta x_i^{(n)} = b - a$ gebildet werden.

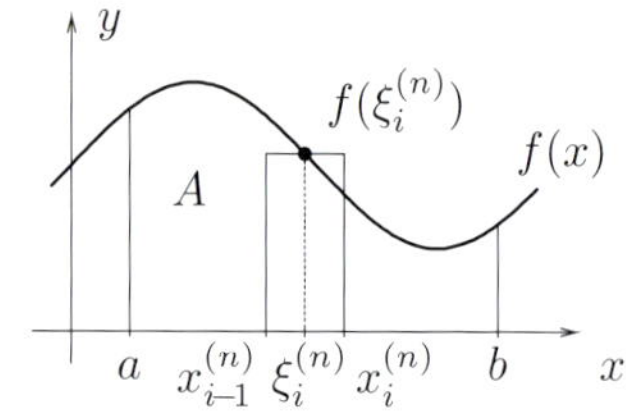

Durch Grenzübergang für $n \to \infty$ und $\Delta x_i^{(n)} \to 0$ entsteht unter gewissen Voraussetzungen das *bestimmte (Riemann'sche) Integral* der Funktion f über dem Intervall $[a,b]$, das gleich der Maßzahl der Fläche A ist: $\int_a^b f(x)\,\mathrm{d}x = A$.

Eigenschaften und Rechenregeln

$$\int_a^a f(x)\,\mathrm{d}x = 0$$

$$\int_a^b f(x)\,\mathrm{d}x = -\int_b^a f(x)\,\mathrm{d}x$$

$$\int_a^b [f(x) \pm g(x)]\,\mathrm{d}x = \int_a^b f(x)\,\mathrm{d}x \pm \int_a^b g(x)\,\mathrm{d}x$$

$$\int_a^b \lambda f(x)\,\mathrm{d}x = \lambda \int_a^b f(x)\,\mathrm{d}x, \quad \lambda \in \mathbb{R}$$

$$\int_a^b f(x)\,\mathrm{d}x = \int_a^c f(x)\,\mathrm{d}x + \int_c^b f(x)\,\mathrm{d}x$$

$$\left|\int_a^b f(x)\,\mathrm{d}x\right| \le \int_a^b |f(x)|\,\mathrm{d}x, \quad a < b$$

Erster Mittelwertsatz der Integralrechnung

Ist f auf $[a, b]$ stetig, so gibt es mindestens ein $\xi \in [a, b]$ mit der Eigenschaft

$$\int_a^b f(x)\,\mathrm{d}x = (b-a)f(\xi)$$

Verallgemeinerter Mittelwertsatz der Integralrechnung

Ist f stetig auf $[a, b]$, g integrierbar auf $[a, b]$ und entweder $g(x) \geq 0$ für alle $x \in [a, b]$ oder $g(x) \leq 0$ für alle $x \in [a, b]$, so gibt es mindestens ein $\xi \in [a, b]$ mit

$$\int_a^b f(x)g(x)\,\mathrm{d}x = f(\xi)\int_a^b g(x)\,\mathrm{d}x$$

Ist f stetig auf $[a, b]$, so ist $\int_a^x f(t)\,\mathrm{d}t$ für $x \in [a, b]$ eine diffenzierbare Funktion:

$$F(x) = \int_a^x f(t)\,\mathrm{d}t \Longrightarrow F'(x) = f(x)$$

Hauptsatz der Differential- und Integralrechnung

Ist f auf $[a, b]$ stetig und F eine Stammfunktion von f auf $[a, b]$, so gilt

$$\int_a^b f(x)\,\mathrm{d}x = F(b) - F(a)$$

Tabellen unbestimmter Integrale

Grundintegrale (Die Integrationskonstante wird stets weggelassen.)

Potenzfunktionen

$$\int x^n\,\mathrm{d}x = \frac{x^{n+1}}{n+1} \qquad (n \in \mathbb{Z},\ n \neq -1,\ x \neq 0 \text{ für } n < 0)$$

$$\int x^\alpha\,\mathrm{d}x = \frac{x^{\alpha+1}}{\alpha+1} \qquad (\alpha \in \mathbb{R},\ \alpha \neq -1,\ x > 0)$$

$$\int \frac{1}{x}\,\mathrm{d}x = \ln|x| \qquad (x \neq 0)$$

Exponential- und Logarithmusfunktionen

$$\int a^x \, \mathrm{d}x = \frac{a^x}{\ln a} \qquad (a \in \mathbb{R},\ a > 0,\ a \neq 1)$$

$$\int \mathrm{e}^x \, \mathrm{d}x = \mathrm{e}^x$$

$$\int \ln x \, \mathrm{d}x = x \ln x - x \qquad (x > 0)$$

Trigonometrische Funktionen

$$\int \sin x \, \mathrm{d}x = -\cos x$$

$$\int \cos x \, \mathrm{d}x = \sin x$$

$$\int \tan x \, \mathrm{d}x = -\ln|\cos x| \qquad (x \neq (2k+1)\frac{\pi}{2})$$

$$\int \cot x \, \mathrm{d}x = \ln|\sin x| \qquad (x \neq k\pi)$$

Arkusfunktionen

$$\int \arcsin x \, \mathrm{d}x = x \arcsin x + \sqrt{1 - x^2} \qquad (|x| \leq 1)$$

$$\int \arccos x \, \mathrm{d}x = x \arccos x - \sqrt{1 - x^2} \qquad (|x| \leq 1)$$

$$\int \arctan x \, \mathrm{d}x = x \arctan x - \frac{1}{2} \ln(1 + x^2)$$

$$\int \operatorname{arccot} x \, \mathrm{d}x = x \operatorname{arccot} x + \frac{1}{2} \ln(1 + x^2)$$

Rationale Funktionen

$$\int \frac{\mathrm{d}x}{1 + x^2} = \arctan x$$

$$\int \frac{\mathrm{d}x}{1 - x^2} = \ln \sqrt{\frac{1 + x}{1 - x}} \qquad (|x| < 1)$$

$$\int \frac{\mathrm{d}x}{x^2 - 1} = \ln \sqrt{\frac{x - 1}{x + 1}} \qquad (|x| > 1)$$

Irrationale Funktionen

$$\int \frac{\mathrm{d}x}{\sqrt{1-x^2}} = \arcsin x \qquad (|x| < 1)$$

$$\int \frac{\mathrm{d}x}{\sqrt{1+x^2}} = \ln(x + \sqrt{x^2+1})$$

$$\int \frac{\mathrm{d}x}{\sqrt{x^2-1}} = \ln(x + \sqrt{x^2-1}) \qquad (|x| > 1)$$

Hyperbelfunktionen

$$\int \sinh x \,\mathrm{d}x = \cosh x$$

$$\int \cosh x \,\mathrm{d}x = \sinh x$$

$$\int \tanh x \,\mathrm{d}x = \ln\cosh x$$

$$\int \coth x \,\mathrm{d}x = \ln|\sinh x| \qquad (x \neq 0)$$

Areafunktionen

$$\int \operatorname{arsinh} x \,\mathrm{d}x = x \operatorname{arsinh} x - \sqrt{1+x^2}$$

$$\int \operatorname{arcosh} x \,\mathrm{d}x = x \operatorname{arcosh} x - \sqrt{x^2-1} \qquad (x > 1)$$

$$\int \operatorname{artanh} x \,\mathrm{d}x = x \operatorname{artanh} x + \frac{1}{2}\ln(1-x^2) \qquad (|x| < 1)$$

$$\int \operatorname{arcoth} x \,\mathrm{d}x = x \operatorname{arcoth} x + \frac{1}{2}\ln(x^2-1) \qquad (|x| > 1)$$

Integrale rationaler Funktionen

$$\int (ax+b)^n \,\mathrm{d}x = \frac{(ax+b)^{n+1}}{a(n+1)} \qquad (n \neq -1)$$

$$\int \frac{\mathrm{d}x}{ax+b} = \frac{1}{a}\ln|ax+b|$$

$$\int \frac{ax+b}{fx+g}\,\mathrm{d}x = \frac{ax}{f} + \frac{bf-ag}{f^2}\,\ln|fx+g|$$

$$\int \frac{\mathrm{d}x}{(ax+b)(fx+g)} = \frac{1}{ag-bf}\left(\int \frac{a}{ax+b}\,\mathrm{d}x - \int \frac{f}{fx+g}\,\mathrm{d}x\right)$$

$$\int \frac{\mathrm{d}x}{(x+a)(x+b)(x+c)} = \frac{1}{(b-a)(c-a)}\int \frac{\mathrm{d}x}{x+a} + \frac{1}{(a-b)(c-b)}\int \frac{\mathrm{d}x}{x+b} + \frac{1}{(a-c)(b-c)}\int \frac{\mathrm{d}x}{x+c}$$

$$\int \frac{\mathrm{d}x}{ax^2+bx+c} = \begin{cases} \dfrac{2}{\sqrt{4ac-b^2}}\arctan\dfrac{2ax+b}{4ac-b^2} & \text{für } b^2<4ac \\ \dfrac{1}{\sqrt{b^2-4ac}}\left(\ln(1-\dfrac{2ax+b}{\sqrt{b^2-4ac}}) - \ln(1+\dfrac{2ax+b}{\sqrt{b^2-4ac}})\right) & \text{für } 4ac<b^2 \end{cases}$$

$$\int \frac{\mathrm{d}x}{(ax^2+bx+c)^{n+1}} = \frac{2ax+b}{n(4ac-b^2)(ax^2+bx+c)^n} + \frac{(4n-2)a}{n(4ac-b^2)}\int \frac{\mathrm{d}x}{(ax^2+bx+c)^n}$$

$$\int \frac{x\,\mathrm{d}x}{(ax^2+bx+c)^{n+1}} = \frac{bx+2c}{n(b^2-4ac)(ax^2+bx+c)^n} + \frac{(2n-1)b}{n(b^2-4ac)}\int \frac{\mathrm{d}x}{(ax^2+bx+c)^n}$$

$$\int \frac{\mathrm{d}x}{a^2\pm x^2} = \frac{1}{a}S \text{ mit } S = \begin{cases} \arctan\dfrac{x}{a} & \text{für das Vorzeichen } + \\ \dfrac{1}{2}\ln\dfrac{a+x}{a-x} & \text{für das Vorzeichen } - \text{ und } |x|<|a| \\ \dfrac{1}{2}\ln\dfrac{x+a}{x-a} & \text{für das Vorzeichen } - \text{ und } |x|>|a| \end{cases}$$

$(a \neq 0)$

$$\int \frac{\mathrm{d}x}{(a^2\pm x^2)^{n+1}} = \frac{x}{2na^2(a^2\pm x^2)^n} + \frac{2n-1}{2na^2}\int \frac{\mathrm{d}x}{(a^2\pm x^2)^n}$$

$$\int \frac{\mathrm{d}x}{a^3\pm x^3} = \pm\frac{1}{6a^2}\ln\frac{(a\pm x)^2}{a^2\mp ax+x^2} + \frac{1}{a^2\sqrt{3}}\arctan\frac{2x\mp a}{a\sqrt{3}}$$

Integrale irrationaler Funktionen

$$\int \sqrt{(ax+b)^n}\,\mathrm{d}x = \frac{2}{a(2+n)}\sqrt{(ax+b)^{n+2}} \qquad (n \neq -2)$$

$$\int \frac{\mathrm{d}x}{x\sqrt{ax+b}} = \begin{cases} \dfrac{1}{\sqrt{b}} \ln \left| \dfrac{\sqrt{ax+b}-\sqrt{b}}{\sqrt{ax+b}+\sqrt{b}} \right| & \text{für} \quad b > 0 \\[2ex] \dfrac{2}{\sqrt{-b}} \arctan \sqrt{\dfrac{ax+b}{-b}} & \text{für} \quad b < 0 \end{cases}$$

$$\int \frac{\sqrt{ax+b}}{x}\,\mathrm{d}x = 2\sqrt{ax+b} + b\int \frac{\mathrm{d}x}{x\sqrt{ax+b}}$$

$$\int \sqrt{a^2-x^2}\,\mathrm{d}x = \frac{1}{2}\left(x\sqrt{a^2-x^2} + a^2 \arcsin\frac{x}{a}\right)$$

$$\int x\sqrt{a^2-x^2}\,\mathrm{d}x = -\frac{1}{3}\sqrt{(a^2-x^2)^3}$$

$$\int \frac{\mathrm{d}x}{\sqrt{a^2-x^2}} = \arcsin\frac{x}{a}$$

$$\int \frac{x\,\mathrm{d}x}{\sqrt{a^2-x^2}} = -\sqrt{a^2-x^2}$$

$$\int \sqrt{x^2+a^2}\,\mathrm{d}x = \frac{1}{2}\left(x\sqrt{x^2+a^2} + a^2 \ln\left(x+\sqrt{x^2+a^2}\right)\right)$$

$$\int x\sqrt{x^2+a^2}\,\mathrm{d}x = \frac{1}{3}\sqrt{(x^2+a^2)^3}$$

$$\int \frac{\mathrm{d}x}{\sqrt{x^2+a^2}} = \ln\left(x+\sqrt{x^2+a^2}\right)$$

$$\int \frac{x\,\mathrm{d}x}{\sqrt{x^2+a^2}} = \sqrt{x^2+a^2}$$

$$\int \sqrt{x^2-a^2}\,\mathrm{d}x = \frac{1}{2}\left(x\sqrt{x^2-a^2} - a^2 \ln\left(x+\sqrt{x^2-a^2}\right)\right)$$

$$\int x\sqrt{x^2-a^2}\,\mathrm{d}x = \frac{1}{3}\sqrt{(x^2-a^2)^3}$$

$$\int \frac{\mathrm{d}x}{\sqrt{x^2 - a^2}} = \ln\left(x + \sqrt{x^2 - a^2}\right)$$

$$\int \frac{x\,\mathrm{d}x}{\sqrt{x^2 - a^2}} = \sqrt{x^2 - a^2}$$

$$\int \frac{\mathrm{d}x}{\sqrt{ax^2 + bx + c}}$$

$$= \begin{cases} \dfrac{1}{\sqrt{a}} \ln\left|2\sqrt{a}\sqrt{ax^2 + bx + c} + 2ax + b\right| & \text{für } \; a > 0 \\ -\dfrac{1}{\sqrt{-a}} \arcsin \dfrac{2ax + b}{\sqrt{b^2 - 4ac}} & \text{für } \; a < 0,\ 4ac < b^2 \end{cases}$$

$$\int \frac{x\,\mathrm{d}x}{\sqrt{ax^2 + bx + c}} = \frac{1}{a}\sqrt{ax^2 + bx + c} - \frac{b}{2a}\int \frac{\mathrm{d}x}{\sqrt{ax^2 + bx + c}}$$

$$\int \sqrt{ax^2 + bx + c}\,\mathrm{d}x = \frac{2ax + b}{4a}\sqrt{ax^2 + bx + c} + \frac{4ac - b^2}{8a}\int \frac{\mathrm{d}x}{\sqrt{ax^2 + bx + c}}$$

Integrale trigonometrischer Funktionen

$$\int \sin ax\,\mathrm{d}x = -\frac{1}{a}\cos ax$$

$$\int \sin^2 ax\,\mathrm{d}x = \frac{1}{2}x - \frac{1}{4a}\sin 2ax$$

$$\int \sin^n ax\,\mathrm{d}x = -\frac{1}{na}\sin^{n-1} ax \cos ax + \frac{n-1}{n}\int \sin^{n-2} ax\,\mathrm{d}x \qquad (n \in \mathbb{N})$$

$$\int x^n \sin ax\,\mathrm{d}x = -\frac{1}{a}x^n \cos ax + \frac{n}{a}\int x^{n-1}\cos ax\,\mathrm{d}x \qquad (n \in \mathbb{N})$$

$$\int \frac{\mathrm{d}x}{\sin ax} = \frac{1}{a}\ln\left|\tan\frac{ax}{2}\right|$$

$$\int \frac{\mathrm{d}x}{\sin^n ax} = -\frac{\cos ax}{a(n-1)\sin^{n-1} ax} + \frac{n-2}{n-1}\int \frac{\mathrm{d}x}{\sin^{n-2} ax} \qquad (n > 1)$$

$$\int \cos ax\,\mathrm{d}x = \frac{1}{a}\sin ax$$

$$\int \cos^2 ax\,\mathrm{d}x = \frac{1}{2}x + \frac{1}{4a}\sin 2ax$$

$$\int \cos^n ax \,\mathrm{d}x = \frac{1}{na} \sin ax \cos^{n-1} ax + \frac{n-1}{n} \int \cos^{n-2} ax \,\mathrm{d}x$$

$$\int x^n \cos ax \,\mathrm{d}x = \frac{1}{a} x^n \sin ax - \frac{n}{a} \int x^{n-1} \sin ax \,\mathrm{d}x$$

$$\int \frac{\mathrm{d}x}{\cos ax} = \frac{1}{a} \ln \left| \tan\left(\frac{ax}{2} + \frac{\pi}{4}\right) \right|$$

$$\int \frac{\mathrm{d}x}{\cos^n ax} = \frac{1}{n-1} \left[\frac{\sin ax}{a \cos^{n-1} ax} + (n-2) \int \frac{\mathrm{d}x}{\cos^{n-2} ax} \right] \qquad (n > 1)$$

$$\int \sin ax \cos ax \,\mathrm{d}x = \frac{1}{2a} \sin^2 ax$$

$$\int \sin ax \cos bx \,\mathrm{d}x = -\frac{\cos(a+b)x}{2(a+b)} - \frac{\cos(a-b)x}{2(a-b)} \qquad (|a| \neq |b|)$$

$$\int \tan ax \,\mathrm{d}x = -\frac{1}{a} \ln |\cos ax|$$

$$\int \tan^n ax \,\mathrm{d}x = \frac{1}{a(n-1)} \tan^{n-1} ax - \int \tan^{n-2} ax \,\mathrm{d}x \qquad (n \neq 1)$$

$$\int \cot ax \,\mathrm{d}x = \frac{1}{a} \ln |\sin ax|$$

$$\int \cot^n ax \,\mathrm{d}x = -\frac{1}{a(n-1)} \cot^{n-1} ax - \int \cot^{n-2} ax \,\mathrm{d}x \qquad (n \neq 1)$$

Integrale von Exponential- und Logarithmusfunktionen

$$\int \mathrm{e}^{ax} \,\mathrm{d}x = \frac{1}{a} \mathrm{e}^{ax}$$

$$\int x^n \mathrm{e}^{ax} \,\mathrm{d}x = \frac{1}{a} x^n \mathrm{e}^{ax} - \frac{n}{a} \int x^{n-1} \mathrm{e}^{ax} \,\mathrm{d}x$$

$$\int \ln ax \,\mathrm{d}x = x \ln ax - x$$

$$\int \frac{\ln^n x}{x} \,\mathrm{d}x = \frac{1}{n+1} \ln^{n+1} x$$

$$\int x^m \ln^n x \,\mathrm{d}x = \frac{x^{m+1} (\ln x)^n}{m+1} - \frac{n}{m+1} \int x^m \ln^{n-1} x \,\mathrm{d}x \qquad (m \neq -1,\ n \neq -1)$$

Uneigentliche Integrale

Die Funktion f habe an der Stelle $x = b$ eine Polstelle und sei beschränkt und integrierbar über jedem Intervall $[a, b-\varepsilon]$ mit $0 < \varepsilon < b-a$. Wenn das Integral von f über $[a, b-\varepsilon]$ für $\varepsilon \to 0$ einen Grenzwert besitzt, wird dieser *uneigentliches Integral* von f über $[a, b]$ genannt:

$$\boxed{\int\limits_a^b f(x)\,\mathrm{d}x = \lim_{\varepsilon \to +0} \int\limits_a^{b-\varepsilon} f(x)\,\mathrm{d}x}$$

(Integrand unbeschränkt)

- Ist $x = a$ eine Polstelle von f, so gilt analog:

$$\boxed{\int\limits_a^b f(x)\,\mathrm{d}x = \lim_{\varepsilon \to +0} \int\limits_{a+\varepsilon}^{b} f(x)\,\mathrm{d}x}$$

(Integrand unbeschränkt

- Ist $x = c$ eine Polstelle im Inneren von $[a, b]$, so ist das uneigentliche Integral von f über $[a, b]$ die Summe der uneigentlichen Integrale von f über $[a, c]$ und $[c, b]$.

- Die Funktion f sei für $x \geq a$ definiert und über jedem Intervall $[a, b]$ integrierbar. Wenn der Grenzwert des Integrals von f über $[a, b]$ für $b \to \infty$ existiert, so wird er *uneigentliches Integral* von f über $[a, \infty)$ genannt (analog für $a \to -\infty$):

$$\boxed{\int\limits_a^\infty f(x)\,\mathrm{d}x = \lim_{b \to \infty} \int\limits_a^b f(x)\,\mathrm{d}x, \qquad \int\limits_{-\infty}^b f(x)\,\mathrm{d}x = \lim_{a \to -\infty} \int\limits_a^b f(x)\,\mathrm{d}x}$$

(Intervall unbeschränkt)

Parameterintegrale

Ist $f(x, t)$ für $a \leq x \leq b$, $c \leq t \leq d$ für festes t bezüglich x über $[a, b]$ integrierbar, so ist $F(t) = \int\limits_a^b f(x, t)\,\mathrm{d}x$ eine Funktion von t, die als *Parameterintegral* (mit dem Parameter t) bezeichnet wird.

- Ist f nach t partiell differenzierbar und ist die partielle Ableitung f_t stetig, so ist die Funktion F (nach t) differenzierbar, und es gilt:

$$\boxed{\dot{F}(t) = \frac{\mathrm{d}F(t)}{\mathrm{d}t} = \int\limits_a^b \frac{\partial f(x, t)}{\partial t}\,\mathrm{d}x}$$

Sind φ und ψ zwei für $c \leq t \leq d$ differenzierbare Funktionen und ist $f(x,t)$ in dem durch $\varphi(t) < x < \psi(t)$, $c \leq t \leq d$ bestimmten Gebiet partiell nach t differenzierbar mit stetiger partieller Ableitung, so ist das Parameterintegral über f mit den Grenzen $\varphi(t)$ und $\psi(t)$ für $c \leq t \leq d$ nach t differenzierbar, und es gilt

$$F(t) = \int_{\varphi(t)}^{\psi(t)} f(x,t)\,\mathrm{d}x \qquad \Longrightarrow$$

$$\dot{F}(t) = \int_{\varphi(t)}^{\psi(t)} \frac{\partial f(x,t)}{\partial t}\,\mathrm{d}x + f(\psi(t),t)\dot{\psi}(t) - f(\varphi(t),t)\dot{\varphi}(t)$$

- Spezialfall: $F(x) = \int_0^x f(\xi)\,\mathrm{d}\xi \quad \Longrightarrow \quad F'(x) = f(x)$

Doppelintegrale

$I = \iint_B f(x,y)\,\mathrm{d}b$ beschreibt das Volumen des „Zylinders“ (der Säule) über dem Bereich $B = \{(x,y) \mid a \leq x \leq b,\ y_1(x) \leq y \leq y_2(x)\}$ der (x,y)-Ebene unter der Fläche $z = f(x,y)$, wobei $\mathrm{d}b$ das Flächenelement bezeichnet.

Voraussetzung: $f(x,y) \geq 0$

In der Abbildung gilt für B speziell: $y_1(x) \equiv c$, $y_2(x) \equiv d$.

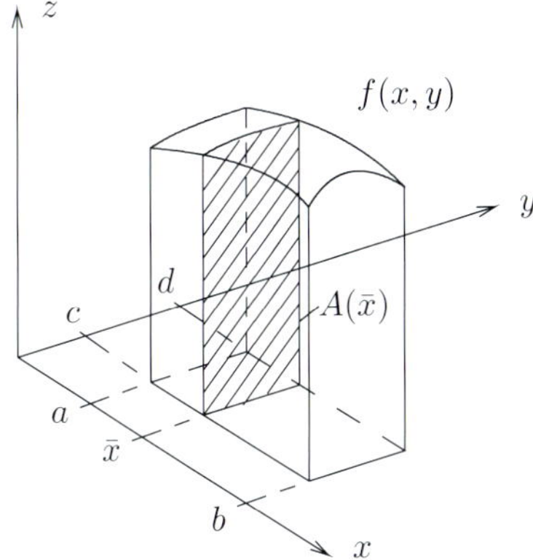

Flächenelemente

kartesische Koordinaten x, y	$\mathrm{d}b = \mathrm{d}x\,\mathrm{d}y$
Polarkoordinaten r, φ $(r \geq 0,\ 0 \leq \varphi < 2\pi)$	$\mathrm{d}b = r\,\mathrm{d}r\,\mathrm{d}\varphi$
allgemeine Koordinaten u, v	$\mathrm{d}b = \dfrac{\partial(x,y)}{\partial(u,v)}\,\mathrm{d}u\,\mathrm{d}v$

Hierbei ist $\dfrac{\partial(x,y)}{\partial(u,v)} = \begin{vmatrix} x_u & x_v \\ y_u & y_v \end{vmatrix}$ die sog. *Funktionaldeterminante*, die als ungleich null vorausgesetzt wird.

Berechnung über iterierte Integration

$$I = \int_a^b \left[\int_{y_1(x)}^{y_2(x)} f(x,y)\,\mathrm{d}y \right] \mathrm{d}x$$

Bzgl. des Bereichs $B_1 = \{(x,y) | x_1(y) \leq x \leq x_2(y), c \leq y \leq d\}$ kann I analog berechnet werden; in diesem Fall ändert sich die Integrationsreihenfolge.

Ist speziell $B = \{(x,y) \,|\, a \leq x \leq b, c \leq y \leq d\}$ ein Rechteck, so gilt:

$$I = \int_a^b \int_c^d f(x,y)\,\mathrm{d}y\,\mathrm{d}x = \int_c^d \int_a^b f(x,y)\,\mathrm{d}x\,\mathrm{d}y$$

Koordinatentransformation

Allgemeine Transformation $x = x(u,v)$, $y = y(x,v)$:

$$I = \iint_{B^*} f(x(u,v), y(u,v)) \frac{\partial(x,y)}{\partial(u,v)}\,\mathrm{d}u\,\mathrm{d}v$$

(Integrationsgrenzen gemäß Transformation ändern)

Spezialfall Polarkoordinaten $x = r\cos\varphi$, $y = r\sin\varphi$:

$$I = \iint_B f(r\cos\varphi, r\sin\varphi)\, r\,\mathrm{d}r\,\mathrm{d}\varphi$$

Anwendungen von Doppelintegralen

Flächeninhalt eines ebenen Bereichs B:	$A = \iint_B \mathrm{d}b$
Masse mit Flächen-Massendichte ϱ:	$M = \iint_B \varrho(x,y)\,\mathrm{d}b$
Volumen des „Zylinders“ zwischen ebenem Bereich B und Fläche $z=f(x,y)$:	$V = \iint_B f(x,y)\,\mathrm{d}b$
Volumen eines Rotationskörpers bei Rotation der Kurve $y(x)$ um die x-Achse:	$V = \pi \int_a^b y^2(x)\,\mathrm{d}x$
Schwerpunktkoordinaten einer homogenen Fläche	$x_s = \frac{1}{A} \iint_B x\,\mathrm{d}b$, $y_s = \frac{1}{A} \iint_B y\,\mathrm{d}b$

Numerische Berechnung bestimmter Integrale

Um das Integral $I = \int_a^b f(x)\,\mathrm{d}x$ näherungsweise numerisch zu berechnen, wird das Intervall $[a,b]$ in n äquidistante Teilintervalle der Länge $h = \frac{b-a}{n}$ geteilt, wodurch sich die Punkte $a = x_0, x_1, \ldots, x_{n-1}, x_n = b$ ergeben; es gelte $y_i = f(x_i)$.

Sehnen-Trapez-Formel:

$$I \approx \tfrac{h}{2} \cdot [y_0 + y_n + 2\,(y_1 + y_2 + \ldots + y_{n-1})]$$

Speziell für kleine Intervalle ($n = 1$):

$$I \approx \tfrac{h}{2} \cdot [y_0 + y_1] = \tfrac{b-a}{2} \cdot [f(a) + f(b)]$$

Tangenten-Trapez-Formel (n gerade):

$$I \approx 2h \cdot [y_1 + y_3 + \ldots + y_{n-1}]$$

Simpson-Regel (n gerade):

$$I \approx \tfrac{h}{3} \cdot [y_0 + y_n + 4(y_1 + y_3 + \ldots + y_{n-1}) + 2(y_2 + y_4 + \ldots + y_{n-2})]$$

Newton-Côtes-Formel (L_i – i-tes Lagrange-Polynom):

$$I \approx \sum_{i=0}^{n} w_i y_i \quad \text{mit} \quad w_i = \int_a^b L_i(x)\,\mathrm{d}x,$$

$$L_i(x) = \frac{(x - x_0)\cdots(x - x_{i-1})\cdot(x - x_{i+1})\cdots(x - x_n)}{(x_i - x_0)\cdots(x_i - x_{i-1})\cdot(x_i - x_{i+1})\cdots(x_i - x_n)}$$

Ökonomische Anwendungen der Integralrechnung

Gesamtgewinn

$$G(x) = \int_0^x [e(\xi) - k(\xi)]\,\mathrm{d}\xi$$

$k(x)$ – Grenzkosten für x Mengeneinheiten;
$e(x)$ – Grenzerlös für x Mengeneinheiten

Konsumentenrente (für den Gleichgewichtspunkt (x_0, p_0))

$$K_R(x_0) = E^* - E_0 = \int_0^{x_0} p_N(x)\,\mathrm{d}x - x_0 \cdot p_0$$

$p_N : x \to p(x)$ – monoton fallende Nachfragefunktion, $p_0 = p_N(x_0)$,
$E_0 = x_0 \cdot p_0$ – tatsächlicher Gesamterlös,
$E^* = \displaystyle\int_0^{x_0} p_N(x)\,\mathrm{d}x$ – theoretisch möglicher Gesamterlös

- Die Konsumentenrente ist die Differenz aus theoretisch möglichem und tatsächlichem Gesamterlös; sie ist (aus Verbrauchersicht) ein Maß für die Vorteilhaftigkeit eines Kaufs (erst) im Gleichgewichtspunkt.

Produzentenrente (für den Gleichgewichtspunkt (x_0, p_0))

$$P_R(x_0) = E_0 - E^* = x_0 \cdot p_0 - \int_0^{x_0} p_A(x)\,\mathrm{d}x$$

$p_A : x \to p_A(x)$ – monoton wachsende Angebotsfunktion,
$p_N : x \to p_N(x)$ – monoton fallende Nachfragefunktion,
$p_A(x_0) = p_N(x_0) =: p_0$ definiert den Marktgleichgewichtspunkt;
E_0, E^* – tatsächlicher bzw. theoretisch möglicher Gesamterlös (Umsatz)

- Die Produzentenrente ist die Differenz aus tatsächlichem und theoretisch möglichem Gesamterlös; sie ist (aus Produzentensicht) ein Maß für die Vorteilhaftigkeit eines Verkaufs (erst) im Gleichgewichtspunkt.

Stetiger Zahlungsstrom

$K(t)$ – zeitabhängige Zahlungsgröße,
$R(t) = K'(t)$ – zeitabhängiger Zahlungsstrom (Intensität),
α – stetige Zinsrate (Zinsintensität)

$K_{[t_1,t_2]} = \displaystyle\int_{t_1}^{t_2} R(t)\,\mathrm{d}t$	Zahlungsvolumen im Intervall $[t_1, t_2]$
$K_{[t_1,t_2]}(t_0) = \displaystyle\int_{t_1}^{t_2} \mathrm{e}^{-\alpha(t-t_0)} R(t)\,\mathrm{d}t$	Zahlungswert (Barwert) für $t_0 < t_1$
$K_{[t_1,t_2]}(t_0) = \dfrac{R}{\alpha}\mathrm{e}^{\alpha t_0}\left(\mathrm{e}^{-\alpha t_1} - \mathrm{e}^{-\alpha t_2}\right)$	Barwert für $R(t) \equiv R = \text{const}$
$K_{t_1}(t_0) = \displaystyle\int_{t_1}^{\infty} \mathrm{e}^{-\alpha(t-t_0)} R(t)\,\mathrm{d}t$	Barwert eines zeitlich nicht begrenzten Zahlungsstroms $R(t)$ („ewige Rente“)
$K_{t_1}(t_0) = \dfrac{R}{\alpha}\mathrm{e}^{-\alpha(t_1-t_0)}$	Barwert eines zeitlich nicht begrenzten konstanten Zahlungsstroms $R(t) \equiv R$

Wachstumsprozesse

Ein ökonomische Kenngröße $y = f(t) > 0$ werde durch die folgenden Eigenschaften beschrieben, wobei der Anfangswert $f(0) = y_0$ gegeben sei:

- das absolute Wachstum im Zeitintervall $[0, t]$ ist proportional zur Länge des Intervalls und dem Anfangswert:

$$\Longrightarrow \quad \boxed{y = f(t) = \frac{c}{2}t^2 + y_0}$$ (c – Proportionalitätsfaktor)

- die *Wachstumsrate* $\dfrac{f'(t)}{f(t)}$ ist konstant, d. h. $\frac{f'(t)}{f(t)} = \gamma$:

$$\Longrightarrow \quad \boxed{y = f(t) = y_0 \mathrm{e}^{\gamma t}}$$ (γ – Wachstumsintensität)

Spezialfall: stetige Verzinsung eines Kapitals

$$\Longrightarrow \quad \boxed{K_t = K_0 \mathrm{e}^{\delta t}}$$ ($K_t = K(t)$ – Kapital zum Zeitpunkt t; K_0 – Startkapital; δ - Zinsintensität)

- die Wachstumsrate ist gleich einer gegebenen integrierbaren Funktion $\gamma(t)$, d. h. $\dfrac{f'(t)}{f(t)} = \gamma(t)$:

$$\Longrightarrow \quad \boxed{y = f(t) = y_0 \mathrm{e}^{\int_0^t \gamma(z)\,\mathrm{d}z} = y_0 \cdot \mathrm{e}^{\bar{\gamma} t}}$$

Hierbei ist $\bar{\gamma} = \dfrac{1}{t} \displaystyle\int_0^t \gamma(z)\,\mathrm{d}z$ die *durchschnittliche Wachstumsintensität* in $[0, t]$.

Differentialgleichungen

Allgemeine gewöhnliche Differentialgleichung n-ter Ordnung

$F(x,y,y',\dots,y^{(n)})=0$	–	implizite Form einer Differentialgleichung
$y^{(n)}=f(x,y,y',\dots,y^{(n-1)})$	–	explizite Form einer Differentialgleichung

• Jede n-mal stetig differenzierbare Funktion $y(x)$, die die Differentialgleichung für alle x, $a\le x\le b$, erfüllt, heißt *(spezielle) Lösung* der Differentialgleichung im Intervall $[a,b]$. Die Gesamtheit aller Lösungen einer Differentialgleichung oder eines Systems von Differentialgleichungen wird als *allgemeine Lösung* bezeichnet.

• Werden an der Stelle $x=a$ zusätzliche Bedingungen an die Lösung gestellt, so spricht man von einer *Anfangswertaufgabe*. Sind zusätzliche Bedingungen an den Stellen a und b einzuhalten, liegt eine *Randwertaufgabe* vor.

Differentialgleichungen erster Ordnung

$$y'=f(x,y) \quad\text{oder}\quad P(x,y)+Q(x,y)y'=0 \quad\text{oder}\quad P(x,y)\,\mathrm{d}x+Q(x,y)\,\mathrm{d}y=0$$

• Ordnet man jedem Punkt der x,y-Ebene die durch $f(x,y)$ gegebene Tangentenrichtung der Lösungskurven zu, so entsteht das *Richtungsfeld*. Die Kurven gleicher Richtungen des Richtungsfeldes sind die *Isoklinen*.

Separierbare Differentialgleichungen

Besitzt eine Differentialgleichung die Form

$$y'=r(x)s(y) \quad\text{bzw.}\quad P(x)+Q(y)y'=0 \quad\text{bzw.}\quad P(x)\,\mathrm{d}x+Q(y)\,\mathrm{d}y=0,$$

so kann sie stets mittels *Trennung der Veränderlichen* (d. h. Ersetzen von y' durch $\frac{\mathrm{d}y}{\mathrm{d}x}$ und Umordnen) in die Form $\boxed{R(x)\,\mathrm{d}x=S(y)\,\mathrm{d}y}$ gebracht werden. Durch „formales Integrieren" erhält man daraus die allgemeine Lösung:

$$\int R(x)\mathrm{d}x=\int S(y)\mathrm{d}y \qquad\Longrightarrow\qquad \varphi(x)=\psi(y)+C$$

Lineare Differentialgleichungen erster Ordnung

$$y' + a(x)y = r(x)$$

$r(x) \not\equiv 0$: inhomogene Differentialgleichung
$r(x) \equiv 0$: homogene Differentialgleichung

• Die allgemeine Lösung ist die Summe aus der allgemeinen Lösung y_h der zugehörigen homogenen Differentialgleichung und einer speziellen Lösung y_s der inhomogenen Differentialgleichung:

$$y(x) = y_h(x) + y_s(x)$$

Allgemeine Lösung der homogeneno Differentialgleichung

Die allgemeine Lösung $y_h(x)$ von $y' + a(x)y = 0$ wird durch Trennung der Veränderlichen ermittelt. Das Ergebnis lautet

$$y_h(x) = C\mathrm{e}^{-\int a(x)\,\mathrm{d}x}, \qquad C = \text{const}$$

Spezielle Lösung der inhomogenen Differentialgleichung

Eine spezielle Lösung $y_s(x)$ von $y' + a(x)y = r(x)$ erhält man durch den Ansatz $y_s(x) = C(x)\mathrm{e}^{-\int a(x)\,\mathrm{d}x}$ (*Variation der Konstanten*). Für die Ansatzfunktion $C(x)$ ergibt sich

$$C(x) = \int r(x)\mathrm{e}^{\int a(x)\,\mathrm{d}x}\,\mathrm{d}x$$

Lineare Differentialgleichungen n-ter Ordnung

$$a_n(x)y^{(n)} + \ldots + a_1(x)y' + a_0(x)y = r(x), \;\; a_n(x) \not\equiv 0$$

$r(x) \not\equiv 0$ – inhomogene Differentialgleichung,
$r(x) \equiv 0$ – homogene Differentialgleichung

• Die allgemeine Lösung der inhomogenen Differentialgleichung ist die Summe aus der allgemeinen Lösung y_h der zugehörigen homogenen Differentialgleichung und einer speziellen Lösung y_s der inhomogenen Differentialgleichung:

$$y(x) = y_h(x) + y_s(x)$$

Allgemeine Lösung der homogenenen Differentialgleichung

Sind alle Koeffizientenfunktionen a_k stetig, so existieren n Funktionen y_k, $k = 1, \ldots, n$ (*Fundamentalsystem* von Funktionen) derart, dass die allgemeine Lösung $y_h(x)$ der zugehörigen homogenen Differentialgleichung die folgende Form hat:

$$y_h(x) = C_1y_1(x) + C_2y_2(x) + \ldots + C_ny_n(x)$$

- Die Funktionen $y_1, \ldots, y_n$ bilden genau dann ein Fundamentalsystem, wenn jede dieser Funktionen y_k Lösung der homogenen Differentialgleichung ist und wenn es mindestens eine Stelle $x_0 \in \mathbb{R}$ gibt, für die die *Wronski-Determinante*

$$W(x) = \begin{vmatrix} y_1(x) & y_2(x) & \ldots & y_n(x) \\ y_1'(x) & y_2'(x) & \ldots & y_n'(x) \\ \vdots & \vdots & \ddots & \vdots \\ y_1^{(n-1)}(x) & y_2^{(n-1)}(x) & \ldots & y_n^{(n-1)}(x) \end{vmatrix}$$

von null verschieden ist. Sie lassen sich durch Lösen der folgenden n Anfangswertaufgaben gewinnen ($k = 1, \ldots, n$):

$$a_n(x)y_k^{(n)} + \ldots + a_1(x)y_k' + a_0(x)y_k = 0,$$

$$y_k^{(i)}(x_0) = \begin{cases} 0, & i \neq k-1 \\ 1, & i = k-1 \end{cases} \qquad i = 0, 1, \ldots, n-1$$

- (*Erniedrigung der Ordnung*). Ist eine spezielle Lösung $\bar{y}$ der homogenen Differentialgleichung n-ter Ordnung bekannt, so führt die Substitution $y(x) = \bar{y}(x) \int z(x)\,dx$ von der linearen (homogenen oder inhomogenen) Differentialgleichung n-ter Ordnung auf eine solche $(n-1)$-ter Ordnung.

Spezielle Lösung der inhomogenen Differentialgleichung

Ist $\{y_1, \ldots, y_n\}$ ein Fundamentalsystem, so erhält man über den Ansatz

$$y_s(x) = C_1(x)y_1(x) + \ldots + C_n(x)y_n(x)$$ **Variation der Konstanten**

eine spezielle Lösung der inhomogenen Differentialgleichung, indem man die Ableitungen der Funktionen $C_1, \ldots, C_n$ als Lösungen des linearen Gleichungssystems

$$\begin{array}{ccccccccc} y_1C_1' & + & y_2C_2' & + & \ldots & + & y_nC_n' & = & 0 \\ y_1'C_1' & + & y_2'C_2' & + & \ldots & + & y_n'C_n' & = & 0 \\ \ldots & & & & & & & & \\ y_1^{(n-2)}C_1' & + & y_2^{(n-2)}C_2' & + & \ldots & + & y_n^{(n-2)}C_n' & = & 0 \\ y_1^{(n-1)}C_1' & + & y_2^{(n-1)}C_2' & + & \ldots & + & y_n^{(n-1)}C_n' & = & \dfrac{r(x)}{a_n(x)} \end{array}$$

bestimmt; danach werden die Funktionen $C_1, \ldots, C_n$ durch Integration berechnet.

Euler'sche Differentialgleichung

Lauten in der allgemeinen linearen Differentialgleichung n-ter Ordnung die Koeffizientenfunktionen $a_k(x) = a_k x^k$, $a_k \in \mathbb{R}$, $k = 0, 1, \ldots, n$, erhält man

$$a_n x^n y^{(n)} + \ldots + a_1 x y' + a_0 y = r(x)$$

• Die Substitution $x = e^{\xi}$ (Rücksubstitution $\xi = \ln x$) führt auf eine lineare Differentialgleichung mit konstanten Koeffizienten für die Funktion $y(\xi)$. Deren *charakteristische Gleichung* lautet

$$\boxed{a_n\lambda(\lambda-1)\ldots(\lambda-n+1)+\ldots+a_2\lambda(\lambda-1)+a_1\lambda+a_0=0}$$

Lineare Differentialgleichungen mit konstanten Koeffizienten

$$\boxed{a_n y^{(n)}+\ldots+a_1 y'+a_0=r(x), \qquad a_0,\ldots,a_n\in\mathbb{R}}$$

• Die allgemeine Lösung ist die Summe aus der allgemeinen Lösung der zugehörigen homogenen Differentialgleichung und einer speziellen Lösung der inhomogen Differentialgleichung:

$$\boxed{y(x)=y_h(x)+y_s(x)}$$

Allgemeine Lösung der homogenen Differentialgleichung

Die n Funktionen y_k des Fundamentalsystems werden über den Ansatz

$$\boxed{y=e^{\lambda x}}$$

bestimmt. Die n Werte λ_k sind die Nullstellen des charakteristischen Polynoms, d. h. Lösungen der *charakteristischen Gleichung*

$$\boxed{a_n\lambda^n+\ldots+a_1\lambda+a_0=0}$$

Zu den n Nullstellen λ_k der charakteristischen Gleichung lassen sich die n Funktionen des Fundamentalsystems gemäß folgender Tabelle bestimmen:

Art der Nullstelle	Ordnung der Nullstelle	Funktionen des Fundamentalsystems
λ_k reell	einfach	$e^{\lambda_k x}$
	p-fach	$e^{\lambda_k x},\ xe^{\lambda_k x},\ldots,\ x^{p-1}e^{\lambda_k x}$
$\lambda_k = a \pm bi$ konjugiert komplex	einfach	$e^{ax}\sin bx,\ e^{ax}\cos bx$
	p-fach	$e^{ax}\sin bx,\ xe^{ax}\sin bx,\ \ldots,\ x^{p-1}e^{ax}\sin bx,$ $e^{ax}\cos bx,\ xe^{ax}\cos bx,\ \ldots,\ x^{p-1}e^{ax}\cos bx$

Die allgemeine Lösung y_h der homogenen Differentialgleichung ist

$$\boxed{y_h(x)=C_1y_1(x)+C_2y_2(x)+\ldots+C_ny_n(x)}$$

Spezielle Lösung der inhomogenen Differentialgleichung

Besitzt die Inhomogenität r eine einfache Struktur, so kann y_s durch einen Ansatz gemäß nachstehender Tabelle bestimmt werden:

$r(x)$	Ansatz für $y_s(x)$	Ansatz im *Resonanzfall*
$A_m x^m + \ldots + A_1 x + A_0$	$b_m x^m + \ldots + b_1 x + b_0$	Ist ein Summand des Ansatzes Lösung der homogenen Differentialgleichung, so wird der Ansatz so oft mit x multipliziert, bis kein Summand mehr Lösung der homogenen Differentialgleichung ist.
$Ae^{\alpha x}$	$ae^{\alpha x}$	
$A \sin \omega x$ $B \cos \omega x$ $A \sin \omega x + B \cos \omega x$	$a \sin \omega x + b \cos \omega x$	
Kombination dieser Funktionen	entsprechende Kombination der Ansätze	Obige Regel ist nur auf den Teil des Ansatzes anzuwenden, der den Resonanzfall enthält.

Lineare Systeme erster Ordnung mit konstanten Koeffizienten

$$\begin{array}{ccccccccc} y_1' & = & a_{11}y_1 & + & \ldots & + & a_{1n}y_n & + & r_1(x) \\ \multicolumn{9}{c}{\dotfill} \\ y_n' & = & a_{n1}y_1 & + & \ldots & + & a_{nn}y_n & + & r_n(x) \end{array} \qquad a_{ij} \in \mathbb{R}$$

Vektorielle Schreibweise

$$\boldsymbol{y}' = \boldsymbol{A}\boldsymbol{y} + \boldsymbol{r} \qquad \text{mit}$$

$$\boldsymbol{y} = \begin{pmatrix} y_1 \\ \vdots \\ y_n \end{pmatrix}, \ \boldsymbol{y}' = \begin{pmatrix} y_1' \\ \vdots \\ y_n' \end{pmatrix}, \ \boldsymbol{r} = \begin{pmatrix} r_1(x) \\ \vdots \\ r_n(x) \end{pmatrix}, \qquad \boldsymbol{A} = \begin{pmatrix} a_{11} & \ldots & a_{1n} \\ \vdots & \ddots & \vdots \\ a_{n1} & \ldots & a_{nn} \end{pmatrix}$$

- Die allgemeine Lösung hat die Form $\boldsymbol{y}(x) = \boldsymbol{y}_h(x) + \boldsymbol{y}_s(x)$, wobei $\boldsymbol{y}_h$ die allgemeine Lösung des homogenen Systems $\boldsymbol{y}' = \boldsymbol{A}\boldsymbol{y}$ und $\boldsymbol{y}_s$ ein spezielle Lösung des inhomogenen Systems $\boldsymbol{y}' = \boldsymbol{A}\boldsymbol{y} + \boldsymbol{r}$ ist.

Allgemeine Lösung des homogenen Systems

Fall 1 $\boldsymbol{A}$ ist diagonalisierbar und hat nur reelle Eigenwerte λ_k, $k = 1, \ldots, n$ (mehrfache Eigenwerte werden entsprechend mehrfach gezählt); $\boldsymbol{v}_k$ seien die zugehörigen reellen Eigenvektoren. Dann lautet die allgemeine Lösung des homogenen Systems

$$\boldsymbol{y}_h(x) = C_1 \mathrm{e}^{\lambda_1 x} \boldsymbol{v}_1 + \ldots + C_n \mathrm{e}^{\lambda_n x} \boldsymbol{v}_n$$

Fall 2 $\boldsymbol{A}$ ist diagonalisierbar und hat konjugiert komplexe Eigenwerte $\lambda_k = \alpha + \beta \mathrm{i}$, $\lambda_{k+1} = \alpha - \beta \mathrm{i}$ mit zugehörigen Eigenvektoren $\boldsymbol{v}_k = \boldsymbol{a} + \boldsymbol{b}\mathrm{i}$, $\boldsymbol{v}_{k+1} = \boldsymbol{a} - \boldsymbol{b}\mathrm{i}$. Dann sind in der allgemeinen Lösung $\boldsymbol{y}_h$ die Terme mit den Indizes k, $k+1$ wie folgt zu ersetzen:

$$\boldsymbol{y}_h(x) = \ldots + C_k \mathrm{e}^{\alpha x}(\boldsymbol{a} \cos \beta x - \boldsymbol{b} \sin \beta x) + C_{k+1} \mathrm{e}^{\alpha x}(\boldsymbol{a} \sin \beta x + \boldsymbol{b} \cos \beta x) + \ldots$$

Fall 3 $\boldsymbol{A}$ ist nicht diagonalisierbar. $\boldsymbol{V}$ sei die Matrix, die die Ähnlichkeitstransformation der Matrix $\boldsymbol{A}$ auf die Jordan'sche Normalform vermittelt. Unter Beachtung der Dimensionen n_k der Jordanblöcke $\boldsymbol{J}(\lambda_k, n_k)$, $k = 1, \ldots, s$, wird die Matrix $\boldsymbol{V}$ spaltenweise geschrieben:

$$\boldsymbol{V} = (\boldsymbol{v}_{11}, \ldots, \boldsymbol{v}_{1n_1}, \ldots, \boldsymbol{v}_{k1}, \ldots, \boldsymbol{v}_{kn_k}, \ldots, \boldsymbol{v}_{s1}, \ldots, \boldsymbol{v}_{sn_s}).$$

Die allgemeine Lösung des homogenen Systems lautet dann:

$$\begin{aligned} \boldsymbol{y}_h(x) &= \ldots + C_{k1} \mathrm{e}^{\lambda_k x} \boldsymbol{v}_{k1} + C_{k2} \mathrm{e}^{\lambda_k x} \left[\frac{x}{1!} \boldsymbol{v}_{k1} + \boldsymbol{v}_{k2} \right] + \ldots \\ &\quad + C_{kn_k} \mathrm{e}^{\lambda_k x} \left[\frac{x^{n_k - 1}}{(n_k - 1)!} \boldsymbol{v}_{k1} + \ldots + \frac{x}{1!} \boldsymbol{v}_{k,n_k-1} + \boldsymbol{v}_{kn_k} \right] + \ldots \end{aligned}$$

Berechnung der *Eigenvektoren* $\boldsymbol{v}_{k1}$: $(\boldsymbol{A} - \lambda_k \boldsymbol{E}) \boldsymbol{v}_{k1} = \boldsymbol{0}$

Berechnung der *Hauptvektoren* $\boldsymbol{v}_{kj}$: $(\boldsymbol{A} - \lambda_k \boldsymbol{E}) \boldsymbol{v}_{kj} = \boldsymbol{v}_{k,j-1}$ mit $j = 2, \ldots, n_k$

Treten komplexe Eigenwerte auf, so ist entsprechend Fall 2 zu verfahren.

Spezielle Lösung des inhomogenen Systems

Eine spezielle Lösung $\boldsymbol{y}_s$ ist durch Variation der Konstanten oder Ansatz (▶ Tabelle S. 112) zu ermitteln. Dabei sind in **allen** Komponenten **alle** Anteile von $r(x)$ zu berücksichtigen. Im Resonanzfall ist der Originalansatz um die mit x multiplizierten Ansätze zu erweitern.

Differenzengleichungen

Lineare Differenzengleichungen 1. Ordnung

$$\boxed{\Delta y = a(n)y + b(n)} \qquad (*)$$

Eine Funktion $y = f(n)$, $D_f \subset \mathbb{N}_0$, heißt *Lösung* der Differenzengleichung $(*)$, falls $\Delta f(n) = a(n)f(n) + b(n) \quad \forall n \in D_f$, wobei gilt $\Delta y = y(n+1) - y(n) = f(n+1) - f(n)$.

- Sind $\{a(n)\}$ und $\{b(n)\}$ Folgen reeller Zahlen, so besitzt $(*)$ die Lösung

$$\boxed{y = f(n) = y_0 \cdot \prod_{k=0}^{n-1}[a(k)+1] + \sum_{k=0}^{n-2} b(k) \cdot \prod_{l=k+1}^{n-1}[a(l)+1] + b(n-1)}$$

Dabei ist $f(0) = y_0 \in \mathbb{R}$ beliebig wählbar, und es gilt

$$\prod_{k=0}^{n-1}[a(k)+1] := \begin{cases} [a(0)+1] \cdot \ldots \cdot [a(n-1)+1] & \text{für } n = 1, 2, \ldots \\ 1 & \text{für } n = 0 \end{cases}$$

$$\prod_{l=k+1}^{n-1}[a(l)+1] := \begin{cases} [a(k+1)+1] \cdot \ldots \cdot [a(n-1)+1] & \text{für } n = k+2, \ldots \\ 1 & \text{für } n = k+1 \end{cases}$$

Im Spezialfall $a(n) \equiv a = \text{const}$, $b(n) \equiv b = \text{const}$ hat die Lösung der Differenzengleichung $(*)$ die Form

$$\boxed{y = f(n) = \begin{cases} y_0 \cdot \prod\limits_{k=0}^{n-1}[a(k)+1] & \text{für } b(n) \equiv b = 0 \\ y_0(a+1)^n + \sum\limits_{k=0}^{n-1} b(k)(a+1)^{n-1-k} & \text{für } a(n) \equiv a \\ y_0(a+1)^n & \text{für } a(n) \equiv a,\ b(n) \equiv 0 \\ y_0(a+1)^n + b \cdot \dfrac{(a+1)^n - 1}{a} & \text{für } a(n) \equiv a \neq 0,\ b(n) \equiv b \\ y_0 + b \cdot n & \text{für } a(n) \equiv 0,\ b(n) \equiv b \end{cases}}$$

Wachstumsmodelle

$y(n)$	–	Volkseinkommen,	$n = 0, 1, 2, \ldots$
$c(n)$	–	Konsum,	$n = 0, 1, 2, \ldots$
$s(n)$	–	Sparsumme,	$n = 0, 1, 2, \ldots$
$i(n)$	–	Investitionen,	$n = 0, 1, 2, \ldots$

Wachstum des Volkseinkommens nach Boulding

Modellannahmen:

$$y(n) = c(n) + i(n), \qquad c(n) = \alpha + \beta y(n), \qquad \Delta y(n) = \gamma i(n)$$

α – einkommensunabhängiger Konsumanteil, $\alpha \geq 0$

β – Proportionalitätsfaktor für einkommensabhängigen Konsum, $0 < \beta < 1$

γ – Vielfaches der Investitionen, um das sich das Volkseinkommen ändert, $\gamma > 0$

$$\Delta y(n) = \gamma(1 - \beta)y(n) - \alpha\gamma, \qquad n = 0, 1, 2, \ldots$$

Boulding'sches Modell

Lösung:

$$y = f(n) = \frac{\alpha}{1-\beta} + \left(y_0 - \frac{\alpha}{1-\beta}\right)(1 + \gamma(1-\beta))^n$$

- Unter der Annahme $y(0) = y_0 > c(0)$ ist die Funktion $y = f(n)$ streng monoton wachsend.

Wachstum des Volkseinkommens nach Harrod

Modellannahmen:

$$s(n) = \alpha y(n), \qquad i(n) = \beta \Delta y(n), \qquad i(n) = s(n)$$

$\alpha y(n)$ – gesparter Anteil des Volkseinkommens, $0 < \alpha < 1$

β – Proportionalitätsfaktor zwischen Investitionen und Zuwachs des Volkseinkommens, $\beta > 0$, $\beta \neq \alpha$

Harrod'sches Modell

$$\Delta y(n) = \frac{\alpha}{\beta} y(n), \; y(0) = y_0, \qquad n = 1, 2, \ldots$$

Das Modell besitzt die Lösung:

$$y = f(n) = y_0 \cdot \left(\frac{\alpha}{\beta}\right)^n$$

Cobwebmodell (Spinnwebmodell) nach Ezekid

Annahmen:

$d(n) = \alpha - \beta p(n), \quad d(n) = n$	$d(n)$ – Nachfrage,
$q(n+1) = \gamma + \delta p(n)$	$p(n)$ – Preis
$\alpha > 0,\ \beta > 0,\ \gamma > 0,\ \delta > 0$	$q(n)$ – Angebot

Es wird Gleichgewicht von Angebot und Nachfrage vorausgesetzt.

$$\Delta p(n) = \frac{\alpha - \gamma}{\beta} - \left(1 + \frac{\delta}{\beta}\right) p(n),\ p(0) = p_0, \qquad n = 1, 2, \ldots$$

Cobweb-modell

Lösung:

$$y = p(n) = \frac{\alpha - \gamma}{\beta + \delta} + \left(p_0 - \frac{\alpha - \gamma}{\beta + \delta}\right)\left(-\frac{\delta}{\beta}\right)^n$$

- Die Größe $p(n)$ oszilliert um den konstanten Wert $p^* = \dfrac{\alpha - \gamma}{\beta + \delta}$. Für $\delta \geq \beta$ divergiert die Lösung; für $\delta < \beta$ konvergiert die Lösung gegen den *Gleichgewichtspreis* p^*.

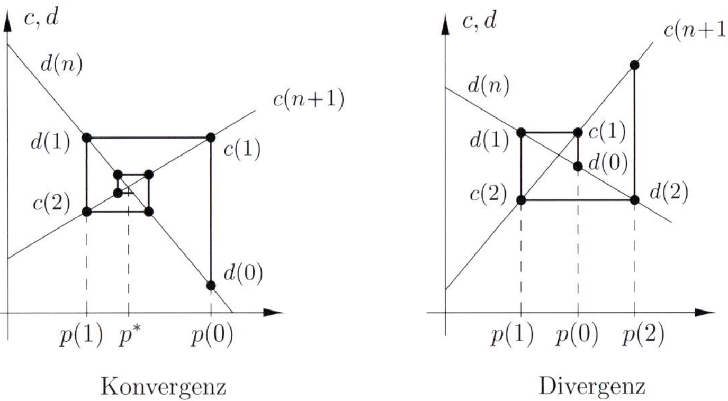

Lineare Differenzengleichungen 2. Ordnung

Eine Gleichung der Form

$$\Delta^2 y + a\Delta y + by = c(n), \qquad a, b, c \in \mathbb{R} \tag{$*$}$$

heißt *lineare Differenzengleichung 2. Ordnung mit konstanten Koeffizienten.* Dabei ist $\Delta^2 f(n) := f(n+2) - 2f(n+1) + f(n)$ die *Differenz 2. Ordnung.*

- Gilt $c(n) = 0 \;\forall\, n = 0, 1, 2, \ldots$, so wird die Gleichung *homogen* genannt, anderenfalls *inhomogen*.

- Eine Funktion f mit $D_f \subset \{0, 1, 2, \ldots\}$ wird als Lösung der Gleichung $(*)$ bezeichnet, falls gilt $\Delta^2 f(n) + a\Delta f(n) + bf(n) = c(n) \;\forall\, n \in D_f$.

- Die allgemeine Lösung der linearen inhomogenen Differenzengleichung $(*)$ ist die Summe der allgemeinen Lösung der zugehörigen homogenen Differenzengleichung $\Delta^2 y + a\Delta y + by = 0$ und einer speziellen Lösung von $(*)$.

Allgemeine Lösung der homogenen Differenzengleichung 2. Ordnung

Man betrachte die *charakteristische Gleichung* $\boxed{\lambda^2 + a\lambda + b = 0}$

Deren Lösung bestimmt sich aus der Formel $\lambda_{1,2} = -\frac{a}{2} \pm \frac{1}{2}\sqrt{a^2 - 4b}$ und kann in Abhängigkeit von der Diskriminante $D = a^2 - 4b$ zwei reelle, eine reelle doppelte oder zwei konjugiert komplexe Lösungen besitzen. Zur Darstellung der allgemeinen Lösung der zu $(*)$ gehörigen homogenen Differenzengleichung sind daher drei Fälle zu unterscheiden, wobei jeweils C_1, C_2 beliebige reelle Konstanten sind.

Fall 1 $\quad D > 0: \quad \lambda_1 = \frac{1}{2}\left(-a + \sqrt{D}\right), \quad \lambda_2 = \frac{1}{2}\left(-a - \sqrt{D}\right)$

Lösung: $\quad \boxed{y = f(n) = C_1(1 + \lambda_1)^n + C_2(1 + \lambda_2)^n}$

Fall 2 $\quad D = 0: \quad \lambda_1 = \lambda_2 =: \lambda = -\frac{a}{2} \qquad (a \neq 2)$

Lösung: $\quad \boxed{y = f(n) = C_1(1 + \lambda)^n + C_2 n(1 + \lambda)^n}$

Fall 3 $\quad D < 0: \quad \alpha := -\frac{a}{2}, \quad \beta := \frac{1}{2}\sqrt{-D}$

Lösung:

$$\boxed{y = f(n) = C_1\left[(1 + \alpha)^2 + \beta^2\right]^{\frac{n}{2}} \cos\varphi n + C_2\left[(1 + \alpha)^2 + \beta^2\right]^{\frac{n}{2}} \sin\varphi n}$$

mit $\tan\varphi = \frac{\beta}{1 + \alpha} \quad (\alpha \neq -1) \quad$ und $\quad \varphi = \frac{\pi}{2} \quad (\alpha = -1)$.

Allgemeine Lösung der inhomogenen Differenzengleichung 2. Ordnung

Die allgemeine Lösung der inhomogenen Differenzengleichung $(*)$ ist die Summe der allgemeinen Lösung der zugehörigen homogenen Gleichung und einer speziellen Lösung der inhomogenen Gleichung $(*)$. Letztere gewinnt man z. B. mithilfe der *Ansatzmethode*, wobei die jeweiligen Ansatzfunktionen von der konkreten Struktur der rechten Seite $c(n)$ abhängen und die darin enthaltenen Koeffizienten durch *Koeffizientenvergleich* ermittelt werden.

rechte Seite	Ansatz
$c(n) = a_k n^k + \ldots + a_1 n + a_0$	$C(n) = A_k n^k + \ldots + A_1 n + A_0$
$c(n) = a \cos \omega n + b \sin \omega n$ ($\alpha \neq 0$ oder $\beta \neq \omega$; ▶ S. 117, Fall 3)	$C(n) = A \cos \omega n + B \sin \omega n$

Ökonomische Modelle

$y(n)$	– Volkseinkommen	$c(n)$	– Konsum
$i(n)$	– private Investitionen	H	– Ausgaben der öffentlichen Hand

Modellannahmen $(n = 0, 1, 2, \ldots)$

$y(n) = c(n) + i(n) + H$	– das Volkseinkommen teilt sich auf in Konsum, private Investitionen und Ausgaben der öffentlichen Hand
$c(n) = \alpha_1 y(n-1)$	– $0 < \alpha_1 < 1$; der Konsum ist proportional (*Multiplikator* α_1) zum Volkseinkommen der vorangegengenen Periode
$i(n) = \alpha_2 [c(n) - c(n-1)]$	– $\alpha_2 > 0$; die privaten Investitionen sind proportional (*Akzelerator* α_2) dem Zuwachs des Konsums

Samuelson'sches Multiplikator-Akzelerator-Modell

$$\Delta^2 y + (2 - \alpha_1 - \alpha_1\alpha_2)\Delta y + (1 - \alpha_1) y = H$$

Lösung für $\alpha_1 \le \alpha_2 < 1$:

$$y = f(n) = \frac{H}{1-\alpha_1} + (\alpha_1\alpha_2)^{\frac{n}{2}} (C_1 \cos \varphi n + C_2 \sin \varphi n)$$

• Die Lösung f oszilliert mit abklingender Amplitude um den Grenzwert $\dfrac{H}{1-\alpha_1}$.

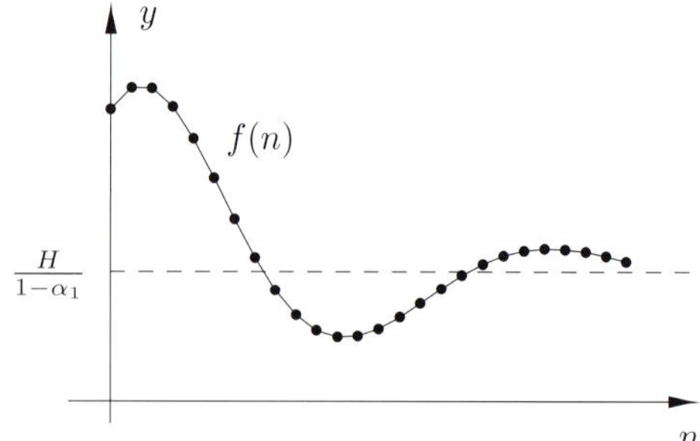

Lineare Differenzengleichungen n-ter Ordnung mit konstanten Koeffizienten

$$\boxed{y_{k+n} + a_{n-1}y_{k+n-1} + \ldots + a_1 y_{k+1} + a_0 y_k = c(k)} \qquad (k \in \mathbb{N}) \qquad (1)$$

• Eine lineare Differenzengleichung der Form (1) mit konstanten Koeffizienten $a_i \in \mathbb{R}$, $i = 0, 1, \ldots, n-1$, ist von der *Ordnung* n, wenn $a_0 \neq 0$.

• Die Differenzengleichung n-ter Ordnung (1) hat genau eine Lösung $y_k = f(k)$, wenn die Anfangswerte für n aufeinander folgende Werte k vorgegeben sind.

• Sind $f_1(k)$, $f_2(k)$,…, $f_n(k)$ beliebige Lösungen der homogenen linearen Differenzengleichung

$$\boxed{y_{k+n} + a_{n-1}y_{k+n-1} + \ldots + a_1 y_{k+1} + a_0 y_k = 0,} \qquad (2)$$

so ist die Linearkombination

$$\boxed{f(k) = \gamma_1 f_1(k) + \gamma_2 f_2(k) + \ldots + \gamma_n f_n(k)} \qquad (3)$$

mit den (beliebigen) Konstanten $\gamma_i \in \mathbb{R}$, $i = 1, \ldots, n$, ebenfalls eine Lösung der homogenen Differenzengleichung (2).

• Bilden die n Lösungen $f_1(k)$, $f_2(k)$,…, $f_n(k)$ von (2) ein *Fundamentalsystem*, d. h. gilt $\begin{vmatrix} f_1(0) & f_2(0) & \ldots & f_n(0) \\ \ldots & \ldots & \ldots & \ldots \\ f_1(n-1) & f_2(n-1) & \ldots & f_n(n-1) \end{vmatrix} \neq 0$, so ist (3) die allgemeine Lösung der homogenen Differenzengleichung (2).

• Ist $y_{k,s}$ eine spezielle Lösung der inhomogenen linearen Differenzengleichung (1) und ist $y_{k,h}$ die allgemeine Lösung der zugehörigen homogenen linearen Differenzengleichung (2), so gilt für die allgemeine Lösung der inhomogenen linearen Differenzengleichung (1) die Darstellung $\boxed{y_k = y_{k,h} + y_{k,s}}$

Allgemeine Lösung der homogenen Differenzengleichung

Man löse die *charakteristische Gleichung* $\boxed{\lambda^n + a_{n-1}\lambda^{n-1} + \ldots + a_1\lambda + a_0 = 0}$

Deren Lösungen seien $\lambda_1, \ldots, \lambda_n$. Dann besteht das Fundamentalsystem aus n linear unabhängigen Lösungen $f_1(k), \ldots, f_n(k)$, deren Struktur von der Art der Lösungen der charakteristischen Gleichung abhängt (analog zu ▶ Differenzengleichungen 2. Ordnung, S. 117).

Spezielle Lösung der inhomogenen Differenzengleichung

Um eine spezielle Lösung der inhomogenen Differenzengleichung (1) zu finden, führt in vielen Fällen die *Ansatzmethode* zum Ziel, wobei der Ansatz stets so gewählt wird, dass er in seiner Struktur der rechten Seite entspricht (▶ Differenzengleichung 2. Ordnung, S. 117). Die darin enthaltenen unbekannten Koeffizienten werden durch Einsetzen in (1) und *Koeffizientenvergleich* ermittelt.

Differentialrechnung für Funktionen mehrerer Variabler

Grundbegriffe

Funktionen im $\mathbb{R}^n$

Eine eineindeutige Abbildung, die jedem Vektor $\boldsymbol{x} = (x_1, x_2, \ldots, x_n)^\top \in D_f \subset \mathbb{R}^n$ eine reelle Zahl $f(\boldsymbol{x}) = f(x_1, x_2, \ldots, x_n)$ zuordnet, wird *reelle Funktion mehrerer (reeller) Variabler* (oder *Veränderlicher*) genannt. Schreibweise: $f\colon D_f \to \mathbb{R},\ D_f \subset \mathbb{R}^n$.

$D_f = \{\boldsymbol{x} \in \mathbb{R}^n \mid \exists\, y \in \mathbb{R} : y = f(\boldsymbol{x})\}$	–	Definitionsbereich
$W_f = \{y \in \mathbb{R} \mid \exists\, \boldsymbol{x} \in D_f : y = f(\boldsymbol{x})\}$	–	Wertebereich

Grafische Darstellung

Funktionen $y = f(x_1, x_2)$ zweier unabhängiger Variabler x_1, x_2 lassen sich in einem dreidimensionalen (x_1, x_2, y)-Koordinatensystem räumlich darstellen.

Die Menge der Punkte (x_1, x_2, y) bildet eine *Fläche*, falls die Funktion f stetig ist. Die Menge der Punkte (x_1, x_2) mit $f(x_1, x_2) = C = \text{const}$ heißt *Höhenlinie (Niveaulinie)* der Funktion f zur Höhe C. Diese Linien sind in der x_1, x_2-Ebene gelegen.

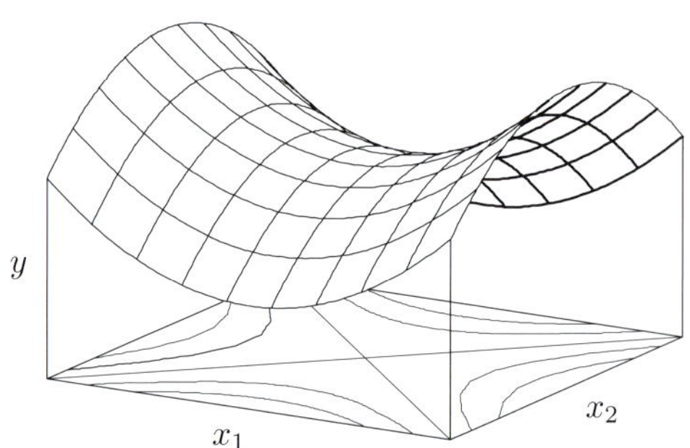

Punktmengen des Raumes $\mathbb{R}^n$

Es seien $\boldsymbol{x}$ und $\boldsymbol{y}$ Punkte des Raumes $\mathbb{R}^n$ mit den Koordinaten $(x_1, \ldots, x_n)$ bzw. $(y_1, \ldots, y_n)$. Diese werden mit den zu ihnen führenden Vektoren $\boldsymbol{x} = (x_1, \ldots, x_n)^\top$ bzw. $\boldsymbol{y} = (y_1, \ldots, y_n)^\top$ identifiziert.

$\lVert\boldsymbol{x}\rVert_2 = \sqrt{\sum\limits_{i=1}^{n} x_i^2}$	–	euklidische Norm des Vektors $\boldsymbol{x}$; auch mit $\lvert x\rvert$ bezeichnet ► Vektoren, S. 133
$\lVert\boldsymbol{x}\rVert_1 = \sum\limits_{i=1}^{n} \lvert x_i\rvert$	–	Betragssummennorm von $\boldsymbol{x}$
$\lVert\boldsymbol{x}\rVert_\infty = \max\limits_{i=1,\ldots,n} \lvert x_i\rvert$	–	Maximumnorm des Vektors $\boldsymbol{x}$
$\lVert\boldsymbol{x} - \boldsymbol{y}\rVert$	–	Abstand der Punkte $\boldsymbol{x}, \boldsymbol{y} \in \mathbb{R}^n$
$U_\varepsilon(\boldsymbol{x}) = \{\boldsymbol{y} \in \mathbb{R}^n \mid \lVert\boldsymbol{y} - \boldsymbol{x}\rVert < \varepsilon\}$	–	ε-Umgebung des Punktes $\boldsymbol{x}$, $\varepsilon > 0$

• Für die oben eingeführten Normen gelten die Ungleichungen $\|\boldsymbol{x}\|_\infty \leq \|\boldsymbol{x}\|_2 \leq \|\boldsymbol{x}\|_1$; $\|\boldsymbol{x}\|$ bezeichnet eine beliebige Norm, häufig die euklidische Norm $\|\boldsymbol{x}\|_2$.

• Ein Punkt $\boldsymbol{x}$ heißt *innerer Punkt* der Menge $M \subset \mathbb{R}^n$, wenn es eine in M enthaltene Umgebung $U_\varepsilon(\boldsymbol{x})$ gibt. Die Menge aller inneren Punkte von M wird *Inneres* von M genannt und mit int M bezeichnet. Ein Punkt $\boldsymbol{x}$ heißt *Häufungspunkt* von M, wenn jede Umgebung $U_\varepsilon(\boldsymbol{x})$ Punkte aus M enthält, die von $\boldsymbol{x}$ verschieden sind.

• Eine Menge M heißt *offen*, falls int $M = M$; sie heißt *abgeschlossen*, wenn sie jeden ihrer Häufungspunkte enthält.

• Eine Menge $M \subset \mathbb{R}^n$ heißt *beschränkt*, falls es eine solche Zahl C gibt, dass $\|\boldsymbol{x}\| \leq C$ für alle $\boldsymbol{x} \in M$ gilt.

Grenzwert und Stetigkeit

Punktfolgen

Eine *Punktfolge* $\{\boldsymbol{x}_k\} \subset \mathbb{R}^n$ ist eine Abbildung aus $\mathbb{N}$ in $\mathbb{R}^n$. Die Komponenten des Folgenelementes $\boldsymbol{x}_k$ werden mit $x_i^{(k)}$, $i = 1, \ldots, n$ bezeichnet.

$$\boldsymbol{x} = \lim_{k\to\infty} \boldsymbol{x}_k \iff \lim_{k\to\infty} \|\boldsymbol{x}_k - \boldsymbol{x}\| = 0$$ – Konvergenz der Punktfolge $\{\boldsymbol{x}_k\}$ gegen den Grenzwert $\boldsymbol{x}$

• Eine Punktfolge $\{\boldsymbol{x}_k\}$ konvergiert genau dann gegen den Grenzwert $\boldsymbol{x}$, wenn jede Folge $\{x_i^{(k)}\}$, $i = 1, \ldots, n$, gegen die i-te Komponente x_i von $\boldsymbol{x}$ konvergiert.

Stetigkeit

Eine Zahl $a \in \mathbb{R}$ heißt *Grenzwert* der Funktion f im Punkt $\boldsymbol{x}_0$, wenn für jede gegen $\boldsymbol{x}_0$ konvergente Punktfolge $\{\boldsymbol{x}_k\}$ mit $\boldsymbol{x}_k \neq \boldsymbol{x}_0$ und $\boldsymbol{x}_k \in D_f$ die Beziehung $\lim\limits_{k\to\infty} f(\boldsymbol{x}_k) = a$ gilt. Bezeichnung: $\lim\limits_{\boldsymbol{x}\to\boldsymbol{x}_0} f(\boldsymbol{x}) = a$.

• Eine Funktion f heißt *stetig im Punkt* $\boldsymbol{x}_0 \in D_f$, wenn sie in $\boldsymbol{x}_0$ einen Grenzwert besitzt (d. h., wenn für jede gegen $\boldsymbol{x}_0$ konvergierende Punktfolge die Folge zugehöriger Funktionswerte gegen den gleichen Wert konvergiert) und dieser mit dem Funktionswert in $\boldsymbol{x}_0$ übereinstimmt:

$$\lim_{\boldsymbol{x}\to\boldsymbol{x}_0} f(\boldsymbol{x}) = f(\boldsymbol{x}_0) \iff \lim_{k\to\infty} f(\boldsymbol{x}_k) = f(\boldsymbol{x}_0) \ \forall \{\boldsymbol{x}_k\} \quad \text{mit} \quad \boldsymbol{x}_k \to \boldsymbol{x}_0$$

• Äquivalente Formulierung: f ist *stetig im Punkt* $\boldsymbol{x}_0$, wenn es zu jeder Zahl $\varepsilon > 0$ eine solche Zahl $\delta > 0$ gibt, dass $|f(\boldsymbol{x}) - f(\boldsymbol{x}_0)| < \varepsilon$, falls $\|\boldsymbol{x} - \boldsymbol{x}_0\| < \delta$.

• Ist eine Funktion f stetig für alle $\boldsymbol{x} \in D_f$, so wird sie *stetig* auf D_f genannt.

• Sind die Funktionen f und g stetig auf ihren Definitionsbereichen D_f bzw. D_g, so sind die Funktionen $f \pm g$, $f \cdot g$ und $\frac{f}{g}$ stetig auf $D_f \cap D_g$, letztere nur für diejenigen Werte $\boldsymbol{x}$ mit $g(\boldsymbol{x}) \neq 0$.

Homogene Funktionen

$$f(\lambda x_1, \ldots, \lambda x_n) = \lambda^{\alpha} \cdot f(x_1, \ldots, x_n) \quad \forall\, \lambda \geq 0$$

– f homogen vom Grad $\alpha \geq 0$

$$f(x_1, \ldots, \lambda x_i, \ldots, x_n) = \lambda^{\alpha_i} f(x_1, \ldots, x_n) \;\; \forall\, \lambda \geq 0$$

– f partiell homogen vom Grad $\alpha_i \geq 0$

$\alpha = 1$: linear homogen
$\alpha > 1$: überlinear homogen
$\alpha < 1$: unterlinear homogen

• Bei linear homogenen Funktionen bewirkt eine proportionale Veränderung des Variablen eine proportionale Änderung des Funktionswertes, weswegen sie auch CES (= **c**onstant **e**lasticity of **s**ubstitution)-Funktionen genannt werden.

Differentiation von Funktionen mehrerer Variabler

Begriff der Differenzierbarkeit

Die Funktion $f: D_f \to \mathbb{R}$, $D_f \subset \mathbb{R}^n$, heißt *(total)* oder *vollständig differenzierbar im Punkt* $\boldsymbol{x}_0$, wenn es einen Vektor $\boldsymbol{g(x_0)}$ gibt, für den gilt:

$$\lim_{\Delta \boldsymbol{x} \to \boldsymbol{0}} \frac{f(\boldsymbol{x}_0 + \Delta \boldsymbol{x}) - f(\boldsymbol{x}_0) - \boldsymbol{g(x_0)}^\top \Delta \boldsymbol{x}}{\|\Delta \boldsymbol{x}\|} = 0$$

• Existiert ein solcher Vektor $\boldsymbol{g(x_0)}$, so wird er *Gradient* genannt und mit $\nabla f(\boldsymbol{x}_0)$ oder grad $f(\boldsymbol{x}_0)$ bezeichnet. Die Funktion f heißt *differenzierbar* auf D_f, wenn sie in allen Punkten $\boldsymbol{x} \in D_f$ differenzierbar ist.

Partielle Ableitungen

Existiert für $f: D_f \to \mathbb{R}$, $D_f \subset \mathbb{R}^n$, im Punkt $\boldsymbol{x}_0 = (x_1^0, \ldots, x_n^0)^\top$ der Grenzwert

$$\lim_{\Delta x_i \to 0} \frac{f(x_1^0, \ldots, x_{i-1}^0, x_i^0 + \Delta x_i, x_{i+1}^0, \ldots, x_n^0) - f(x_1^0, \ldots, x_n^0)}{\Delta x_i},$$

so heißt er *partielle Ableitung (1. Ordnung)* der Funktion f nach der Variablen x_i im Punkt $\boldsymbol{x}_0$ und wird mit $\left.\frac{\partial f}{\partial x_i}\right|_{\boldsymbol{x}=\boldsymbol{x}_0}$, $\frac{\partial y}{\partial x_i}$, $f_{x_i}(\boldsymbol{x}_0)$ oder $\partial_{x_i} f$ bezeichnet.

• Besitzt die Funktion f in jedem Punkt $\boldsymbol{x} \in D_f$ partielle Ableitungen bezüglich aller Variablen, so wird f *partiell differenzierbar* genannt. Sind alle partiellen Ableitungen stetige Funktionen, heißt f *stetig partiell differenzierbar*.

• Bei der Berechnung der partiellen Ableitungen werden alle Variablen, nach denen nicht abgeleitet wird, als konstant betrachtet. Dabei sind die entsprechenden Differentiationsregeln für Funktionen einer Veränderlichen (insbesondere die Regeln für die Differentiation eines konstanten Summanden und eines konstanten Faktors ▶ S. 78f.) anzuwenden.

Gradient

Ist die Funktion $f: D_f \to \mathbb{R}$, $D_f \subset \mathbb{R}^n$, auf D_f stetig partiell differenzierbar, so ist sie dort auch total differenzierbar, wobei der Gradient der aus den partiellen Ableitungen gebildete Spaltenvektor ist:

$$\nabla f(\boldsymbol{x}) = \left(\frac{\partial f(\boldsymbol{x})}{\partial x_1}, \ldots, \frac{\partial f(\boldsymbol{x})}{\partial x_n}\right)^\top$$

– Gradient der Funktion f im Punkt $\boldsymbol{x}$ (auch mit $\operatorname{grad} f(\boldsymbol{x})$ bezeichnet)

• Ist die Funktion f total differenzierbar, so gilt für die (in diesem Fall für beliebige Richtungen $r \in \mathbb{R}^n$ existierende) *Richtungsableitung*

$$f'(\boldsymbol{x}; \boldsymbol{r}) = \lim_{t \downarrow 0} \frac{f(\boldsymbol{x} + t\boldsymbol{r}) - f(\boldsymbol{x})}{t}$$

die Darstellung $f'(\boldsymbol{x}; \boldsymbol{r}) = \nabla f(\boldsymbol{x})^\top \boldsymbol{r}$. Dabei bildet $\nabla f(\boldsymbol{x})$ die Richtung des steilsten Anstiegs von f im Punkt $\boldsymbol{x}$.

• Der Gradient $\nabla f(\boldsymbol{x}_0)$ steht senkrecht auf der Höhenlinie von f zur Höhe $f(\boldsymbol{x}_0)$, sodass (für $n = 2$) die Tangente an die Höhenlinie bzw. (für $n > 2$) die Tangential(hyper)ebene an die Menge $\{\boldsymbol{x} \mid f(\boldsymbol{x}) = f(\boldsymbol{x}_0)\}$ im Punkt $\boldsymbol{x}_0$ die Gleichung $\nabla f(\boldsymbol{x}_0)^\top(\boldsymbol{x} - \boldsymbol{x}_0) = 0$ besitzt. Richtungsableitungen in Richtung der Tangente an eine Höhenlinie (für $n = 2$) haben den Wert null, sodass in diese Richtungen der Funktionswert in linearer Näherung konstant bleibt.

Kettenregel

Die Funktionen $u_k = g_k(x_1, \ldots, x_n)$, $k = 1, \ldots, m$ von n Veränderlichen seien an der Stelle $\boldsymbol{x} = (x_1, \ldots, x_n)^\top$ und die Funktion f von m Veränderlichen an der Stelle $\boldsymbol{u} = (u_1, \ldots, u_m)^\top$ total differenzierbar. Dann ist die zusammengesetzte (mittelbare) Funktion

$$F(x_1, \ldots, x_n) = f(g_1(x_1, \ldots, x_n), \ldots, g_m(x_1, \ldots, x_n))$$

an der Stelle $\boldsymbol{x}$ total differenzierbar, und es gelten die nachstehenden Berechnungsvorschriften:

$$\nabla F(\boldsymbol{x}) = \boldsymbol{G}'(\boldsymbol{x})^\top \nabla f(\boldsymbol{u}) \qquad \Longleftrightarrow$$

$$\begin{pmatrix} F_{x_1}(\boldsymbol{x}) \\ \vdots \\ F_{x_n}(\boldsymbol{x}) \end{pmatrix} = \begin{pmatrix} \partial_{x_1} g_1(\boldsymbol{x}) & \ldots & \partial_{x_1} g_m(\boldsymbol{x}) \\ \ldots & \ldots & \ldots \\ \partial_{x_n} g_1(\boldsymbol{x}) & \ldots & \partial_{x_n} g_m(\boldsymbol{x}) \end{pmatrix} \begin{pmatrix} f_{u_1}(\boldsymbol{u}) \\ \vdots \\ f_{u_m}(\boldsymbol{u}) \end{pmatrix}$$

$$\frac{\partial F(\boldsymbol{x})}{\partial x_i} = \sum_{k=1}^m \frac{\partial f}{\partial u_k}(g(\boldsymbol{x})) \cdot \frac{\partial g_k}{\partial x_i}(\boldsymbol{x})$$ – komponentenweise Schreibweise

Spezialfall $m = n = 2$; Funktion $f(u,v)$ mit $u = u(x,y)$, $v = v(x,y)$:

$$\frac{\partial f}{\partial x} = \frac{\partial f}{\partial u} \cdot \frac{\partial u}{\partial x} + \frac{\partial f}{\partial v} \cdot \frac{\partial v}{\partial x} \qquad \frac{\partial f}{\partial y} = \frac{\partial f}{\partial u} \cdot \frac{\partial u}{\partial y} + \frac{\partial f}{\partial v} \cdot \frac{\partial v}{\partial y}$$

- Die Matrix $\boldsymbol{G}'(\boldsymbol{x})$ wird *Funktionalmatrix* oder *Jacobi-Matrix* des Funktionensystems $\{g_1, \ldots, g_m\}$ genannt.

Höhere partielle Ableitungen

Die partiellen Ableitungen sind selbst wieder Funktionen und besitzen deshalb gegebenenfalls wiederum partielle Ableitungen.

$$\frac{\partial^2 f(\boldsymbol{x})}{\partial x_i \partial x_j} = f_{x_i x_j}(\boldsymbol{x}) = \frac{\partial}{\partial x_j}\left(\frac{\partial f(\boldsymbol{x})}{\partial x_i}\right)$$ – partielle Ableitungen zweiter Ordnung

$$\frac{\partial^3 f(\boldsymbol{x})}{\partial x_i \partial x_j \partial x_k} = f_{x_i x_j x_k}(\boldsymbol{x}) = \frac{\partial}{\partial x_k}\left(\frac{\partial^2 f(\boldsymbol{x})}{\partial x_i \partial x_j}\right)$$ – partielle Ableitungen dritter Ordnung

Satz von Schwarz (über die Vertauschbarkeit der Differentiationsreihenfolge). Sind die partiellen Ableitungen $f_{x_i x_j}$ und $f_{x_j x_i}$ in einer Umgebung des Punktes $\boldsymbol{x}$ stetig, so gilt: $\boxed{f_{x_i x_j}(\boldsymbol{x}) = f_{x_j x_i}(\boldsymbol{x})}$

- Verallgemeinerung: Existieren die partiellen Ableitungen k-ter Ordnung und sind diese stetig, so kommt es beim Bilden der partiellen Ableitungen nicht auf die Differentiationsreihenfolge an.

Hesse-Matrix

$$H_f(\boldsymbol{x}) = \begin{pmatrix} f_{x_1 x_1}(\boldsymbol{x}) & f_{x_1 x_2}(\boldsymbol{x}) & \ldots & f_{x_1 x_n}(\boldsymbol{x}) \\ f_{x_2 x_1}(\boldsymbol{x}) & f_{x_2 x_2}(\boldsymbol{x}) & \ldots & f_{x_2 x_n}(\boldsymbol{x}) \\ \ldots & \ldots & \ldots & \ldots \\ f_{x_n x_1}(\boldsymbol{x}) & f_{x_n x_2}(\boldsymbol{x}) & \ldots & f_{x_n x_n}(\boldsymbol{x}) \end{pmatrix}$$ – Hesse-Matrix der zweimal partiell differenzierbaren Funktion f im Punkt $\boldsymbol{x}$

- Bei Gültigkeit der Voraussetzungen des Satzes von Schwarz ist die Hesse-Matrix symmetrisch.

Totales (vollständiges) Differential

Falls die Funktion $f : D_f \to \mathbb{R},\ D_f \subset \mathbb{R}^n$, total differenzierbar an der Stelle $\boldsymbol{x}_0$ ist (▶ S. 122), so gilt die Beziehung:

$$\Delta f(\boldsymbol{x}_0) = f(\boldsymbol{x}_0 + \Delta \boldsymbol{x}) - f(\boldsymbol{x}_0) = \nabla f(\boldsymbol{x}_0)^\top \Delta \boldsymbol{x} + \mathrm{o}(\|\Delta \boldsymbol{x}\|)$$

Hierbei gilt $\lim\limits_{\Delta \boldsymbol{x} \to \boldsymbol{0}} \dfrac{\mathrm{o}(\|\Delta \boldsymbol{x}\|)}{\|\Delta \boldsymbol{x}\|} = 0$ ($\mathrm{o}(\cdot)$ – *Landau'sches Symbol*).

Das totale Differential der Funktion f im Punkt $\boldsymbol{x}_0$

$$\nabla f(\boldsymbol{x}_0)^\top \Delta \boldsymbol{x} = \frac{\partial f}{\partial x_1}(\boldsymbol{x}_0)\, \mathrm{d}x_1 + \ldots + \frac{\partial f}{\partial x_n}(\boldsymbol{x}_0)\, \mathrm{d}x_n$$

beschreibt die hauptsächliche Änderung des Funktionswertes bei Änderung der n Komponenten der unabhängigen Variablen um $\mathrm{d}x_i$, $i = 1, \ldots, n$ (lineare Approximation); $\mathrm{d}x_i$ – Differentiale, Δx_i – (kleine) endliche Zuwächse:

$$\Delta f(\boldsymbol{x}) \approx \sum_{i=1}^{n} \frac{\partial f}{\partial x_i}(\boldsymbol{x}) \cdot \Delta x_i$$

Gleichung der Tangentialebene

Ist die Funktion $f\colon D_f \to \mathbb{R},\ D_f \subset \mathbb{R}^n$, im Punkt $\boldsymbol{x}_0$ differenzierbar, so besitzt ihr Graph in $(\boldsymbol{x}_0, f(\boldsymbol{x}_0))$ eine *Tangential(hyper)ebene* (lineare Approximation) mit der Gleichung

$$\begin{pmatrix} \nabla f(\boldsymbol{x}_0) \\ -1 \end{pmatrix}^\top \begin{pmatrix} \boldsymbol{x} - \boldsymbol{x}_0 \\ y - f(\boldsymbol{x}_0) \end{pmatrix} = 0 \qquad \text{bzw.} \qquad y = f(\boldsymbol{x}_0) + \nabla f(\boldsymbol{x}_0)^\top (\boldsymbol{x} - \boldsymbol{x}_0)$$

Partielle Elastizitäten

Ist die Funktion $f : D_f \to \mathbb{R},\ D_f \subset \mathbb{R}^n$, partiell differenzierbar, so beschreibt die dimensionslose Größe $\varepsilon_{f,x_i}(\boldsymbol{x})$ (*partielle Elastizität*) näherungsweise die relative Änderung des Funktionswertes in Abhängigkeit von der relativen Änderung der i-ten Komponente x_i:

$$\varepsilon_{f,x_i}(\boldsymbol{x}) = f_{x_i}(\boldsymbol{x}) \cdot \frac{x_i}{f(\boldsymbol{x})}$$

i-te partielle Elastizität der Funktion f im Punkt $\boldsymbol{x}$

Eigenschaften partieller Elastizitäten

$\sum\limits_{i=1}^{n} x_i \cdot \dfrac{\partial f(\boldsymbol{x})}{\partial x_i} = \alpha \cdot f(x_1, \ldots, x_n)$	–	Euler'sche Homogenitätsrelation; f homogen vom Grad α
$\varepsilon_{f,x_1}(\boldsymbol{x}) + \ldots + \varepsilon_{f,x_n}(\boldsymbol{x}) = \alpha$	–	Summe der partiellen Elastizitäten = Homogenitätsgrad
$\boldsymbol{\varepsilon}(\boldsymbol{x}) = \begin{pmatrix} \varepsilon_{f_1,x_1}(\boldsymbol{x}) & \ldots & \varepsilon_{f_1,x_n}(\boldsymbol{x}) \\ \varepsilon_{f_2,x_1}(\boldsymbol{x}) & \ldots & \varepsilon_{f_2,x_n}(\boldsymbol{x}) \\ \ldots & \ldots & \ldots \\ \varepsilon_{f_m,x_1}(\boldsymbol{x}) & \ldots & \varepsilon_{f_m,x_n}(\boldsymbol{x}) \end{pmatrix}$	–	Elastizitätsmatrix der Funktionen $f_1, \ldots, f_m$

• Die Größen $\varepsilon_{f_i,x_j}(\boldsymbol{x})$ heißen *direkte Elastizitiäten* für $i = j$ bzw. *Kreuzelastizitäten* für $i \neq j$.

Extremwerte ohne Nebenbedingungen

Gegeben sei eine hinreichend oft (partiell) differenzierbare Funktion $f : D_f \to \mathbb{R}$, $D_f \subset \mathbb{R}^n$. Gesucht sind lokale Extremstellen $\boldsymbol{x}_0$ von f (► S. 60); $\boldsymbol{x}_0$ sei ein innerer Punkt von D_f.

Notwendige Extremwertbedingungen

$\boldsymbol{x}_0$ lokale Extremstelle	$\Longrightarrow$	$\nabla f(\boldsymbol{x}_0) = \boldsymbol{0} \iff f_{x_i}(\boldsymbol{x}_0) = 0,\ i = 1, \ldots, n$
$\boldsymbol{x}_0$ lokale Minimumstelle	$\Longrightarrow$	$\nabla f(\boldsymbol{x}_0) = \boldsymbol{0} \wedge H_f(\boldsymbol{x}_0)$ positiv semidefinit
$\boldsymbol{x}_0$ lokale Maximumstelle	$\Longrightarrow$	$\nabla f(\boldsymbol{x}_0) = \boldsymbol{0} \wedge H_f(\boldsymbol{x}_0)$ negativ semidefinit

• Punkte $\boldsymbol{x}_0$ mit $\nabla f(\boldsymbol{x}_0) = \boldsymbol{0}$ heißen *stationäre* Punkte der Funktion f. Gibt es in jeder Umgebung des stationären Punktes $\boldsymbol{x}_0$ Punkte $\boldsymbol{x}$, $\boldsymbol{y}$ mit $f(\boldsymbol{x}) < f(\boldsymbol{x}_0) < f(\boldsymbol{y})$, so heißt $\boldsymbol{x}_0$ *Sattelpunkt* der Funktion f. In einem Sattelpunkt liegt kein Extremum vor.

• Randpunkte von D_f und Nichtdifferenzierbarkeitsstellen von f müssen gesondert untersucht werden (z. B. durch Analyse der Funktionswerte von zu $\boldsymbol{x}_0$ benachbarten Punkten). Zum Begriff der (Semi-) Definitheit einer Matrix ► S. 139.

Hinreichende Extremwertbedingungen

$\nabla f(\boldsymbol{x}_0) = \boldsymbol{0} \ \wedge\ H_f(\boldsymbol{x}_0)$ positiv definit	$\Longrightarrow$	$\boldsymbol{x}_0$ lokale Minimumstelle
$\nabla f(\boldsymbol{x}_0) = \boldsymbol{0} \ \wedge\ H_f(\boldsymbol{x}_0)$ negativ definit	$\Longrightarrow$	$\boldsymbol{x}_0$ lokale Maximumstelle
$\nabla f(\boldsymbol{x}_0) = \boldsymbol{0} \ \wedge\ H_f(\boldsymbol{x}_0)$ indefinit	$\Longrightarrow$	$\boldsymbol{x}_0$ Sattelpunkt

Spezialfall $n = 2$: $f(\boldsymbol{x}) = f(x_1, x_2)$

Es gelte $\mathcal{A} = \det H_f(\boldsymbol{x}_0) = f_{x_1x_1}(\boldsymbol{x}_0) \cdot f_{x_2x_2}(\boldsymbol{x}_0) - [f_{x_1x_2}(\boldsymbol{x}_0)]^2$.

$\nabla f(\boldsymbol{x}_0) = \mathbf{0} \ \wedge \ \mathcal{A} > 0 \ \wedge \ f_{x_1x_1}(\boldsymbol{x}_0) > 0 \implies \boldsymbol{x}_0$ lokale Minimumstelle

$\nabla f(\boldsymbol{x}_0) = \mathbf{0} \ \wedge \ \mathcal{A} > 0 \ \wedge \ f_{x_1x_1}(\boldsymbol{x}_0) < 0 \implies \boldsymbol{x}_0$ lokale Maximumstelle

$\nabla f(\boldsymbol{x}_0) = \mathbf{0} \ \wedge \ \mathcal{A} < 0 \implies \boldsymbol{x}_0$ Sattelpunkt

Bei $\mathcal{A} = 0$ kann keine Aussage über die Art des stationären Punktes $\boldsymbol{x}_0$ getroffen werden.

Extremwerte unter Nebenbedingungen

Gegeben seien die ein- bzw. zweimal stetig (partiell) differenzierbaren Funktionen $f : D \to \mathbb{R}$, $g_i : D \to \mathbb{R}$, $i = 1, \ldots, m < n$, $D \subset \mathbb{R}^n$. Ferner sei $\boldsymbol{x} = (x_1, \ldots, x_n)^\top$. Gesucht sind lokale Extremstellen der Extremwertaufgabe unter Nebenbedingungen

$$\begin{array}{lcr} f(\boldsymbol{x}) & \longrightarrow & \max / \min \\ g_1(\boldsymbol{x}) = 0, & \ldots, & g_m(\boldsymbol{x}) = 0 \end{array} \qquad \text{(G)}$$

- Die Menge $G = \{\boldsymbol{x} \in D \,|\, g_1(\boldsymbol{x}) = 0, \ldots, g_m(\boldsymbol{x}) = 0\}$ heißt *Menge zulässiger Punkte* des Problems (G).
- Es gelte die *Regularitätsbedingung* rang $\boldsymbol{G'} = m$, wobei die $(m \times n)$-Matrix $\boldsymbol{G'}$ die ▶ Funktionalmatrix des Funktionensystems $\{g_1, \ldots, g_m\}$ bezeichnet und die m linear unabhängigen Spalten von $\boldsymbol{G'}$ mit $i_1, \ldots, i_m$ nummeriert werden, die restlichen mit $i_{m+1}, \ldots, i_n$.

Eliminationsmethode

1. Löse die Nebenbedingungen $g_i(\boldsymbol{x}) = 0$, $\quad i = 1, \ldots, m$, von (G) nach den Variablen x_{i_j}, $j = 1, \ldots, m$, auf: $\ x_{i_j} = \tilde{g}_{i_j}(x_{i_{m+1}}, \ldots, x_{i_n})$.
2. Setze x_{i_j}, $j = 1, \ldots, m$, in die Funktion f ein: $f(\boldsymbol{x}) = \tilde{f}(x_{i_{m+1}}, \ldots, x_{i_n})$.
3. Bestimme die stationären Punkte (mit $n - m$ Komponenten) von $\tilde{f}$ und ermittle die Art der Extrema (▶ Bedingungen auf S. 126).
4. Berechne die restlichen m Komponenten x_{i_j}, $j = 1, \ldots, m$, gemäß Punkt 1, um stationäre Punkte von (G) zu erhalten.

- Alle Aussagen bzgl. der Art der Extrema von $\tilde{f}$ gelten auch für Problem (G).

Lagrange-Methode

1. Ordne jeder der Nebenbedingungen $g_i(\boldsymbol{x}) = 0$ einen (zunächst unbekannten) *Lagrange-Multiplikator* $\lambda_i \in \mathbb{R}$, $i = 1, \ldots, m$ zu.

2. Stelle die zu (G) gehörige *Lagrange-Funktion* auf, wobei $\boldsymbol{\lambda} = (\lambda_1, \ldots, \lambda_m)^\top$:

$$L(\boldsymbol{x}, \boldsymbol{\lambda}) = f(\boldsymbol{x}) + \sum_{i=1}^{m} \lambda_i g_i(\boldsymbol{x}) .$$

3. Berechne die stationären Punkte $(\boldsymbol{x}_0, \boldsymbol{\lambda_0})$ der Funktion $L(\boldsymbol{x}, \boldsymbol{\lambda})$ bezüglich der Veränderlichen $\boldsymbol{x}$ und $\boldsymbol{\lambda}$ aus dem (i. Allg. nichtlinearen) Gleichungssystem

$$\boxed{L_{x_i}(\boldsymbol{x}, \boldsymbol{\lambda}) = 0, \;\; i=1, \ldots, n; \qquad L_{\lambda_i}(\boldsymbol{x}, \boldsymbol{\lambda}) = g_i(\boldsymbol{x}) = 0, \;\; i=1, \ldots, m}$$

Die Punkte $\boldsymbol{x}_0$ sind dann stationär für (G).

4. Ist die $(n \times n)$-Matrix $\nabla^2_{\boldsymbol{xx}} L(\boldsymbol{x}_0, \boldsymbol{\lambda}_0)$ (x-Anteil der Hesse-Matrix von L) positiv definit über der Menge $T = \{\boldsymbol{z} \in \mathbb{R}^n \mid \nabla g_i(\boldsymbol{x}_0)^\top \boldsymbol{z} = 0, i = 1, \ldots, m\}$, d. h.

$$\boldsymbol{z}^\top \nabla^2_{\boldsymbol{xx}} L(\boldsymbol{x}_0, \boldsymbol{\lambda_0}) \boldsymbol{z} > 0 \quad \forall\, \boldsymbol{z} \in T, \; \boldsymbol{z} \neq \boldsymbol{0},$$

so stellt $\boldsymbol{x}_0$ eine lokale Minimumstelle für (G) dar. Bei negativer Definitheit von $\nabla^2_{\boldsymbol{xx}} L(\boldsymbol{x}_0, \boldsymbol{\lambda}_0)$ ist $\boldsymbol{x}_0$ eine lokale Maximumstelle.

Ökonomische Interpretation der Lagrange-Multiplikatoren

Die Extremstelle $\boldsymbol{x}_0$ der (modifizierten) Aufgabe

$$\boxed{\begin{array}{l} f(\boldsymbol{x}) \to \max / \min; \\ g_i(\boldsymbol{x}) - b_i = 0, \quad i = 1, \ldots, m \end{array}} \qquad (\mathrm{G}_{\boldsymbol{b}})$$

für $\boldsymbol{b}^0$ sei eindeutig, und $\boldsymbol{\lambda}_0 = (\lambda_1^0, \ldots, \lambda_m^0)^\top$ sei der zu $\boldsymbol{x}_0$ gehörige Vektor der Lagrange-Multiplikatoren. Ferner sei die Regularitätsbedingung rang $\boldsymbol{G'} = m$ (siehe S. 127) erfüllt. Mit $f^*(\boldsymbol{b})$ wird der Extremwert der Aufgabe $(\mathrm{G}_{\boldsymbol{b}})$ in Abhängigkeit vom Vektor der rechten Seite $\boldsymbol{b} = (b_1, \ldots, b_m)^\top$ bezeichnet. Dann gilt $\boxed{\frac{\partial f^*}{\partial b_i}(\boldsymbol{b^0}) = -\lambda_i^0,}$ d. h., $-\lambda_i^0$ beschreibt den (näherungsweisen) Einfluss der i-ten Komponente der rechten Seite auf die Veränderung des optimalen Wertes der Aufgabe $(\mathrm{G}_{\boldsymbol{b}})$ und es gilt $\Delta f^* \approx \mathrm{d} f^* = -\lambda_i^0 \cdot \Delta b_i$, wenn sich b_i^0 um Δb_i ändert.

Methode der kleinsten Quadrate

Gegeben: Wertepaare (x_i, y_i), $i = 1, \ldots, N$ (x_i – Messpunkt oder Zeitpunkt, y_i – Messwert).

Gesucht: Funktion $y = f(x, \boldsymbol{a})$ (*Trendfunktion, Ansatzfunktion*), die die Messwerte möglichst gut beschreibt, wobei der Vektor $\boldsymbol{a} = (a_1, \ldots, a_M)$ die in optimaler Weise zu bestimmenden M Parameter der Ansatzfunktion enthält.

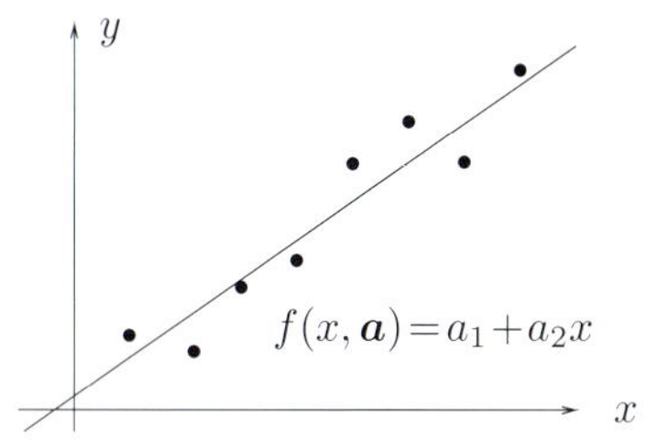

- Die Größe $[z_i] = \sum\limits_{i=1}^{N} z_i$ wird als *Gauß'sche Klammer* bezeichnet.

$S = \sum\limits_{i=1}^{N} (f(x_i, \boldsymbol{a}) - y_i)^2 \longrightarrow \min$	–	zu minimierende Summe der Fehlerquadrate
$\sum\limits_{i=1}^{N} (f(x_i, \boldsymbol{a}) - y_i) \cdot \dfrac{\partial f(x_i, \boldsymbol{a})}{\partial a_j} = 0$	–	notwendige Minimumbedingungen (Normalgleichungen), $j = 1, 2, \ldots, M$

- Die Minimumbedingungen entstehen aus den Beziehungen $\frac{\partial S}{\partial a_j} = 0$ und sind von der konkreten Form der Ansatzfunktion f abhängig. Sie sind unmittelbar übertragbar auf Ansatzfunktionen der Art $f(\boldsymbol{x}, \boldsymbol{a})$ mit $\boldsymbol{x} = (x_1, \ldots, x_n)^\top$.

Typen von Ansatzfunktionen (Auswahl)

$f(x, a_1, a_2) = a_1 + a_2 x$	– linearer Ansatz
$f(x, a_1, a_2, a_3) = a_1 + a_2 x + a_3 x^2$	– quadratischer Ansatz
$f(x, \boldsymbol{a}) = \sum\limits_{j=1}^{M} a_j \cdot g_j(x)$	– verallgemeinert linearer Ansatz

- In den genannten Fällen ergibt sich ein **lineares Normalgleichungssystem**.

linearer Ansatz	quadratischer Ansatz
$\begin{aligned} a_1 \cdot N + a_2 \cdot [x_i] &= [y_i] \\ a_1 \cdot [x_i] + a_2 \cdot [x_i^2] &= [x_i y_i] \end{aligned}$	$\begin{aligned} a_1 \cdot N + a_2 \cdot [x_i] + a_3 \cdot [x_i^2] &= [y_i] \\ a_1 \cdot [x_i] + a_2 \cdot [x_i^2] + a_3 \cdot [x_i^3] &= [x_i y_i] \\ a_1 \cdot [x_i^2] + a_2 \cdot [x_i^3] + a_3 \cdot [x_i^4] &= [x_i^2 y_i] \end{aligned}$

Explizite Lösung bei linearer Ansatzfunktion

$$a_1 = \frac{[x_i^2] \cdot [y_i] - [x_i y_i] \cdot [x_i]}{N \cdot [x_i^2] - [x_i]^2}, \qquad a_2 = \frac{N \cdot [x_i y_i] - [x_i] \cdot [y_i]}{N \cdot [x_i^2] - [x_i]^2}$$

Vereinfachungen

- Mithilfe der Transformation $x'_i = x_i - \frac{1}{N}[x_i]$ vereinfacht sich das Normalgleichungssystem, da dann $[x'_i] = 0$ ist.

- Für den **exponentiellen Ansatz** $y = f(x) = a_1 \cdot \mathrm{e}^{a_2 x}$ führt (im Falle $f(x) > 0$) die Transformation $T(y) = \ln y$ auf ein lineares Normalgleichungssystem.

- Für die **logistische Funktion** $f(x) = a \cdot (1 + b\mathrm{e}^{-cx})^{-1}$ $(a, b, c > 0)$ mit bekanntem Parameter a führt die Transformation $\frac{a}{y} = b\mathrm{e}^{-cx} \implies Y = \ln \frac{a-y}{y} = \ln b - cx$ auf ein lineares Normalgleichungssystem, wenn man $a_1 = \ln b$, $a_2 = -c$ setzt. Dessen Lösung ist allerdings i. Allg. nicht optimal.

Fehlerfortpflanzung

Die Fehlerfortpflanzung behandelt den Einfluss von Fehlern der unabhängigen Veränderlichen einer Funktion auf das Ergebnis der Funktionswertberechnung.

Bezeichnungen

exakte Größen	–	$y, x_1, \ldots, x_n$ mit $y = f(\boldsymbol{x}) = f(x_1, \ldots, x_n)$
Näherungswerte	–	$\tilde{y}, \tilde{x}_1, \ldots, \tilde{x}_n$ mit $\tilde{y} = f(\tilde{\boldsymbol{x}}) = f(\tilde{x}_1, \ldots, \tilde{x}_n)$
absolute Fehler	–	$\delta y = \tilde{y} - y, \quad \delta x_i = \tilde{x}_i - x_i, \quad i = 1, \ldots, n$
absolute Fehlerschranken	–	$\lvert\delta y\rvert \leq \Delta y, \quad \lvert\delta x_i\rvert \leq \Delta x_i, \quad i = 1, \ldots, n$
relative Fehler	–	$\frac{\delta y}{y}, \ \frac{\delta x_i}{x_i}, \quad i = 1, \ldots, n$
relative Fehlerschranken	–	$\left\lvert\frac{\delta y}{y}\right\rvert \leq \frac{\Delta y}{\lvert y\rvert}, \quad \left\lvert\frac{\delta x_i}{x_i}\right\rvert \leq \frac{\Delta x_i}{\lvert x_i\rvert}, \quad i = 1, \ldots, n$

- Ist die Funktion f total differenzierbar, so gilt für die Fortpflanzung der Fehler δx_i der unabhängigen Veränderlichen auf den absoluten Fehler der Funktion f:

$$\Delta y \approx \left|\frac{\partial f(\tilde{\boldsymbol{x}})}{\partial x_1}\right| \Delta x_1 + \ldots + \left|\frac{\partial f(\tilde{\boldsymbol{x}})}{\partial x_n}\right| \Delta x_n$$

– Schranke für den absoluten Fehler von $f(\tilde{x})$

$$\frac{\Delta y}{|y|} \approx \left|\frac{\tilde{x}_1}{\tilde{y}} \cdot \frac{\partial f(\tilde{\boldsymbol{x}})}{\partial x_1}\right| \cdot \frac{\Delta x_1}{|x_1|} + \ldots + \left|\frac{\tilde{x}_n}{\tilde{y}} \cdot \frac{\partial f(\tilde{\boldsymbol{x}})}{\partial x_n}\right| \cdot \frac{\Delta x_n}{|x_n|}$$

– Schranke für den relativen Fehler von $f(\tilde{x})$

Ökonomische Anwendungen

Cobb-Douglas-Produktionsfunktion

$y=f(\boldsymbol{x})=c \cdot x_1^{a_1} x_2^{a_2} \cdot \ldots \cdot x_n^{a_n}$	x_i – Einsatzmenge des i-ten Inputfaktors
$(c, a_i, x_i \geq 0)$	y – Outputmenge

- Die Cobb-Douglas-Funktion ist ► homogen vom Grad $r = a_1 + \ldots + a_n$.

- Aufgrund der Beziehung $f_{x_i}(\boldsymbol{x}) = \frac{a_i}{x_i} \cdot f(\boldsymbol{x})$, d. h. $\varepsilon_{f,x_i}(\boldsymbol{x}) = a_i$, werden die Faktorexponenten a_i auch als *(partielle) Produktionselastizitiäten* bezeichnet.

Grenzrate der Substitution

Betrachtet man für eine Produktionsfunktion $y = f(x_1, \ldots, x_n)$ die ► Höhenlinie zur Höhe y_0 (*Isoquante*) und fragt, um wie viele Einheiten x_i (näherungsweise) geändert werden muss, um bei gleichem Produktionsoutput und unveränderten Werten der übrigen Variablen eine Einheit des k-ten Einsatzfaktors zu substituieren, so wird unter bestimmten Regularitätsvoraussetzungen eine implizite Funktion $x_k = \varphi(x_i)$ definiert, deren Ableitung (► implizite Funktion) als *Grenzrate der Substitution* bezeichnet wird:

$$\varphi'(x_i) = -\frac{f_{x_i}(\boldsymbol{x})}{f_{x_k}(\boldsymbol{x})}$$

Grenzrate der Substitution
(des Faktors k durch den Faktor i)

Sensitivität des Preises einer Call-Option

Die Black-Scholes-Formel

$$P_{\text{call}} = P \cdot \Phi(d_1) - S \cdot \mathrm{e}^{-iT} \cdot \Phi(d_2)$$

mit

$$d_1 = \frac{1}{\sigma\sqrt{T}}\left[\ln\frac{P}{S} + T\cdot\left(i + \frac{\sigma^2}{2}\right)\right] \quad \text{und} \quad d_2 = d_1 - \sigma\sqrt{T}$$

beschreibt den Preis P_{call} einer Call-Option auf eine Aktie in Abhängigkeit von den Einflussgrößen P (aktueller Preis der zugrunde liegenden Aktie), S (Basispreis, Strike Price), i (risikoloser Zinssatz bei stetiger Verzinsung), T (Restlaufzeit der Option), σ^2 (Varianz des Aktienkurses pro Periode), wobei Φ die Verteilungsfunktion der standardisierten Normalverteilung und φ deren Dichtefunktion sind (▶ S. 197, 200): $\varphi(x) = \frac{1}{\sqrt{2\pi}} \cdot \mathrm{e}^{-\frac{x^2}{2}}$.

Die Änderung des Call-Preises bei einer Änderung Δx_i des i-ten Inputs (bei unveränderten restlichen Inputwerten) kann mithilfe der Größe $\frac{\partial P_{\text{call}}}{\partial x_i} \cdot \Delta x_i$ (*partielles Differential)* abgeschätzt werden.

Partielle Ableitungen des Call-Preises

$$\Delta = \frac{\partial P_{\text{call}}}{\partial P} = \Phi(d_1) > 0$$

– Delta; Sensitivität des Call-Preises bzgl. der Änderung des Aktienpreises P

$$\Gamma = \frac{\partial^2 P_{\text{Call}}}{\partial P^2_{\text{Aktie}}} = \frac{\varphi(d_1)}{P_{\text{Aktie}} \cdot \sigma \cdot \sqrt{T}} > 0$$

– Gamma; Veränderung von Delta; zweite partielle Ableitung des Call-Preises nach dem Aktienkurs; gibt an, wie schnell sich Delta ändert

$$\Lambda = \frac{P_{\text{call}}}{\partial\sigma} = P \cdot \varphi(d_1) \cdot \sqrt{T} > 0$$

– Lambda; Sensitivität des Call-Preises bezüglich der Änderung der Volatilität $\sigma = \sqrt{\sigma^2}$

$$\Theta = \frac{\partial P_{\text{Call}}}{\partial T} = \frac{P_{\text{Aktie}} \cdot \sigma \cdot \varphi(d_1)}{2\sqrt{T}} + iS\mathrm{e}^{-iT}\Phi(d_2) > 0$$

– Theta; misst die Sensitivität einer Call-Option in Bezug auf die Restlaufzeit; partielle Ableitung von P_{Call} nach der Restlaufzeit T

Lineare Algebra

Vektoren

$\boldsymbol{a} = \begin{pmatrix} a_1 \\ \vdots \\ a_n \end{pmatrix}$	–	Vektor der Dimension n mit den Komponenten a_i
$\boldsymbol{e}_1 = \begin{pmatrix} 1 \\ 0 \\ \vdots \\ 0 \end{pmatrix}, \boldsymbol{e}_2 = \begin{pmatrix} 0 \\ 1 \\ \vdots \\ 0 \end{pmatrix}, \ldots, \boldsymbol{e}_n = \begin{pmatrix} 0 \\ \vdots \\ 0 \\ 1 \end{pmatrix}$	–	Koordinateneinheitsvektoren

- Der Raum $\mathbb{R}^n$ ist der Raum der n-dimensionalen Vektoren; $\mathbb{R}^1$ – Zahlengerade, $\mathbb{R}^2$ – Ebene, $\mathbb{R}^3$ – (dreidimensionaler) Raum.

Rechenoperationen

$\lambda \boldsymbol{a} = \lambda \begin{pmatrix} a_1 \\ \vdots \\ a_n \end{pmatrix} = \begin{pmatrix} \lambda a_1 \\ \vdots \\ \lambda a_n \end{pmatrix}$	Multiplikation mit reeller Zahl λ	$\lambda\boldsymbol{a}$, $\boldsymbol{a}$, $(\lambda > 1)$
$\boldsymbol{a} \pm \boldsymbol{b} = \begin{pmatrix} a_1 \\ \vdots \\ a_n \end{pmatrix} \pm \begin{pmatrix} b_1 \\ \vdots \\ b_n \end{pmatrix} = \begin{pmatrix} a_1 \pm b_1 \\ \vdots \\ a_n \pm b_n \end{pmatrix}$	Addition, Subtraktion	$\boldsymbol{b}$, $\boldsymbol{a}$, $\boldsymbol{a}+\boldsymbol{b}$
$\boldsymbol{a} \cdot \boldsymbol{b} = \begin{pmatrix} a_1 \\ \vdots \\ a_n \end{pmatrix} \cdot \begin{pmatrix} b_1 \\ \vdots \\ b_n \end{pmatrix} = \sum\limits_{i=1}^{n} a_i b_i$	Skalarprodukt	
$\boldsymbol{a} \cdot \boldsymbol{b} = \boldsymbol{a}^\top \boldsymbol{b}$ mit $\boldsymbol{a}^\top = (a_1, \ldots, a_n)$	andere Schreibweise für Skalarprodukt; $\boldsymbol{a}^\top$ ist der zu $\boldsymbol{a}$ *transponierte* Vektor	
$\boldsymbol{a} \times \boldsymbol{b} = (a_2 b_3 - a_3 b_2)\boldsymbol{e}_1 + (a_3 b_1 - a_1 b_3)\boldsymbol{e}_2 + (a_1 b_2 - a_2 b_1)\boldsymbol{e}_3$	Vektorprodukt (Kreuzprodukt) für $\boldsymbol{a}, \boldsymbol{b} \in \mathbb{R}^3$	
$\lvert\boldsymbol{a}\rvert = \sqrt{\boldsymbol{a}^\top \boldsymbol{a}} = \sqrt{\sum\limits_{i=1}^{n} a_i^2}$	Betrag des Vektors $\boldsymbol{a}$	

- Für jeden Vektor $\boldsymbol{a} = (a_1, \ldots, a_n)^\top \in \mathbb{R}^n$ gilt $\boldsymbol{a} = a_1\boldsymbol{e}_1 + \ldots + a_n\boldsymbol{e}_n$; $\lvert\boldsymbol{a}\rvert$ ist die Länge des Vektors $\boldsymbol{a}$.

Eigenschaften von Skalarprodukt und Betrag

$\boldsymbol{a}^\top \boldsymbol{b} = \boldsymbol{b}^\top \boldsymbol{a}$	$\boldsymbol{a}^\top(\lambda \boldsymbol{b}) = \lambda \boldsymbol{a}^\top \boldsymbol{b}, \quad \lambda \in \mathbb{R}$
$\boldsymbol{a}^\top(\boldsymbol{b}+\boldsymbol{c}) = \boldsymbol{a}^\top \boldsymbol{b} + \boldsymbol{a}^\top \boldsymbol{c}$	$\lvert\lambda \boldsymbol{a}\rvert = \lvert\lambda\rvert \cdot \lvert\boldsymbol{a}\rvert$
$\boldsymbol{a}^\top \boldsymbol{b} = \lvert\boldsymbol{a}\rvert \cdot \lvert\boldsymbol{b}\rvert \cdot \cos\varphi$	$(\boldsymbol{a}, \boldsymbol{b} \in \mathbb{R}^2, \mathbb{R}^3$; siehe Abbildung)
$\lvert\boldsymbol{a}+\boldsymbol{b}\rvert \le \lvert\boldsymbol{a}\rvert + \lvert\boldsymbol{b}\rvert$	Dreiecksungleichung
$\lvert\boldsymbol{a}^\top \boldsymbol{b}\rvert \le \lvert\boldsymbol{a}\rvert \cdot \lvert\boldsymbol{b}\rvert$	Cauchy-Schwarz'sche Ungleichung

Linearkombination von Vektoren

Stellt der Vektor $\boldsymbol{b}$ die Summe der mit skalaren Koeffizienten $\lambda_1, \ldots, \lambda_m \in \mathbb{R}$ versehenen Vektoren $\boldsymbol{a}_1, \ldots, \boldsymbol{a}_m \in \mathbb{R}^n$ dar, d. h. gilt

$$\boldsymbol{b} = \lambda_1 \boldsymbol{a}_1 + \ldots + \lambda_m \boldsymbol{a}_m, \qquad (*)$$

so wird $\boldsymbol{b}$ *Linearkombination* der Vektoren $\boldsymbol{a}_1, \ldots, \boldsymbol{a}_m$ genannt.

- Gelten in $(*)$ die Beziehungen $\lambda_1 + \lambda_2 + \ldots + \lambda_m = 1$ sowie $\lambda_i \ge 0$, $i = 1, \ldots, m$, so heißt $\boldsymbol{b}$ *konvexe Linearkombination* von $\boldsymbol{a}_1, \ldots, \boldsymbol{a}_m$.

- Gilt in $(*)$ die Beziehung $\lambda_1 + \lambda_2 + \ldots + \lambda_m = 1$, aber λ_i, $i = 1, \ldots, m$, sind beliebige Skalare (Zahlen), so wird $\boldsymbol{b}$ *affine Linearkombination* von $\boldsymbol{a}_1, \ldots, \boldsymbol{a}_m$ genannt.

- Gelten in $(*)$ die Beziehungen $\lambda_i \ge 0$, $i = 1, \ldots, m$, so heißt $\boldsymbol{b}$ *konische Linearkombination* von $\boldsymbol{a}_1, \ldots, \boldsymbol{a}_m$.

Lineare Abhängigkeit

Die m Vektoren $\boldsymbol{a}_1, \ldots, \boldsymbol{a}_m \in \mathbb{R}^n$ heißen *linear abhängig*, wenn es Zahlen $\lambda_1, \ldots, \lambda_m$ gibt, die nicht alle null sind, sodass

$$\lambda_1 \boldsymbol{a}_1 + \ldots + \lambda_m \boldsymbol{a}_m = \boldsymbol{0}$$

gilt. Anderenfalls heißen die Vektoren $\boldsymbol{a}_1, \ldots, \boldsymbol{a}_m$ *linear unabhängig*.

- Die Maximalzahl linear unabhängiger Vektoren im $\mathbb{R}^n$ ist n.

- Sind die Vektoren $\boldsymbol{a}_1, \ldots, \boldsymbol{a}_n \in \mathbb{R}^n$ linear unabhängig, so bilden sie eine *Basis* des Raumes $\mathbb{R}^n$, d. h., jeder Vektor $\boldsymbol{a} \in \mathbb{R}^n$ lässt sich eindeutig darstellen als

$$\boldsymbol{a} = \lambda_1 \boldsymbol{a}_1 + \ldots + \lambda_n \boldsymbol{a}_n$$

Geraden- und Ebenengleichungen

Geraden im $\mathbb{R}^2$

$Ax + By + C = 0$	–	allgemeine Form
$y = mx+n,\ m=\tan\alpha$	–	explizite Form
$y - y_1 = m(x - x_1)$	–	Punkt-Richtungs-Form
$\dfrac{y-y_1}{x-x_1} = \dfrac{y_2-y_1}{x_2-x_1}$	–	Zweipunkteform
$\boldsymbol{x} = \boldsymbol{x}_1 + \lambda(\boldsymbol{x}_2 - \boldsymbol{x}_1)$ $-\infty < \lambda < \infty$	–	Zweipunkteform in Parameterdarstellung mit $\boldsymbol{x}_1 = \begin{pmatrix} x_1 \\ y_1 \end{pmatrix}$, $\boldsymbol{x}_2 = \begin{pmatrix} x_2 \\ y_2 \end{pmatrix}$; vgl. Zweipunkteform einer Geraden im $\mathbb{R}^3$
$\dfrac{x}{a} + \dfrac{y}{b} = 1$	–	Achsenabschnittsform
$\tan\varphi = \dfrac{m_2 - m_1}{1 + m_1 m_2}$	–	Schnittwinkel zweier Geraden g_1, g_2
$l_1 \parallel l_2 : m_1 = m_2$	–	Parallelität
$l_1 \perp l_2 : m_2 = -\dfrac{1}{m_1}$	–	Orthogonalität

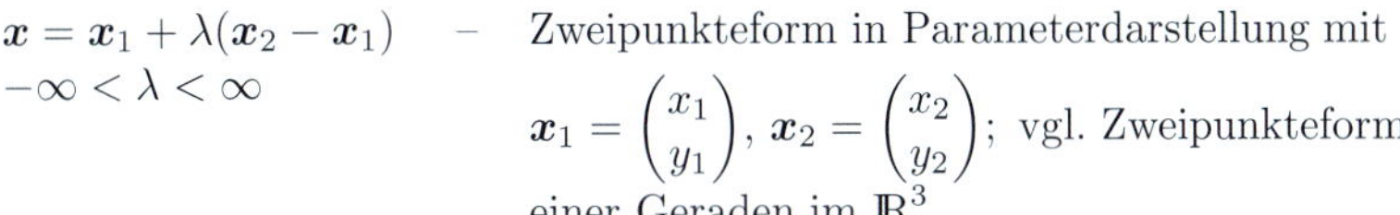

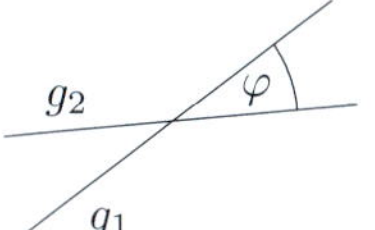

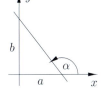

Geraden im $\mathbb{R}^3$

Punkt-Richtungs-Form (parametrisch): Gegeben Punkt $P_0(x_0, y_0, z_0)$ der Geraden g mit Ortsvektor $\boldsymbol{x}_0$ und Richtungsvektor $\boldsymbol{a} = (a_x, a_y, a_z)^\top$

$\boldsymbol{x} = \boldsymbol{x}_0 + \lambda\boldsymbol{a}$, $-\infty < \lambda < \infty$ in Komponenten:

$$x = x_0 + \lambda a_x$$
$$y = y_0 + \lambda a_y$$
$$z = z_0 + \lambda a_z$$

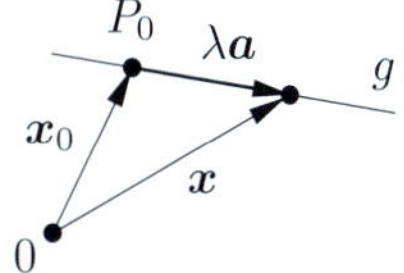

Zweipunkteform: Gegeben zwei Punkte $P_1(x_1, y_1, z_1)$ und $P_2(x_2, y_2, z_2)$ der Geraden g mit Ortsvektoren $\boldsymbol{x}_1$ und $\boldsymbol{x}_2$

$\boldsymbol{x} = \boldsymbol{x}_1 + \lambda(\boldsymbol{x}_2 - \boldsymbol{x}_1)$, $-\infty < \lambda < \infty$ in Komponenten:

$$x = x_1 + \lambda(x_2 - x_1)$$
$$y = y_1 + \lambda(y_2 - y_1)$$
$$z = z_1 + \lambda(z_2 - z_1)$$

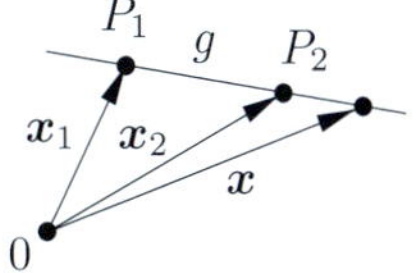

Ebenen im $\mathbb{R}^3$

Parameterform: Gegeben Punkt $P_0(x_0, y_0, z_0)$ der Ebene mit Ortsvektor $\boldsymbol{x_0}$ und zwei Richtungsvektoren $\boldsymbol{a} = (a_x, a_y, a_z)^\top$, $\boldsymbol{b} = (b_x, b_y, b_z)^\top$

$$\boldsymbol{x} = \boldsymbol{x}_0 + \lambda \boldsymbol{a} + \mu \boldsymbol{b}$$
$$-\infty < \lambda < \infty$$
$$-\infty < \mu < \infty$$

in Komponenten:

$$x = x_0 + \lambda a_x + \mu b_x$$
$$y = y_0 + \lambda a_y + \mu b_y$$
$$z = z_0 + \lambda a_z + \mu b_z$$

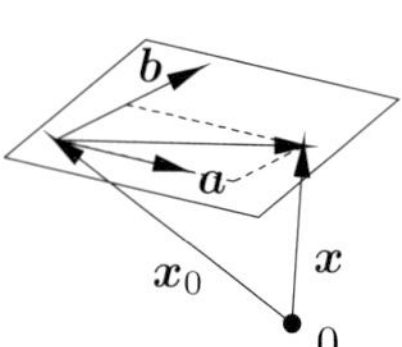

Normalenvektor der Ebene $\boldsymbol{x} = \boldsymbol{x}_0 + \lambda \boldsymbol{a} + \mu \boldsymbol{b}$:

$$\boldsymbol{n} = \boldsymbol{a} \times \boldsymbol{b}$$

Normalenform der Ebenengleichung (durch P_0)

$\boldsymbol{n} \cdot \boldsymbol{x} = D$ it $D = \boldsymbol{n} \cdot \boldsymbol{x}_0$, $\boldsymbol{n} = (A, B, C)^\top$

mit Komponenten: $Ax + By + Cz = D$

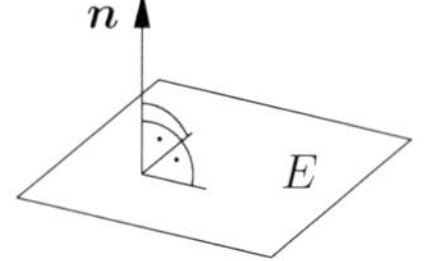

Hesse'sche Normalform

$$\frac{\boldsymbol{n} \cdot \boldsymbol{x} - D}{|\boldsymbol{n}|} = 0$$

mit Komponenten: $$\frac{Ax + By + Cz - D}{\sqrt{A^2 + B^2 + C^2}} = 0$$

Abstandsvektor $\boldsymbol{d}$ zwischen der Ebene $\boldsymbol{n} \cdot \boldsymbol{x} = D$ und dem Punkt P mit Ortsvektor $\boldsymbol{p}$

$$\boldsymbol{d} = \frac{\boldsymbol{n} \cdot \boldsymbol{p} - D}{|\boldsymbol{n}|^2} \boldsymbol{n}$$

kürzester (vorzeichenbehafteter) Abstand δ zwischen der Ebene $\boldsymbol{n} \cdot \boldsymbol{x} = D$ und dem Punkt P mit Ortsvektor $\boldsymbol{p}$

$$\delta = \frac{\boldsymbol{n} \cdot \boldsymbol{p} - D}{|\boldsymbol{n}|}$$

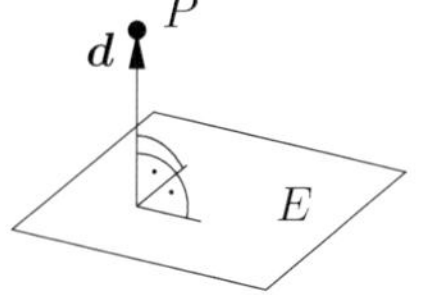

Matrizen

Eine (m,n)-*Matrix* $\boldsymbol{A}$ ist ein rechteckiges Schema von $m \cdot n$ reellen Zahlen (*Elemente*) a_{ij}, $i = 1,\ldots,m; j = 1,\ldots,n$:

$$\boldsymbol{A} = \begin{pmatrix} a_{11} & \ldots & a_{1n} \\ \vdots & \ddots & \vdots \\ a_{m1} & \ldots & a_{mn} \end{pmatrix} = (a_{ij})_{\substack{i=1,\ldots,m \\ j=1,\ldots,n}}$$

i – Zeilenindex, j – Spaltenindex. Eine $(m,1)$-Matrix wird *Spaltenvektor* und eine $(1,n)$-Matrix *Zeilenvektor* genannt.

- Der *Zeilenrang* von $\boldsymbol{A}$ ist die Maximalzahl linear unabhängiger Zeilenvektoren, der *Spaltenrang* die Maximalzahl linear unabhängiger Spaltenvektoren.
- Es gilt: Zeilenrang = Spaltenrang, d. h. rang $(\boldsymbol{A})$ = Zeilenrang = Spaltenrang.

Rechenoperationen

$\boldsymbol{A} = \boldsymbol{B}$	$\iff a_{ij} = b_{ij}\ \forall\, i,j$	–	Identität, Gleichheit
$\lambda\boldsymbol{A}:$	$(\lambda\boldsymbol{A})_{ij} = \lambda a_{ij}$	–	Multiplikation mit reeller Zahl
$\boldsymbol{A} \pm \boldsymbol{B}:$	$(\boldsymbol{A} \pm \boldsymbol{B})_{ij} = a_{ij} \pm b_{ij}$	–	Addition, Subtraktion
$\boldsymbol{A}^\top:$	$(\boldsymbol{A}^\top)_{ij} = a_{ji}$	–	Transponieren
$\boldsymbol{A} \cdot \boldsymbol{B}:$	$(\boldsymbol{A} \cdot \boldsymbol{B})_{ij} = \sum\limits_{r=1}^{p} a_{ir} b_{rj}$	–	Multiplikation

Voraussetzung: $\boldsymbol{A}$ und $\boldsymbol{B}$ sind *verkettbar*, d. h., $\boldsymbol{A}$ ist eine (m,p)-Matrix und $\boldsymbol{B}$ ist eine (p,n)-Matrix; die Produktmatrix $\boldsymbol{AB}$ ist dann vom Typ (m,n).

Falk'sches Schema zur Matrizenmultiplikation

$$\boldsymbol{B}: \begin{array}{ccccc} b_{11} & \ldots & \boxed{b_{1j}} & \ldots & b_{1n} \\ \vdots & & \vdots & & \vdots \\ b_{p1} & \ldots & b_{pj} & \ldots & b_{pn} \end{array}$$

$$\boldsymbol{A}: \begin{array}{ccc} a_{11} & \ldots & a_{1p} \\ \vdots & & \vdots \\ \boxed{a_{i1} \ \ldots \ a_{ip}} \\ \vdots & & \vdots \\ a_{m1} & \ldots & a_{mp} \end{array} \qquad \cdots\cdots\cdots\ c_{ij} = \sum_{r=1}^{p} a_{ir} b_{rj} \qquad \boldsymbol{C} = \boldsymbol{A} \cdot \boldsymbol{B}$$

Rechenregeln ($\lambda, \mu \in \mathbb{R}$; $\boldsymbol{O} = (a_{ij})$ mit $a_{ij} = 0\ \forall\, i,j$ – Nullmatrix)

$\boldsymbol{A}+\boldsymbol{B}=\boldsymbol{B}+\boldsymbol{A}$	$(\boldsymbol{A}+\boldsymbol{B})+\boldsymbol{C}=\boldsymbol{A}+(\boldsymbol{B}+\boldsymbol{C})$
$(\boldsymbol{A}+\boldsymbol{B})\boldsymbol{C}=\boldsymbol{AC}+\boldsymbol{BC}$	$\boldsymbol{A}(\boldsymbol{B}+\boldsymbol{C})=\boldsymbol{AB}+\boldsymbol{AC}$
$(\boldsymbol{A}^\top)^\top=\boldsymbol{A}$	$(\boldsymbol{A}+\boldsymbol{B})^\top=\boldsymbol{A}^\top+\boldsymbol{B}^\top$
$(\lambda+\mu)\boldsymbol{A}=\lambda\boldsymbol{A}+\mu\boldsymbol{A}$	$(\lambda\boldsymbol{A})\boldsymbol{B}=\lambda(\boldsymbol{AB})=\boldsymbol{A}(\lambda\boldsymbol{B})$
$(\boldsymbol{AB})\boldsymbol{C}=\boldsymbol{A}(\boldsymbol{BC})$	$\boldsymbol{AO}=\boldsymbol{O}$
$(\boldsymbol{AB})^\top=\boldsymbol{B}^\top\boldsymbol{A}^\top$	$(\lambda\boldsymbol{A})^\top=\lambda\boldsymbol{A}^\top$

Spezielle Matrizen

quadratische Matrix	–	gleiche Anzahl von Zeilen und Spalten
Einheitsmatrix $\boldsymbol{E}$	–	quadratische Matrix mit $a_{ii}=1$, $a_{ij}=0$ für $i\neq j$
Diagonalmatrix $\boldsymbol{D}$	–	quadratische Matrix mit $d_{ij}=0$ für $i\neq j$, Bezeichnung: $\boldsymbol{D}=\operatorname{diag}(d_i)$ mit $d_i=d_{ii}$
symmetrische Matrix	–	quadratische Matrix mit $\boldsymbol{A}^\top=\boldsymbol{A}$
reguläre Matrix	–	quadratische Matrix mit $\det\boldsymbol{A}\neq 0$
singuläre Matrix	–	quadratische Matrix mit $\det\boldsymbol{A}=0$
zu $\boldsymbol{A}$ inverse Matrix	–	Matrix $\boldsymbol{A}^{-1}$ mit $\boldsymbol{AA}^{-1}=\boldsymbol{E}$
orthogonale Matrix	–	reguläre Matrix mit $\boldsymbol{AA}^\top=\boldsymbol{E}$
positiv definite Matrix	–	symmetrische Matrix mit $\boldsymbol{x}^\top\boldsymbol{Ax}>0$ $\forall\,\boldsymbol{x}\neq\boldsymbol{0}, \boldsymbol{x}\in\mathbb{R}^n$
positiv semidef. Matrix	–	symmetrische Matrix mit $\boldsymbol{x}^\top\boldsymbol{Ax}\geq 0\ \forall\,\boldsymbol{x}\in\mathbb{R}^n$
negativ definite Matrix	–	symmetrische Matrix mit $\boldsymbol{x}^\top\boldsymbol{Ax}<0$ $\forall\,\boldsymbol{x}\neq\boldsymbol{0}, \boldsymbol{x}\in\mathbb{R}^n$
negativ semidef. Matrix	–	symmetrische Matrix mit $\boldsymbol{x}^\top\boldsymbol{Ax}\leq 0\ \forall\,\boldsymbol{x}\in\mathbb{R}^n$

Eigenschaften spezieller regulärer Matrizen

$\boldsymbol{E}^\top=\boldsymbol{E}$	$\det\boldsymbol{E}=1$	$\boldsymbol{E}^{-1}=\boldsymbol{E}$
$\boldsymbol{AI}=\boldsymbol{IA}=\boldsymbol{A}$	$\boldsymbol{A}^{-1}\boldsymbol{A}=\boldsymbol{E}$	$(\boldsymbol{A}^{-1})^{-1}=\boldsymbol{A}$
$(\boldsymbol{A}^{-1})^\top=(\boldsymbol{A}^\top)^{-1}$	$(\boldsymbol{AB})^{-1}=\boldsymbol{B}^{-1}\boldsymbol{A}^{-1}$	$\det(\boldsymbol{A}^{-1})=\dfrac{1}{\det\boldsymbol{A}}$

Inverse Matrix

$$A^{-1} = \frac{1}{\det A}\begin{pmatrix}(-1)^{1+1}\det A_{11} \ldots (-1)^{1+n}\det A_{n1}\\ \cdots\cdots\cdots\cdots\cdots\cdots\cdots\cdots\cdots\cdots \\ (-1)^{n+1}\det A_{1n} \ldots (-1)^{n+n}\det A_{nn}\end{pmatrix}$$

A_{ik} ist die aus A durch Streichen der i-ten Zeile und der k-ten Spalte gebildete Teilmatrix (▶ Algorithmus auf S. 144)

Kriterien für Definitheit

- Die reelle symmetrische (n,n)-Matrix $A = (a_{ij})$ ist genau dann positiv definit, wenn jede ihrer n Hauptabschnitts-Determinanten positiv ist:

$$\begin{vmatrix} a_{11} & \ldots & a_{1k} \\ \ldots & \ldots & \ldots \\ a_{k1} & \ldots & a_{kk}\end{vmatrix} > 0 \qquad \text{für} \quad k = 1, \ldots, n.$$

- Die reelle symmetrische (n,n)-Matrix $A = (a_{ij})$ ist genau dann negativ definit, wenn die Folge der n Hauptabschnitts-Determinanten beginnend mit Minus alternierende Vorzeichen hat (mit anderen Worten: wenn $-A$ positiv definit ist):

$$(-1)^k\begin{vmatrix} a_{11} & \ldots & a_{1k} \\ \ldots & \ldots & \ldots \\ a_{k1} & \ldots & a_{kk}\end{vmatrix} > 0 \qquad \text{für} \quad k = 1, \ldots, n.$$

- Eine reelle symmetrische Matrix ist genau dann positiv definit (positiv semidefinit, negativ definit, negativ semidefinit), wenn ihre sämtlichen Eigenwerte (▶ Eigenwertaufgaben, S. 144) positiv (nicht negativ, negativ, nicht positiv) sind.

Determinanten

Die *Determinante* D einer quadratischen (n,n)-Matrix A ist die rekursiv definierte Zahl

$$D = \det A = \begin{vmatrix} a_{11} & \ldots & a_{1n} \\ \vdots & \ddots & \vdots \\ a_{n1} & \ldots & a_{nn}\end{vmatrix} = a_{i1}(-1)^{i+1}\det A_{i1} + \ldots + a_{in}(-1)^{i+n}\det A_{in}\,,$$

wobei A_{ik} die durch Streichen der i-ten Zeile und k-ten Spalte aus A gebildete (Teil-) Matrix ist. Die Determinante einer $(1,1)$-Matrix ist gleich dem Wert ihres einzigen Elements. Die Berechnung einer Determinante gemäß dieser Definition wird *Entwicklung* nach der i-ten Zeile genannt (*Laplace'scher Entwicklungssatz).*

- Der gleiche Wert D ergibt sich bei Entwicklung nach der k-ten Spalte:

$$D = \det \boldsymbol{A} = \begin{vmatrix} a_{11} & \dots & a_{1n} \\ \vdots & \ddots & \vdots \\ a_{n1} & \dots & a_{nn} \end{vmatrix} = a_{1j}(-1)^{1+j} \det \boldsymbol{A}_{1j} + \ldots + a_{nj}(-1)^{n+j} \det \boldsymbol{A}_{nj} \,.$$

Die Entwicklung nach einer beliebigen Zeile oder Spalte liefert den gleichen Wert.

Spezialfälle

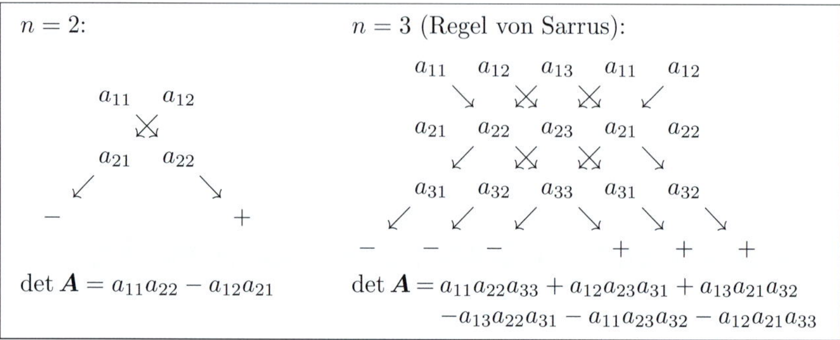

Eigenschaften n-reihiger Determinanten

- Eine Determinante wechselt ihr Vorzeichen, wenn man zwei Zweilen oder zwei Spalten der zugehörigen Matrix vertauscht.
- Sind zwei Zeilen (Spalten) einer Matrix gleich, hat ihre Determinante den Wert null.
- Addiert man das Vielfache einer Zeile (Spalte) einer Matrix zu einer anderen Zeile (Spalte), so ändert sich der Wert der Determinante nicht.
- Multipliziert man eine Zeile (Spalte) einer Matrix mit einer Zahl, so multipliziert sich der Wert ihrer Determinante mit dieser Zahl.
- Es gelten die folgenden Beziehungen:

$$\det \boldsymbol{A} = \det \boldsymbol{A}^\top, \qquad \det(\boldsymbol{A} \cdot \boldsymbol{B}) = \det \boldsymbol{A} \cdot \det \boldsymbol{B},$$
$$\det(\lambda \boldsymbol{A}) = \lambda^n \det \boldsymbol{A}, \quad \lambda \in \mathbb{R}$$

Lineare Gleichungssysteme

Das lineare Gleichungssystem

$$\boldsymbol{A}\boldsymbol{x} = \boldsymbol{b} \qquad \text{in Komponenen:} \qquad \begin{array}{c} a_{11}x_1 \;+\ldots+\; a_{1n}x_n = b_1 \\ \ldots\ldots\ldots\ldots\ldots\ldots\ldots\ldots \\ a_{m1}x_1 + \ldots + a_{mn}x_m = b_m \end{array} \qquad (*)$$

heißt *homogen*, wenn $\boldsymbol{b} = \boldsymbol{0}$ (in Komponenten: $b_i = 0 \;\; \forall\, i = 1, \ldots, m$) und *inhomogen*, wenn $\boldsymbol{b} \neq \boldsymbol{0}$ (in Komponenten: $b_i \neq 0$ für wenigstens ein $i \in \{1, \ldots, m\}$). Ist $(*)$ lösbar, besitzt also (mindestens) eine Lösung, so wird die Menge aller Lösungen als *allgemeine Lösung* bezeichnet.

- Das System $(*)$ ist genau dann lösbar, wenn rang $(\boldsymbol{A}) =$ rang $(\boldsymbol{A}, \boldsymbol{b})$ gilt.

- Für $m = n$ ist das System $(*)$ genau dann eindeutig lösbar, wenn $\det \boldsymbol{A} \neq 0$ gilt.

- Das homogene Gleichungssystem $\boldsymbol{Ax} = \boldsymbol{0}$ hat stets die triviale Lösung $\boldsymbol{x} = \boldsymbol{0}$.

- Für $m = n$ hat das homogene Gleichungssystem $\boldsymbol{Ax} = \boldsymbol{0}$ genau dann nichttriviale Lösungen, wenn $\det \boldsymbol{A} = 0$ gilt.

- Ist $\boldsymbol{x}_h$ die allgemeine Lösung des homogenen Gleichungsssystems $\boldsymbol{Ax} = \boldsymbol{0}$ und $\boldsymbol{x}_s$ eine spezielle Lösung des inhomogenen Gleichungssystems $(*)$, so gilt für die allgemeine Lösung $\boldsymbol{x}$ des inhomogenen Systems $(*)$:

$$\boxed{\boldsymbol{x} = \boldsymbol{x}_h + \boldsymbol{x}_s}$$

Eliminationsverfahren von Gauß

Elimination

In dieser Phase wird aus dem linearen Gleichungssystem $\boldsymbol{Ax} = \boldsymbol{b}$ mit der (m, n)-Matrix $\boldsymbol{A}$ schrittweise je eine (geeignete) Unbekannte und je eine (geeignete) Zeile eliminiert, bis das Verfahren mangels weiterer geeigneter Unbekannter oder weiterer geeigneter Zeilen abbricht. Für die spätere Berechnung der eliminierten Unbekannten wird die eliminierte Zeile notiert („gemerkt").

Algorithmus (beschrieben für den ersten Eliminationsschritt)

1. Suche ein Matrixelement $a_{pq} \neq 0$. Wenn für alle Elemente $a_{ij} = 0$ gilt, so beende die Elimination. Die Unbekannte x_q ist die zu eliminierende Unbekannte, die Zeile p die zu eliminierende Zeile, a_{pq} heißt *Pivotelement.*

2. Nullenerzeugung in Spalte q:

   Subtrahiere von allen Zeilen i, $i \neq p$, das $\dfrac{a_{iq}}{a_{pq}}$-Fache der Zeile p:

$$\tilde{a}_{ij} := a_{ij} - \frac{a_{iq}}{a_{pq}} a_{pj}, \quad j = 1, \ldots, n; \quad i = 1, \ldots, p-1, p+1, \ldots, m$$

$$\tilde{b}_i := b_i - \frac{a_{iq}}{a_{pq}} b_p, \qquad i = 1, \ldots, p-1, p+1, \ldots, m$$

3. Streiche die Zeile p aus dem Gleichungssystem und notiere sie.

4. Enthält das Restsystem nur noch eine Zeile, so beende die Elimination.

Feststellung der Lösbarkeit oder Unlösbarkeit

Betrachtet wird das Restsystem $\tilde{\boldsymbol{A}}\boldsymbol{x} = \tilde{\boldsymbol{b}}$.

Fall 1 $\tilde{\boldsymbol{A}} = \mathbf{0}$, $\tilde{\boldsymbol{b}} \neq \mathbf{0} \Longrightarrow$ Das Gleichungssystem $(*)$ ist unlösbar.

Fall 2 $\tilde{\boldsymbol{A}} = \mathbf{0}$, $\tilde{\boldsymbol{b}} = \mathbf{0} \Longrightarrow$ Das Gleichungssystem $(*)$ ist lösbar; streiche das Restsystem.

Fall 3 $\tilde{\boldsymbol{A}} \neq \mathbf{0} \Longrightarrow$ Das Gleichungssystem $(*)$ ist lösbar. Das Restsystem besteht nur noch aus einer Zeile. Füge diese den bei der Elimination notierten Zeilen hinzu.

Rückrechnung

Die notierten Gleichungen bilden ein Staffelsystem (in jeder Gleichung fehlen die aus vorhergehenden Gleichungen eliminierten Unbekannten).

Fall 1 $n-1$ Eliminationsschritte; $(*)$ hat dann eine eindeutige Lösung, deren Komponenten schrittweise aus der letzten bis zur ersten Gleichung des Staffelsystems durch Einsetzen der bereits bekannten und Auflösen nach der einzigen enthaltenen Unbekannten berechnet werden.

Fall 2 $k < n-1$ Eliminationsschritte; $(*)$ hat dann unendlich viele Lösungen. Eine Lösungsdarstellung erhält man, indem man zunächst die letzte Gleichung des Staffelsystems nach einer Unbekannten auflöst und die anderen $n-k$ Unbekannten dieser Gleichung als Parameter bezeichnet. Anschließend werden schrittweise aus der vorletzten bis zur ersten Gleichung wie im Fall 1 die Darstellungen für die k eliminierten Unbekannten in Abhängigkeit von den Parametern ermittelt.

Varianten des Eliminationsverfahrens von Gauß

• Wenn das betrachtete Gleichungssystem lösbar ist, so kann durch Zeilen- und Spaltenvertauschungen stets erreicht werden, dass zuerst a_{11} bzw. nach k Schritten $\tilde{a}_{k+1,k+1}$ (d. h. das jeweilige Diagonalelement) als Pivotelement genommen werden kann. Das Gleichungssystem hat dann nach der Elimination die Form

$$\boxed{\boldsymbol{R}\boldsymbol{x}_B + \boldsymbol{S}\boldsymbol{x}_N = \boldsymbol{c},}$$

wobei $\boldsymbol{R}$ eine rechte obere Dreiecksmatrix ist ($\boldsymbol{x}_B$ – Basisvariable, $\boldsymbol{x}_N$ – Nichtbasisvariable). Der Term $\boldsymbol{S}\boldsymbol{x}_N$ kann auch fehlen (dann ist die Lösung eindeutig).

• Durch zusätzliche Erzeugung von Nullen oberhalb der Diagonalen kann $\boldsymbol{R} = \boldsymbol{D}$ (Diagonalmatrix) bzw. $\boldsymbol{R} = \boldsymbol{E}$ erreicht werden. Hierbei entfällt die Rückrechnung.

• Das ▶ Austauschverfahren (S. 143) ist eine weitere Variante des Eliminationsverfahrens.

Cramer'sche Regel

Ist $\boldsymbol{A}$ eine reguläre Matrix, so lautet die Lösung $\boldsymbol{x} = (x_1, \ldots, x_n)^\top$ von $\boldsymbol{Ax} = \boldsymbol{b}$:

$$x_k = \frac{\det \boldsymbol{A}_k}{\det \boldsymbol{A}} \quad \text{mit} \quad \boldsymbol{A}_k = \begin{pmatrix} a_{11} & \ldots & a_{1,k-1} & b_1 & a_{1,k+1} & \ldots & a_{1n} \\ \ldots & \ldots & \ldots & \ldots & \ldots & \ldots & \ldots \\ a_{n1} & \ldots & a_{n,k-1} & b_n & a_{n,k+1} & \ldots & a_{nn} \end{pmatrix}, \; k = 1, \ldots, n.$$

Austauschverfahren

System affin linearer Funktionen — vektorielle Schreibweise

$$\begin{aligned} y_1 &= a_{11}x_1 + \ldots + a_{1n}x_n + a_1 \\ &\ldots\ldots\ldots\ldots \\ y_m &= a_{m1}x_1 + \ldots + a_{mn}x_n + a_m \end{aligned} \qquad \boldsymbol{y} = \boldsymbol{Ax} + \boldsymbol{a}$$

y_i	–	abhängige Variable, Basisvariable ($i = 1, \ldots, m$)
x_k	–	unabhängige Variable, Nichtbasisvariable ($k = 1, \ldots, n$)
$a_i = 0$	–	die Funktion y_i ist eine lineare Funktion
$\boldsymbol{a} = \boldsymbol{0}$	–	das Funktionensystem heißt homogen

Austausch einer Basisvariablen gegen eine Nichtbasisvariable

Die Basisvariable y_p wird gegen die Nichtbasisvariable x_q ausgetauscht.

Voraussetzung: $a_{pq} \neq 0$. Das Element a_{pq} heißt *Pivotelement*.

altes Schema

$\boldsymbol{x}_B = \boldsymbol{A}\boldsymbol{x}_N + \boldsymbol{a}$ mit

$\boldsymbol{x}_B = (y_1, \ldots, y_m)^\top$

$\boldsymbol{x}_N = (x_1, \ldots, x_n)^\top$

	... x_k ... x_q ↓ ...	1
⋮	⋮ ⋮	⋮
$y_i =$	... a_{ik} ... a_{iq} ...	a_i
⋮	⋮ ⋮	⋮
→ $y_p =$	... a_{pk} ... a_{pq} ...	a_p
⋮	⋮ ⋮	⋮
Kellerzeile	... b_{pk} ... $*$ ...	b_p

neues Schema

$\boldsymbol{x}_B = \boldsymbol{B}\boldsymbol{x}_N + \boldsymbol{b}$ mit

$\boldsymbol{x}_B = (y_1, \ldots, y_{p-1}, x_q, y_{p+1}, \ldots, y_m)^\top$

$\boldsymbol{x}_N = (x_1, \ldots, x_{q-1}, y_p, x_{q+1}, \ldots, x_n)^\top$

	... x_k ... y_p ↓ ...	1
⋮	⋮ ⋮	⋮
$y_i =$	... b_{ik} ... b_{iq} ...	b_i
⋮	⋮ ⋮	⋮
→ $x_q =$	... b_{pk} ... b_{pq} ...	b_p
⋮	⋮ ⋮	⋮

Austauschregeln

(A1)	$b_{pq} := \dfrac{1}{a_{pq}}$		
(A2)	$b_{pk} := -\dfrac{a_{pk}}{a_{pq}}$	für $k=1,\ldots,q-1,q+1,\ldots,n$	$b_p := -\dfrac{a_p}{a_{pq}}$
(A3)	$b_{iq} := \dfrac{a_{iq}}{a_{pq}}$	für $i=1,\ldots,p-1,p+1,\ldots,m$	
(A4)	$b_{ik} := a_{ik} + b_{pk} \cdot a_{iq}$	für $i=1,\ldots,p-1,p+1,\ldots,m$; $k=1,\ldots,q-1,q+1,\ldots,n$	
	$b_i := a_i + b_p \cdot a_{iq}$	für $i=1,\ldots,p-1,p+1,\ldots,m$	

• Die Kellerzeile dient zur Rechenvereinfachung für Regel (A4).

Inverse Matrix

Ist $\boldsymbol{A}$ eine reguläre Matrix, so ist der vollständige Austausch $\boldsymbol{y} \leftrightarrow \boldsymbol{x}$ im homogenen Funktionensystem $\boldsymbol{y} = \boldsymbol{A}\boldsymbol{x}$ stets möglich. Das Ergebnis ist $\boldsymbol{x} = \boldsymbol{B}\boldsymbol{y}$ mit $\boldsymbol{B} = \boldsymbol{A}^{-1}$:

$$\begin{array}{r|l} & \boldsymbol{x} \\ \hline \boldsymbol{y} = & \boldsymbol{A} \end{array} \qquad \Longrightarrow \qquad \begin{array}{r|l} & \boldsymbol{y} \\ \hline \boldsymbol{x} = & \boldsymbol{A}^{-1} \end{array}$$

Mit dem Gauß'schen Algorithmus (▶ S. 141) kann die Matrix $\boldsymbol{A}^{-1}$ nach folgendem Schema ermittelt werden:

$$(\boldsymbol{A} \,|\, \boldsymbol{E}) \qquad \Longrightarrow \qquad (\boldsymbol{E} \,|\, \boldsymbol{A}^{-1})$$

• Dies bedeutet: Schreibe neben die Originalmatrix $\boldsymbol{A}$ die Einheitsmatrix $\boldsymbol{E}$ und wende das Gauß'sche Eliminationsverfahren an, um $\boldsymbol{A}$ in $\boldsymbol{E}$ zu transformieren. Dann entsteht auf der rechten Seite die inverse Matrix $\boldsymbol{A}^{-1}$. Falls $\boldsymbol{A}^{-1}$ nicht existiert, entsteht links eine Nullzeile, sodass keine Einheitsmatrix geschaffen werden kann.

Eigenwertaufgaben bei Matrizen

Eine Zahl $\lambda \in \mathbb{C}$ heißt *Eigenwert* der quadratischen (n,n)-Matrix $\boldsymbol{A}$, wenn es einen Vektor $\boldsymbol{r} \neq \boldsymbol{0}$ gibt, für den gilt:

$$\boldsymbol{A}\boldsymbol{r} = \lambda\boldsymbol{r} \qquad \text{in Komponenten:} \qquad \begin{array}{ccccccc} a_{11}r_1 & + & \ldots & + & a_{1n}r_n & = & \lambda r_1 \\ \ldots & \ldots & \ldots & \ldots & \ldots & \ldots & \ldots \\ a_{n1}r_1 & + & \ldots & + & a_{nn}r_n & = & \lambda r_n \end{array}$$

Ein zum Eigenwert λ gehöriger Vektor $\boldsymbol{r}$ mit dieser Eigenschaft heißt *Eigenvektor* von $\boldsymbol{A}$. Er ist Lösung des homogenen Gleichungssystems $(\boldsymbol{A} - \lambda\boldsymbol{E})\boldsymbol{x} = \boldsymbol{0}$.

Eigenschaften von Eigenwerten

• Sind $\boldsymbol{r}_1, \ldots, \boldsymbol{r}_k$ zum Eigenwert λ gehörige Eigenvektoren, so ist auch

$$\boldsymbol{r} = \alpha_1 \boldsymbol{r}_1 + \ldots + \alpha_k \boldsymbol{r}_k$$

ein zum Eigenwert λ gehöriger Eigenvektor, falls nicht alle α_i gleich null sind.

• Eine Zahl λ ist genau dann Eigenwert der Matrix $\boldsymbol{A}$, wenn gilt:

$$p_n(\lambda) := \det(\boldsymbol{A} - \lambda \boldsymbol{E}) = 0\,.$$

Das Polynom $p_n(\lambda)$ ist vom n-ten Grade und wird *charakteristisches Polynom* der Matrix $\boldsymbol{A}$ genannt. Die Vielfachheit der Nullstelle λ des charakteristischen Polynoms heißt *algebraische Vielfachheit* des Eigenwertes λ.

• Die Anzahl der zum Eigenwert λ gehörigen linear unabhängigen Eigenvektoren ist

$$n - \operatorname{rang}(\boldsymbol{A} - \lambda \boldsymbol{E})$$

und heißt *geometrische Vielfachheit* des Eigenwertes λ. Sie ist nicht größer als die algebraische Vielfachheit des Eigenwertes λ.

• Sind λ_j, $j = 1, \ldots, k$, paarweise voneinander verschiedene Eigenwerte und $\boldsymbol{r}_j$, $j = 1, \ldots, k$, zugehörige Eigenvektoren, so sind letztere linear unabhängig.

• Eine (n, n)-Diagonalmatrix $\boldsymbol{D} = \operatorname{diag}(d_j)$ hat die Eigenwerte $\lambda_j = d_j$, $j = 1, \ldots, n$.

• Die Eigenwerte einer reellen symmetrischen Matrix sind stets reell. Jeder ihrer Eigenvektoren kann in reeller Form dargestellt werden. Zu verschiedenen Eigenwerten gehörige Eigenvektoren sind zueinander orthogonal.

Matrixmodelle

Input-Output-Analyse

$\boldsymbol{r} = (r_i)$	r_i	–	Gesamtaufwand an Rohstoff i
$\boldsymbol{e} = (e_k)$	e_k	–	produzierte Menge von Produkt k
$\boldsymbol{A} = (a_{ik})$	a_{ik}	–	Aufwand an Rohstoff i für eine ME von Produkt k
$\boldsymbol{r} = \boldsymbol{A} \cdot \boldsymbol{e}$			*einfache Input-Output-Analyse*
$\boldsymbol{e} = \boldsymbol{A}^{-1} \cdot \boldsymbol{r}$			*inverse Input-Output-Analyse* (Voraussetzung: $\boldsymbol{A}$ regulär)

Verkettete Input-Output-Analyse

$\boldsymbol{r} = (r_i)$	r_i –	Gesamtaufwand an Rohstoff i
$\boldsymbol{e} = (e_k)$	e_k –	produzierte Menge von Endprodukt k
$\boldsymbol{Z} = (z_{jk})$	z_{jk} –	Aufwand an Zwischenprodukt j für eine Mengeneinheit von Endprodukt k
$\boldsymbol{A} = (a_{ij})$	a_{ij} –	Aufwand an Rohstoff i für eine Mengeneinheit von Zwischenprodukt j

$\boldsymbol{r} = \boldsymbol{A} \cdot \boldsymbol{Z} \cdot \boldsymbol{e}$

Leontief-Modell

$\boldsymbol{x} = (x_i)$	x_i –	Bruttoproduktion von Produkt i
$\boldsymbol{y} = (y_i)$	y_i –	Nettoproduktion von Produkt i
$\boldsymbol{A} = (a_{ij})$	a_{ij} –	Verbrauch von Produkt i für die Produktion einer Mengeneinheit von Produkt j

$\boldsymbol{y} = \boldsymbol{x} - \boldsymbol{A}\boldsymbol{x}$

$\boldsymbol{x} = (\boldsymbol{E} - \boldsymbol{A})^{-1}\boldsymbol{y}$ Voraussetzung: $\boldsymbol{E} - \boldsymbol{A}$ reguläre Matrix

Übergangsmodell der Marktforschung

$\boldsymbol{m} = (m_i)$	m_i –	Marktanteil von Produkt i zum Zeitpunkt T, $0 \le m_i \le 1,\ m_1 + \ldots + m_n = 1$
$\boldsymbol{z} = (z_i)$	z_i –	Marktanteil von Produkt i zum Zeitpunkt $T + k \cdot \Delta T$, $k = 1, 2, \ldots,\quad 0 \le z_i \le 1,\quad z_1 + \ldots + z_n = 1$
$\boldsymbol{s} = (s_i)$	s_i –	Marktanteil von Produkt i in stationärer (zeitinvarianter) Marktverteilung; $0 \le s_i \le 1,\ s_1 + \ldots + s_n = 1$
$\boldsymbol{A} = (a_{ij})$	a_{ij} –	Anteil der Käufer von Produkt i zum Zeitpunkt T, die zum Zeitpunkt $T + \Delta T$ das Produkt j kaufen, $0 \le a_{ij} \le 1,\quad i, j = 1, \ldots, n,\quad \sum_{j=1}^{n} a_{ij} = 1$ für $i = 1, \ldots, n$

$\boldsymbol{z} = (\boldsymbol{A}^k)^\top \boldsymbol{m}$

$\boldsymbol{A}$ ist die Matrix der Käuferfluktuation, und $\boldsymbol{s}$ ist nichttriviale Lösung des homogenen linearen Gleichungssystems $(\boldsymbol{A}^\top - \boldsymbol{E})\boldsymbol{s} = \boldsymbol{0}$ mit $s_1 + \ldots + s_n = 1$.

Lineare Optimierung, Transportoptimierung

Normalform einer linearen Optimierungsaufgabe

Die Aufgabe, einen Vektor $\boldsymbol{x}^* = (x_1^*, x_2^*, \ldots, x_n^*)^\top$ so zu bestimmen, dass seine Komponenten vorgegebene Bedingungen (*Nebenbedingungen*) der Form

$$\begin{array}{llllll}
\alpha_{11}x_1 & + \; \alpha_{12}x_2 & + \; \ldots & + \; \alpha_{1n}x_n & \leq & \alpha_1 \\
\multicolumn{6}{c}{\cdots\cdots\cdots\cdots\cdots\cdots\cdots\cdots\cdots\cdots\cdots} \\
\alpha_{r1}x_1 & + \; \alpha_{r2}x_2 & + \; \ldots & + \; \alpha_{rn}x_n & \leq & \alpha_r \\
\beta_{11}x_1 & + \; \beta_{12}x_2 & + \; \ldots & + \; \beta_{1n}x_n & \geq & \beta_1 \\
\multicolumn{6}{c}{\cdots\cdots\cdots\cdots\cdots\cdots\cdots\cdots\cdots\cdots\cdots} \\
\beta_{s1}x_1 & + \; \beta_{s2}x_2 & + \; \ldots & + \; \beta_{sn}x_n & \geq & \beta_s \\
\gamma_{11}x_1 & + \; \gamma_{12}x_2 & + \; \ldots & + \; \gamma_{1n}x_n & = & \gamma_1 \\
\multicolumn{6}{c}{\cdots\cdots\cdots\cdots\cdots\cdots\cdots\cdots\cdots\cdots\cdots} \\
\gamma_{t1}x_1 & + \; \gamma_{t2}x_2 & + \; \ldots & + \; \gamma_{tn}x_n & = & \gamma_t
\end{array}$$

erfüllen und dass eine vorgegebene Funktion

$$\boxed{z(\boldsymbol{x}) = \boldsymbol{c}^\top \boldsymbol{x} + c_0 = c_1x_1 + c_2x_2 + \ldots + c_nx_n + c_0} \qquad \textbf{Zielfunktion}$$

unter allen Vektoren $\boldsymbol{x} = (x_1, x_2, \ldots, x_n)^\top$, die diese Bedingungen erfüllen, für diesen Vektor den kleinsten Wert (*Minimumproblem*) oder den größen Wert (*Maximumproblem*) annimmt, heißt *lineare Optimierungsaufgabe.* Ein Vektor $\boldsymbol{x} = (x_1, \ldots, x_n)^\top$, der alle Nebenbedingungen erfüllt, heißt *zulässiger Vektor.* Eine Variable x_i, für die unter den Nebenbedingungen nicht $x_i \geq 0$ (*Nichtnegativitätsbedingung*) vorkommt, heißt *freie Variable.*

- Eine lineare Optimierungsaufgabe hat *Normalform,* wenn sie eine Maximum- oder Minimumaufgabe ist und außer den Ungleichungen $x_i \geq 0$, $i = 1, \ldots, n$, keine weiteren Ungleichungen enthält:

$$\boxed{z = \boldsymbol{c}^\top \boldsymbol{x} + c_0 \longrightarrow \min / \max; \qquad \boldsymbol{A}\boldsymbol{x} = \boldsymbol{a}, \quad \boldsymbol{x} \geq 0} \qquad \textbf{Normalform}$$

Überführung in Normalform

Ungleichungen in Gleichungen überführen durch Schlupfvariable s_i:

$$\alpha_{i1}x_1 + \alpha_{i2}x_2 + \ldots + \alpha_{in}x_n \leq \alpha_i \implies \alpha_{i1}x_1 + \ldots + \alpha_{in}x_n + s_i = \alpha_i, \; s_i \geq 0$$

$$\beta_{i1}x_1 + \beta_{i2}x_2 + \ldots + \beta_{in}x_n \geq \beta_i \implies \beta_{i1}x_1 + \ldots + \beta_{in}x_n - s_i = \beta_i, \; s_i \geq 0$$

Freie Variablen beseitigen durch Substitution:

$$x_i \quad \text{frei} \implies x_i := u_i - v_i, \quad u_i \geq 0, \quad v_i \geq 0$$

Maximumaufgabe in Minimumaufgabe überführen oder umgekehrt:

$$z = \boldsymbol{c}^\top \boldsymbol{x} + c_0 \longrightarrow \max \qquad \implies \qquad \overline{z} := -z = (-\boldsymbol{c})^\top \boldsymbol{x} - c_0 \longrightarrow \min$$

$$z = \boldsymbol{c}^\top \boldsymbol{x} + c_0 \longrightarrow \min \qquad \implies \qquad \overline{z} := -z = (-\boldsymbol{c})^\top \boldsymbol{x} - c_0 \longrightarrow \max$$

Simplexverfahren

Für die erforderliche Umformung des Gleichungssystems kann entweder das ▶ Eliminationsverfahren von Gauß (S. 141) oder das ▶ Austauschverfahren (S. 143) verwendet werden.

Basisdarstellung

Im Gleichungssystem $\boldsymbol{Ax} = \boldsymbol{a}$, $z - \boldsymbol{c}^\top \boldsymbol{x} = c_0$ ($\boldsymbol{A}$ eine (m,n)-Matrix, $\boldsymbol{x}, \boldsymbol{c} \in \mathbb{R}^n$, $\boldsymbol{a} \in \mathbb{R}^m$, $c_0 \in \mathbb{R}$) wird zeilenweise je eine Variable x_i eliminiert. Aus der Normalform entstehen, wenn man die eliminierten Variablen (die *Basisvariablen*) zum Vektor $\boldsymbol{x}_B$ und die restlichen (die *Nichtbasisvariablen*) zum Vektor $\boldsymbol{x}_N$ zusammenfasst, folgende Beziehungen:

Eliminationsverfahren

$$\begin{aligned} z &\to \max \\ \boldsymbol{I}\boldsymbol{x}_B + \boldsymbol{B}\boldsymbol{x}_N &= \boldsymbol{b} \\ z + \boldsymbol{d}^\top \boldsymbol{x}_N &= d_0 \\ \boldsymbol{x}_B \geq \boldsymbol{0},\ \boldsymbol{x}_N &\geq \boldsymbol{0} \end{aligned}$$

Tableau:

x_{B_1} ... x_{B_m}			z	x_{N_1}	...	$x_{N_{n-m}}$	$=$
1			0	b_{11}	...	$b_{1,n-m}$	b_1
	$\ddots$		$\vdots$	$\vdots$		$\vdots$	$\vdots$
		1	0	b_{m1}	...	$b_{m,n-m}$	b_m
0	...	0	1	d_1	...	d_{n-m}	d_0

Die z-Spalte wird meist weggelassen.

Austauschverfahren

$$\begin{aligned} z &\to \min \\ \boldsymbol{x}_B &= \tilde{\boldsymbol{B}}\boldsymbol{x}_N + \tilde{\boldsymbol{b}} \\ z &= \tilde{\boldsymbol{d}}^\top \boldsymbol{x}_N + \tilde{d}_0 \\ \boldsymbol{x}_B \geq \boldsymbol{0},\ \boldsymbol{x}_N &\geq \boldsymbol{0} \end{aligned}$$

Tableau:

	x_{N_1}	...	$x_{N_{n-m}}$	1
$x_{B_1} =$	$\tilde{b}_{11}$	...	$\tilde{b}_{1,n-m}$	$\tilde{b}_1$
$\vdots$	$\vdots$		$\vdots$	$\vdots$
$x_{B_m} =$	$\tilde{b}_{m1}$	...	$\tilde{b}_{m,n-m}$	$\tilde{b}_m$
$z =$	$\tilde{d}_1$	...	$\tilde{d}_{n-m}$	$\tilde{d}_0$

- Falls $\boldsymbol{Ax} = \boldsymbol{a}$ schon die Form $\boldsymbol{I}\boldsymbol{x}_B + \boldsymbol{B}\boldsymbol{x}_N = \boldsymbol{a}$ hat, gilt $\boldsymbol{b} = \tilde{\boldsymbol{b}} = \boldsymbol{a}$, $d_0 = \tilde{d}_0 = \boldsymbol{c}_B^\top \boldsymbol{a} + c_0$, $\tilde{\boldsymbol{B}} = -\boldsymbol{B}$ und $\boldsymbol{d}^\top = -\tilde{\boldsymbol{d}}^\top = \boldsymbol{c}_B^\top \boldsymbol{B} - \boldsymbol{c}_N^\top$ mit entsprechendem $\boldsymbol{c}^\top = (\boldsymbol{c}_B^\top, \boldsymbol{c}_N^\top)$.

- Eine Basisdarstellung mit $b_i \geq 0$ bzw. $\tilde{b}_i \geq 0$, $i = 1, \ldots, m$, heißt *zulässige Basisdarstellung* oder *Simplextableau*.

Optimalitätskriterium (Simplexkriterium)

Aus einem Simplextableau mit der Eigenschaft $d_i \geq 0$ bzw. $\tilde{d}_i \geq 0$, $i = 1, \ldots, n-m$ (ein solches Simplextableau heißt *optimales Simplextableau*), kann die Optimallösung der linearen Optimierungsaufgabe abgelesen werden:

$$\boldsymbol{x}_B^* = \boldsymbol{b},\ \boldsymbol{x}_N^* = \boldsymbol{0},\ z^* = d_0 \quad \text{bzw.} \quad \boldsymbol{x}_B^* = \tilde{\boldsymbol{b}},\ \boldsymbol{x}_N^* = \boldsymbol{0},\ z^* = \tilde{d}_0.$$

Simplexverfahren

Von einem Simplextableau aus wird nach folgendem Algorithmus entweder ein optimales Simplextableau erhalten oder die Unlösbarkeit der Optimierungsaufgabe festgestellt.

Eliminationsverfahren	**Austauschverfahren**
1. Suche ein Element d_q, $q = 1, \ldots, n-m$, mit $d_q < 0$. Die q-te Spalte ist die *Pivotspalte*. Die Variable x_{N_q} wird neue Basisvariable. Gibt es kein solches Element ▶ Optimalitätskriterium.	**1.** Suche ein Element $\tilde{d}_q$, $q = 1, \ldots, n-m$, mit $\tilde{d}_q < 0$. Die q-te Spalte ist die *Pivotspalte*. Gibt es kein solches Element ▶ Optimalitätskriterium.
2. Suche alle positiven Spaltenelemente $b_{iq} > 0$. Suche unter diesen dasjenige Element b_{pq} mit $$\frac{b_p}{b_{pq}} = \min_{b_{iq}>0} \frac{b_i}{b_{iq}}\,.$$ Die p-te Zeile ist die *Pivotzeile*. Die Variable x_{B_p} scheidet aus der Basis aus, das Element b_{pq} ist das *Pivotelement*. Gibt es kein positives Spaltenelement b_{iq}, so ist die Optimierungsaufgabe unlösbar wegen $z \to \infty$.	**2.** Suche alle negativen $\tilde{b}_{iq} < 0$ der Pivotspalte. Suche unter diesen dasjenige $\tilde{b}_{pq}$ mit $$\frac{\tilde{b}_p}{-\tilde{b}_{pq}} = \min_{\tilde{b}_{iq}<0} \frac{\tilde{b}_i}{-\tilde{b}_{iq}}\,.$$ Die p-te Zeile ist die *Pivotzeile*, das Element $\tilde{b}_{pq}$ ist das *Pivotelement*. Gibt es kein negatives Element $\tilde{b}_{iq}$, so ist die Optimierungsaufgabe unlösbar wegen $z \to -\infty$.
3. Division von Zeile p durch b_{pq} und anschließende Nullenerzeugung in Spalte x_{N_q} (außer Position p) mit ▶ Eliminationsverfahren ergibt ein neues Simplextableau. Gehe zu Schritt 1.	**3.** Der Variablentausch $x_{B_p} \Longleftrightarrow x_{N_q}$ mithilfe des ▶ Austauschverfahrens ergibt ein neues Simplextableau. Gehe zu Schritt 1.

- Gilt in jeder Iteration $b_p > 0$ bzw. $\tilde{b}_p > 0$, so ist das Simplexverfahren endlich.

- Gibt es im optimalen Simplextableau ein Element d_q mit $d_q = 0$ bzw. $\tilde{d}_q$ mit $\tilde{d}_q = 0$, so führt die Fortsetzung des Verfahrens mit den Schritten 2 und 3 wieder auf ein optimales Simplextableau. Die zugehörige Optimallösung kann von der ersten verschieden sein.

- Sind die Vektoren $\boldsymbol{x}^{(1)}, \ldots, \boldsymbol{x}^{(k)}$ Optimallösungen, so ist auch die *konvexe Linearkombination* $\boldsymbol{x}^* = \lambda_1 \boldsymbol{x}^{(1)} + \ldots + \lambda_k \boldsymbol{x}^{(k)}$ mit $\sum\limits_{i=1}^{k} \lambda_i = 1$ und $\lambda_i \geq 0$, $i = 1, \ldots, k$, eine Optimallösung.

Duales Simplexverfahren

Duales Simplexverfahren

Eine Basisdarstellung mit $d_j \geq 0$ bzw. $\tilde{d}_j \geq 0$, $j = 1, \ldots, n-m$, heißt *duales Simplextableau.*

• Von einem dualen Simplextableau aus erhält man nach folgendem Algorithmus entweder ein optimales Simplextableau oder man stellt die Unlösbarkeit der Optimierungsaufgabe fest.

Eliminationsverfahren	Austauschverfahren
1. Suche ein Element b_p, $p = 1, \ldots, m$, mit $b_p < 0$. Die p-te Zeile ist die *Pivotzeile.* Die Variable x_{B_p} scheidet aus der Basis aus. Gibt es kein solches Element ▶ Optimalitätskriterium.	**1.** Suche ein Element $\tilde{b}_p$, $p = 1, \ldots, m$, mit $\tilde{b}_p < 0$. Die p-te Zeile ist die *Pivotzeile.* Gibt es kein solches Element ▶ Optimalitätskriterium.
2. Suche unter allen negativen Zeilenelementen $b_{pj} < 0$ dasjenige b_{pq} mit $$\frac{d_q}{-b_{pq}} = \min_{b_{pj}<0} \frac{d_j}{-b_{pj}}\,.$$ Die Variable x_{N_q} wird neue Basisvariable, das Element b_{pq} ist das *Pivotelement.* Gibt es in der p-ten Zeile kein negatives Element b_{pj}, so ist die Optimierungsaufgabe unlösbar, weil sie keine zulässigen Vektoren hat.	**2.** Suche unter allen positiven Elementen $\tilde{b}_{pj} > 0$ der Pivotzeile dasjenige Element $\tilde{b}_{pq}$, für das $$\frac{\tilde{d}_q}{\tilde{b}_{pq}} = \min_{\tilde{b}_{pj}>0} \frac{\tilde{d}_j}{\tilde{b}_{pj}}$$ gilt. Die q-te Spalte ist die *Pivotspalte*, das Element $\tilde{b}_{pq}$ das *Pivotelement.* Gibt es kein positives Element $\tilde{b}_{pj}$, so besitzt die Optimierungsaufgabe keine zulässigen Vektoren.
3. Division von Zeile p durch b_{pq} und Nullenerzeugung in Spalte x_{N_q} (außer Position p) mit ▶ Eliminationsverfahren von Gauß ergibt ein neues duales Simplextableau. Gehe zu Schritt 1.	**3.** Der Variablenaustausch $x_{B_p} \Longleftrightarrow x_{N_q}$ mithilfe des ▶ Austauschverfahrens ergibt ein neues duales Simplextableau. Gehe zu Schritt 1.

Erzeugung eines ersten Simplextableaus

Ausgehend von der ► Normalform einer linearen Optimierungsaufgabe mit der Eigenschaft $\boldsymbol{a} \geq 0$ führt das folgende Verfahren entweder auf ein Simplextableau oder zeigt die Unlösbarkeit der linearen Optimierungsaufgabe an. Die Voraussetzung $\boldsymbol{a} \geq 0$ kann, falls erforderlich, durch Multiplikation einzelner Zeilen des Gleichungssystems $\boldsymbol{Ax} = \boldsymbol{a}$ mit dem Faktor -1 gesichert werden.

Eliminationsverfahren

1. Addiere in allen Gleichungen i auf der linken Seite eine *künstliche Variable* y_i. Es entstehen die Tableaugleichungen

$$\boldsymbol{Iy} + \boldsymbol{Ax} = \boldsymbol{a}, \quad \text{mit} \quad \boldsymbol{y} = (y_i).$$

2. Ergänze das Tableau durch die Zielfunktion $z - \boldsymbol{c}^\top \boldsymbol{x} = c_0$ und die *Hilfszielfunktion* $h = \sum_{i=1}^{m}(-y_i)$:

$$h + \sum_{k=1}^{n} \delta_k x_k = \delta_0 \quad \text{mit}$$

$$\delta_k = \sum_{i=1}^{m}(-a_{ik}), \quad \delta_0 = \sum_{i=1}^{m}(-a_i).$$

Das erhaltene Tableau

$\boldsymbol{y}$	z	h	$\boldsymbol{x}$	$=$
$\boldsymbol{I}$	$\mathbf{0}$	$\mathbf{0}$	$\boldsymbol{A}$	$\boldsymbol{a}$
$\mathbf{0}^\top$	1	0	$-c_1 \ \ldots \ -c_n$	c_0
$\mathbf{0}^\top$	0	1	$\delta_1 \ \ldots \ \delta_n$	δ_0

ist Simplextableau der *Hilfsaufgabe*

$$h = \sum_{i=1}^{m}(-y_i) \to \max$$

$$\boldsymbol{y} + \boldsymbol{Ax} = \boldsymbol{a}, \quad \boldsymbol{x} \geq \mathbf{0}, \quad \boldsymbol{y} \geq \mathbf{0}.$$

Austauschverfahren

1. Stelle die Gleichungen auf die Form $\mathbf{0} = -\boldsymbol{Ax} + \boldsymbol{a}$ um und ersetze die Nullen der linken Seite durch *künstliche Variable* y_i. Es entstehen die Tableaugleichungen

$$\boldsymbol{y} = -\boldsymbol{Ax} + \boldsymbol{a}, \quad \text{mit} \quad \boldsymbol{y} = (y_i).$$

2. Ergänze das Tableau durch die Zielfunktion $z = \boldsymbol{c}^\top \boldsymbol{x} + c_0$ und durch die *Hilfszielfunktion* $\tilde{h} = \sum_{i=1}^{m} y_i$:

$$\tilde{h} = \sum_{k=1}^{n} \tilde{\delta}_k x_k = \tilde{\delta}_0 \quad \text{mit}$$

$$\tilde{\delta}_k = \sum_{i=1}^{m}(-a_{ik}), \quad \tilde{\delta}_0 = \sum_{i=1}^{m} a_i.$$

Das erhaltene Tableau

	$\boldsymbol{x}$	1
$\boldsymbol{y}=$	$-\boldsymbol{A}$	$\boldsymbol{a}$
$z=$	$\boldsymbol{c}^\top$	c_0
$\tilde{h}=$	$\tilde{\delta}_1 \ \ldots \ \tilde{\delta}_n$	$\tilde{\delta}_0$

ist Simplextableau der *Hilfsaufgabe*

$$\tilde{h} = \sum_{i=1}^{m} y_i \to \min$$

$$\boldsymbol{y} = -\boldsymbol{Ax} + \boldsymbol{a}, \quad \boldsymbol{x} \geq \mathbf{0}, \quad \boldsymbol{y} \geq \mathbf{0}.$$

Eliminationsverfahren

3. Löse die Hilfsaufgabe mit dem Simplexverfahren. Das optimale Tableau der Hilfsaufgabe hat die Form

$\boldsymbol{x}_B$	$\boldsymbol{y}_B$	z	h	$\boldsymbol{x}_N$	$\boldsymbol{y}_N$	$=$
$1 \ \ddots \ 1$						
	$1 \ \ddots \ 1$					
		1				
			1			h_0

Die z- und h-Spalte wird meist weggelassen.

Austauschverfahren

3. Löse die Hilfsaufgabe mit dem Simplexverfahren. Das optimale Tableau der Hilfsaufgabe hat die Form

	$\boldsymbol{x}_N$	$\boldsymbol{y}_N$	1
$\boldsymbol{x}_B =$			
$\boldsymbol{y}_B =$			
$z =$			
$\tilde{h} =$			$\tilde{h}_0$

Fall 1 Gilt $h_0 < 0$ bzw. $\tilde{h}_0 > 0$, so ist die Originalaufgabe unlösbar, weil sie keine zulässigen Vektoren besitzt.

Fall 2 Gilt $h_0 = 0$ bzw. $\tilde{h}_0 = 0$ und sind keine künstlichen Variablen Basisvariablen, so entsteht nach Streichen der $\boldsymbol{y}_N$-Spalten und der Hilfszielfunktion ein Simplextableau der Originalaufgabe.

Fall 3 Gilt $h_0 = 0$ bzw. $\tilde{h}_0 = 0$ und treten noch künstliche Variablen in der Basis auf, so werden diese durch beliebigen Austausch $\boldsymbol{y}_B \Longleftrightarrow \boldsymbol{x}_N$ zu Nichtbasisvariablen. Tritt dabei ein Tableau auf, in dem dieser Austausch nicht fortsetzbar ist, so können in diesem Tableau die Zeilen $\boldsymbol{y}_B =$ gestrichen werden, ebenso die $\boldsymbol{y}_N$-Spalten und die Hilfszielfunktion. Es entsteht ein Simplextableau der Originalaufgabe.

- Hinweis zu Schritt 1: In den Zeilen i, wo schon eine Variable x_k Basisvariable ist und $a_i \geq 0$ gilt, brauchen keine künstlichen Variablen eingeführt zu werden. In diesem Fall sind δ_k bzw. $\tilde{\delta}_k$ durch $\sum(-a_{ik})$ und δ_0 durch $\sum(-a_i)$ bzw. $\tilde{\delta}_0$ durch $\sum a_i$ (Summierung nur über die Zeilen i, in denen künstliche Variablen stehen) zu ersetzen.

- Hinweis zu Schritt 3: Die $\boldsymbol{y}_N$-Spalten können sofort gestrichen werden.

- Die Kombination aus *Phase 1* (Erzeugung eines ersten Simplextableaus) und *Phase 2* (Simplexverfahren) wird meist als *Zweiphasenmethode* bezeichnet.

Dualität

Grundversion einer linearen Optimierungsaufgabe

primale Aufgabe		duale Aufgabe
$z(\boldsymbol{x}) = \boldsymbol{c}^\top \boldsymbol{x} \to \max$ $\boldsymbol{A}\boldsymbol{x} \le \boldsymbol{a}$ $\boldsymbol{x} \ge \boldsymbol{0}$	$\Longleftrightarrow$	$w(\boldsymbol{u}) = \boldsymbol{a}^\top \boldsymbol{u} \to \min$ $\boldsymbol{A}^\top \boldsymbol{u} \ge \boldsymbol{c}$ $\boldsymbol{u} \ge \boldsymbol{0}$

Erweiterte Version einer linearen Optimierungsaufgabe

primale Aufgabe		duale Aufgabe
$z(\boldsymbol{x},\boldsymbol{y}) = \boldsymbol{c}^\top \boldsymbol{x} + \boldsymbol{d}^\top \boldsymbol{y} \to \max$ $\boldsymbol{A}\boldsymbol{x} + \boldsymbol{B}\boldsymbol{y} \le \boldsymbol{a}$ $\boldsymbol{C}\boldsymbol{x} + \boldsymbol{D}\boldsymbol{y} = \boldsymbol{b}$ $\boldsymbol{x} \ge \boldsymbol{0},\ \boldsymbol{y}$ frei	$\Longleftrightarrow$	$w(\boldsymbol{u},\boldsymbol{v}) = \boldsymbol{a}^\top \boldsymbol{u} + \boldsymbol{b}^\top \boldsymbol{v} \to \min$ $\boldsymbol{A}^\top \boldsymbol{u} + \boldsymbol{C}^\top \boldsymbol{v} \ge \boldsymbol{c}$ $\boldsymbol{B}^\top \boldsymbol{u} + \boldsymbol{D}^\top \boldsymbol{v} = \boldsymbol{d}$ $\boldsymbol{u} \ge \boldsymbol{0},\ \boldsymbol{v}$ frei

primale Aufgabe **duale Aufgabe**

Eigenschaften

- Die duale Aufgabe der dualen Aufgabe ist die primale Aufgabe.
- *Schwacher Dualitätssatz.* Sind die Vektoren $\boldsymbol{x}$ bzw. $(\boldsymbol{x},\boldsymbol{y})^\top$ primal zulässig und $\boldsymbol{u}$ bzw. $(\boldsymbol{u},\boldsymbol{v})^\top$ dual zulässig, so gilt $z(\boldsymbol{x}) \le w(\boldsymbol{u})$ bzw. $z(\boldsymbol{x},\boldsymbol{y}) \le w(\boldsymbol{u},\boldsymbol{v})$.
- *Starker Dualitätssatz.* Sind die Vektoren $\boldsymbol{x}^*$ bzw. $(\boldsymbol{x}^*,\boldsymbol{y}^*)^\top$ primal zulässig und $\boldsymbol{u}^*$ bzw. $(\boldsymbol{u}^*,\boldsymbol{v}^*)^\top$ dual zulässig und gilt $z(\boldsymbol{x}^*) = w(\boldsymbol{u}^*)$ bzw. $z(\boldsymbol{x}^*,\boldsymbol{y}^*) = w(\boldsymbol{u}^*,\boldsymbol{v}^*)$, so ist $\boldsymbol{x}^*$ bzw. $(\boldsymbol{x}^*,\boldsymbol{y}^*)^\top$ Optimallösung der primalen Aufgabe und $\boldsymbol{u}^*$ bzw. $(\boldsymbol{u}^*,\boldsymbol{v}^*)^\top$ Optimallösung der dualen Aufgabe.
- Eine primal zulässige Lösung $\boldsymbol{x}^*$ bzw. $(\boldsymbol{x}^*,\boldsymbol{y}^*)^\top$ ist genau dann Optimallösung der primalen Aufgabe, wenn eine dual zulässige Lösung $\boldsymbol{u}^*$ bzw. $(\boldsymbol{u}^*,\boldsymbol{v}^*)^\top$ existiert, für die $z(\boldsymbol{x}^*) = w(\boldsymbol{u}^*)$ bzw. $z(\boldsymbol{x}^*,\boldsymbol{y}^*) = w(\boldsymbol{u}^*,\boldsymbol{v}^*)$ gilt.
- Besitzen sowohl die primale als auch die duale Aufgabe zulässige Lösungen, so haben beide Aufgaben Optimallösungen, und es gilt $z^* = w^*$.
- Hat die primale (duale) Aufgabe zulässige Lösungen und ist die duale (primale) Aufgabe unlösbar, weil sie keine zulässigen Lösungen hat, so ist die primale (duale) Aufgabe unlösbar wegen $z \to +\infty$ (bzw. $w \to -\infty$).
- *Komplementaritätssatz* (für die Grundversion). Eine primal zulässige Lösung $\boldsymbol{x}^*$ ist genau dann Optimallösung der primalen Aufgabe, wenn eine dual zulässige Lösung $\boldsymbol{u}^*$ existiert, so dass für alle Komponenten der Vektoren $\boldsymbol{x}^*$, $\boldsymbol{A}\boldsymbol{x}^* - \boldsymbol{a}$, $\boldsymbol{u}^*$ und $\boldsymbol{A}^\top\boldsymbol{u}^* - \boldsymbol{c}$ die folgenden *Komplementaritätsbedingungen* gelten:

$$x_i^* = 0, \quad \text{wenn} \quad (\boldsymbol{A}^\top\boldsymbol{u}^* - \boldsymbol{c})_i > 0 \qquad (\boldsymbol{A}\boldsymbol{x}^* - \boldsymbol{a})_i = 0, \quad \text{wenn} \quad u_i^* > 0$$
$$u_i^* = 0, \quad \text{wenn} \quad (\boldsymbol{A}\boldsymbol{x}^* - \boldsymbol{a})_i > 0 \qquad (\boldsymbol{A}^\top\boldsymbol{u}^* - \boldsymbol{c})_i = 0, \quad \text{wenn} \quad x_i^* > 0$$

Schattenpreise

Ist die primale Aufgabe (Grundversion) das Modell einer Produktionsplanung mit Gewinnvektor $\boldsymbol{c}$ und Ressourcenbeschränkung $\boldsymbol{a}$ und ist $\boldsymbol{u}^* = (u_1^*, \ldots, u_m^*)^\top$ die Optimallösung der zugehörigen dualen Aufgabe, so gilt unter gewissen Voraussetzungen: Die Erhöhung der Ressourcenbeschränkung a_i um eine Einheit bewirkt eine Vergrößerung des maximalen Gewinns um u_i Einheiten (*Schattenpreise, Zeilenbewertungen*).

Transportoptimierung

Problemstellung

Aus m Lagern A_i mit Vorräten $a_i \geq 0$, $i = 1, \ldots, m$, sind n Verbraucher B_j mit Bedarf $b_j \geq 0$, $j = 1, \ldots, n$, zu beliefern. Bei bekannten, bezüglich der Liefermengen linearen Transportkosten mit Preiskoeffizienten c_{ij} sind die Gesamttransportkosten zu minimieren.

Mathematisches Modell (Transportproblem)

$$
\begin{aligned}
z = \sum_{i=1}^{m} \sum_{j=1}^{n} c_{ij} x_{ij} &\to \min; \\
\sum_{j=1}^{n} x_{ij} &= a_i, \quad i = 1, \ldots, m \\
\sum_{i=1}^{m} x_{ij} &= b_j, \quad j = 1, \ldots, n \\
x_{ij} &\geq 0 \quad \forall\, i, j
\end{aligned}
$$

- Die (m, n)-Matrix $\boldsymbol{X} = (x_{ij})$ der von A_i nach B_j beförderten Warenmengen wird *zulässige Lösung (Transportplan)* genannt, wenn sie den Nebenbedingungen genügt.
- Das Transportproblem ist genau dann lösbar, wenn gilt:

$$\sum_{i=1}^{m} a_i = \sum_{j=1}^{n} b_j$$

Sättigungsbedingung

- Eine geordnete Menge $\{(i_k, j_k)\}_{k=1}^{2l}$ von Doppelindizes heißt *Zyklus*, wenn

$$
\begin{aligned}
i_{k+1} &= i_k \quad \text{für} \quad k = 1, 3, \ldots, 2l-1, \\
j_{k+1} &= j_k \quad \text{für} \quad k = 2, 4, \ldots, 2l-2, \qquad j_{2l} = j_1.
\end{aligned}
$$

- Kann die Indexmenge $J_+(\boldsymbol{X}) = \{(i,j) \mid x_{ij} > 0\}$ durch Hinzunahme weiterer Doppelindizes zu einer Menge $J_S(\boldsymbol{X})$ erweitert werden, die keinen Zyklus enthält und genau $m + n - 1$ Elemente besitzt, so nennt man die zulässige Lösung $\boldsymbol{X}$ *Basislösung*.

Transportalgorithmus

Voraussetzung: Basislösung $\boldsymbol{X}$

1. Bestimme Zahlen u_i, $i = 1, \ldots, m$, und v_j, $j = 1, \ldots, n$, mit der Eigenschaft $u_i + v_j = c_{ij} \ \forall (i,j) \in J_S(\boldsymbol{X})$. Gilt $w_{ij} := c_{ij} - u_i - v_j \geq 0$ für $i = 1, \ldots, m$ und $j = 1, \ldots, n$, so ist $\boldsymbol{X}$ optimal.

2. Wähle (p, q) mit $w_{pq} < 0$ und ermittle, ausgehend von $(i_1, j_1) := (p, q)$, einen Zyklus Z in der Menge $J_S(\boldsymbol{X}) \cup \{(p, q)\}$.

3. Bestimme eine neue Lösung $\boldsymbol{X}$ durch $x_{ij} := x_{ij} + (-1)^{k+1} x_{rs}$ für $(i, j) \in Z$, wobei $x_{rs} := \min\{x_{i_k j_k} \mid (i_k, j_k) \in Z, k = 2, 4, \ldots, 2l\}$. Die neue Lösung $\boldsymbol{X}$ ist eine Basislösung mit der Doppelindexmenge $J_S(\boldsymbol{X}) := J_S(\boldsymbol{X}) \cup \{(p, q)\} \setminus \{(r, s)\}$. Gehe zu Schritt 1.

Tabellendarstellung des Transportalgorithmus

Die Iterationen des Transportalgorithmus können in der folgenden Tabellenform dargestellt werden, indem nur die Variablen $x_{ij} \in \boldsymbol{X}$ (eingerahmt) mit $(i, j) \in J_S(\boldsymbol{X})$ und nur die Variablen w_{ij} mit $(i, j) \notin J_S(\boldsymbol{X})$ in die Tabelle aufgenommen werden. Die restlichen Variablen x_{ij}, $(i, j) \notin J_S(\boldsymbol{X})$, und w_{ij}, $(i, j) \in J_S(\boldsymbol{X})$, die nicht in der Tabelle auftreten, sind automatisch gleich null. Der Zyklus im betrachteten Beispiel wurde durch ein Rechteck hervorgehoben.

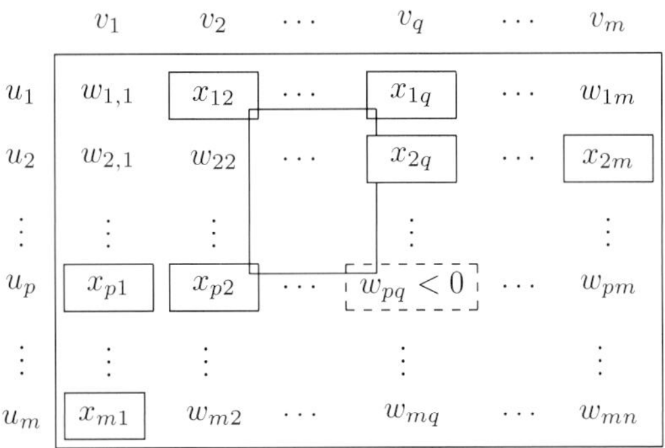

Ein Zyklus mit vier Elementen

Die Werte von u_i, v_j, w_{ij} können berechnet werden, indem man mit $u_1 = 0$ startet und den eingerahmten Elementen folgt (vgl. obige Tabelle):
$v_2 = c_{12}$ (wegen $w_{12} = 0$), $v_q = c_{1q}$ (wegen $w_{1q} = 0$), $u_2 = c_{2q} - v_q$ (wegen $w_{2q} = 0$), $v_m = c_{2m} - u_2$ (wegen $w_{2m} = 0$), $u_p = \ldots$, $v_1 = \ldots$, $u_m = \ldots$ etc.

Angenommen, es ist $w_{pq} < 0$ (s. Tabelle auf S. 155) und $x_{p2} \le x_{1q}$ (so dass in diesem Beispiel $x_{rs} = x_{p2}$ gilt). Dann wird die nächste Tabelle wie folgt berechnet:

$$
\begin{array}{c|cccccc|}
 & \bar{v}_1 & \bar{v}_2 & \cdots & \bar{v}_q & \cdots & \bar{v}_m \\
\hline
\bar{u}_1 & \bar{w}_{1,1} & \boxed{\bar{x}_{12}} & \cdots & \boxed{\bar{x}_{1q}} & \cdots & \bar{w}_{1m} \\
\bar{u}_2 & \bar{w}_{2,1} & \bar{w}_{22} & \cdots & \boxed{x_{2q}} & \cdots & \boxed{x_{2m}} \\
\vdots & \vdots & \vdots & & \vdots & & \vdots \\
\bar{u}_p & \boxed{x_{p1}} & \bar{w}_{p2} & \cdots & \boxed{\bar{x}_{pq}} & \cdots & \bar{w}_{pm} \\
\vdots & \vdots & \vdots & & \vdots & & \vdots \\
\bar{u}_m & \boxed{x_{m1}} & \bar{w}_{m2} & \cdots & \bar{w}_{mq} & \cdots & \bar{w}_{mn} \\
\hline
\end{array}
$$

Die neuen Werte lauten $\bar{x}_{p2} = 0$, $\bar{x}_{pq} = x_{p2}$, $\bar{x}_{12} = x_{12} + x_{p2}$, $\bar{x}_{1q} = x_{1q} - x_{p2}$. Nicht am Zyklus beteiligte Werte bleiben unverändert. Die Größen $\bar{u}_i, \bar{v}_j, \bar{w}_{ij}$ können wieder wie oben berechnet werden, indem mit $\bar{u}_1 = 0$ begonnen wird.

Regeln zum Finden einer Anfangsbasislösung

Nord-West-Ecken-Regel

Ordne der Nord-West-Ecke die maximal mögliche Menge des Transportgutes zu. Streiche das entstehende leere Lager oder den Verbraucher, dessen Bedarf befriedigt ist und wiederhole den Schritt. Nur im letzten Iterationsschritt werden sowohl das Lager als auch der Verbraucher gestrichen.

Regel der minimalen Kosten

Besetze den billigsten Transportweg mit der maximal möglichen Warenmenge. Streiche das geleerte Lager oder den gesättigten Verbraucher und wiederhole das Vorgehen. Nur im letzten Iterationsschritt werden sowohl das Lager als auch der Verbraucher gestrichen.

Vogel'sches Approximationsverfahren

Berechne für jede Zeile und Spalte die Differenz zwischen dem zweitkleinsten und dem kleinsten Kostenkoeffizienten. In derjenigen Zeile oder Spalte, in der die größte Differenz steht (bei mehreren: eine beliebige davon oder die Zeile oder Spalte mit dem kleinsten minimalen Kostenkoeffizienten) wird der billigste Transportweg mit der maximal möglichen Warenmenge besetzt. Streiche das geleerte Lager oder den gesättigten Verbraucher und wiederhole das Vorgehen, wobei vorher die Differenzen neu berechnet werden. Nur im letzten Iterationsschritt werden sowohl das Lager als auch der Verbraucher gestrichen.

Deskriptive Statistik

Grundbegriffe

Grundlage einer statistischen Auswertung ist eine Menge (*statistische Masse*) von Objekten (*statistische Einheit*), an denen ein (im univariaten Fall) oder mehrere (im multivariaten Fall) *Merkmale* geprüft werden. Die Ergebnisse, die bei der Beobachtung eines Merkmals auftreten können, heißen *Merkmalswerte*. Ein Merkmal heißt *diskret*, falls es endlich oder abzählbar viele Merkmalswerte besitzt. Es heißt *stetig*, wenn alle Werte aus einem Intervall als Merkmalswerte in Frage kommen. Die konkret beobachteten Merkmalswerte $x_1, \ldots, x_n$ heißen *Stichprobenwerte* und $(x_1, \ldots, x_n)$ eine *Stichprobe vom Umfang n*. Ordnet man die Stichprobenwerte, ergibt sich die *Variationsreihe* $x_{(1)} \le x_{(2)} \le \ldots \le x_{(n)}$ mit $x_{\min} = x_{(1)}$, $x_{\max} = x_{(n)}$.

Univariate Datenanalyse

Diskretes Merkmal

Gegeben: k Merkmalswerte $a_1, \ldots, a_k$ mit $a_1 < \ldots < a_k$ sowie eine Stichprobe $(x_1, \ldots, x_n)$ vom Umfang n

$H_n(a_j)$	–	absolute Häufigkeit von a_j; Anzahl der Stichprobenwerte mit Merkmalswert a_j, $j = 1, \ldots, k$
$h_n(a_j) = \frac{1}{n} H_n(a_j)$	–	relative Häufigkeit von a_j; $0 \le h_n(a_j) \le 1,\ j = 1, \ldots, k,\ \sum\limits_{j=1}^{k} h_n(a_j) = 1$
$\sum\limits_{i=1}^{j} H_n(a_i)$	–	absolute Summenhäufigkeit, $j = 1, \ldots, k$
$\sum\limits_{i=1}^{j} h_n(a_i)$	–	relative Summenhäufigkeit, $j = 1, \ldots, k$
$F_n(x) = \sum\limits_{j: a_j \le x} h_n(a_j)$	–	empirische Verteilungsfunktion $(-\infty < x < \infty)$

Stetiges Merkmal

Gegeben: Stichprobe $(x_1, \ldots, x_n)$ vom Umfang n sowie eine Klasseneinteilung $K_j = [x_{j,u}; x_{j,o}),\ j = 1, \ldots, m$

$x_{j,u}$	–	untere Klassengrenze der j-ten Klasse
$x_{j,o}$	–	obere Klassengrenze der j-ten Klasse
$u_j = \frac{1}{2}(x_{j,u} + x_{j,o})$	–	Klassenmitte der j-ten Klasse
H_j	–	j-te absolute Klassenhäufigkeit; Anzahl der Stichprobenwerte, die zu K_j gehören
$h_j = \frac{1}{n} H_j$	–	j-te relative Klassenhäufigkeit
$F_n(x) = \sum\limits_{j: x_{j,o} \le x} h_j$	–	empirische Verteilungsfunktion $(-\infty < x < \infty)$

Statistische Parameter

Mittelwerte

$\overline{x}_n = \frac{1}{n} \sum\limits_{i=1}^{n} x_i$	– arithmetisches Mittel (Mittelwert) für nicht klassierte Daten
$\overline{x}_{(n)} = \frac{1}{n} \sum\limits_{j=1}^{m} u_j H_j$	– arithmetisches Mittel für klassierte Daten
$\tilde{x}_{(n)} = \begin{cases} x_{(\frac{n+1}{2})}, & n \text{ ungerade} \\ \frac{1}{2}[x_{(\frac{n}{2})} + x_{(\frac{n}{2}+1)}], & n \text{ gerade} \end{cases}$	– empirischer Median
$\dot{x} = \sqrt[n]{x_1 \cdot x_2 \cdot \ldots \cdot x_n} \quad (x_j > 0)$	– geometrisches Mittel

Streuungsmaße

$R = x_{\max} - x_{\min}$	– Spannweite
$s^2 = \frac{1}{n-1} \sum\limits_{i=1}^{n} (x_i - \overline{x}_n)^2$	– empirische Varianz für nicht klassierte Daten
$s^2 = \frac{1}{n-1} \sum\limits_{j=1}^{m} (u_j - \overline{x}_{(n)})^2 H_j$	– empirische Varianz für klassierte Daten
$s = \sqrt{s^2}$	– empirische Standardabweichung
$s_*^2 = s^2 - \frac{b^2}{12}$	– Sheppard'sche Korrektur (für konstante Klassenbreite b)
$\nu = \dfrac{s}{\overline{x}_n}$	– Variationskoeffizient $(\overline{x}_n \neq 0)$
$\tilde{d} = \frac{1}{n} \sum\limits_{i=1}^{n} \lvert x_i - \tilde{x}_{(n)} \rvert$	– mittlere absolute Abweichung vom Median $\tilde{x}_{(n)}$
$\bar{d} = \frac{1}{n} \sum\limits_{i=1}^{n} \lvert x_i - \overline{x}_n \rvert$	– mittlere absolute Abweichung vom Mittelwert $\overline{x}_n$

q-Quantile

$$\tilde{x}_q = \begin{cases} \frac{1}{2}[x_{(nq)} + x_{(nq+1)}], & nq \in \mathbb{N} \\ x_{(\lfloor nq \rfloor + 1)} & \text{sonst} \end{cases}$$

– q-Quantil $(0 < q < 1)$

Speziell:

$\tilde{x}_{0.5} = \tilde{x}_{(n)}$; $\tilde{x}_{0.25}$ – unteres Quartil; $\tilde{x}_{0.75}$ – oberes Quartil

Empirische Schiefe

$$g_1 = \frac{\frac{1}{n}\sum_{i=1}^{n}(x_i - \overline{x}_n)^3}{\sqrt{\left(\frac{1}{n}\sum_{i=1}^{n}(x_i - \overline{x}_n)^2\right)^3}} \qquad g_1 = \frac{\frac{1}{n}\sum_{j=1}^{m}(u_j - \overline{x}_{(n)})^3 H_j}{\sqrt{\left(\frac{1}{n}\sum_{j=1}^{m}(u_j - \overline{x}_{(n)})^2 H_j\right)^3}}$$

(nicht klassierte Daten) (klassierte Daten)

Empirische Wölbung

$$g_2 = \frac{\frac{1}{n}\sum_{i=1}^{n}(x_i - \overline{x}_n)^4}{\left(\frac{1}{n}\sum_{i=1}^{n}(x_i - \overline{x}_n)^2\right)^2} - 3 \qquad g_2 = \frac{\frac{1}{n}\sum_{j=1}^{m}(u_j - \overline{x}_{(n)})^4 H_j}{\left(\frac{1}{n}\sum_{j=1}^{m}(u_j - \overline{x}_{(n)})^2 H_j\right)^2} - 3$$

(nicht klassierte Daten) (klassierte Daten)

Momente der Ordnung r (für nicht klassierte Daten)

$$\hat{m}_r = \frac{1}{n}\sum_{i=1}^{n} x_i^r$$ – empirisches Anfangsmoment

$$\hat{\mu}_r = \frac{1}{n}\sum_{i=1}^{n}(x_i - \overline{x}_n)^r$$ – empirisches zentrales Moment

- Hierbei gilt $\hat{m}_1 = \overline{x}_n$, $\hat{\mu}_2 = \dfrac{n-1}{n}s^2$.

Bivariate Datenanalyse

Gegeben: Stichprobe $(x_1, y_1), \ldots, (x_n, y_n)$ bezüglich zweier Merkmale x und y

Empirische Werte

$$\overline{x}_n = \frac{1}{n}\sum_{i=1}^{n} x_i$$ – Mittelwert bezüglich Merkmal x

$$\overline{y}_n = \frac{1}{n}\sum_{i=1}^{n} y_i$$ – Mittelwert bezüglich Merkmal y

Empirische Werte (Fortsetzung)

$$s_x^2 = \frac{1}{n-1}\sum_{i=1}^{n}(x_i-\overline{x}_n)^2 = \frac{1}{n-1}\left(\sum_{i=1}^{n}x_i^2-n\overline{x}_n^2\right)$$ – empirische Varianz bzgl. Merkmal x

$$s_y^2 = \frac{1}{n-1}\sum_{i=1}^{n}(y_i-\overline{y}_n)^2 = \frac{1}{n-1}\left(\sum_{i=1}^{n}y_i^2-n\overline{y}_n^2\right)$$ – empirische Varianz bzgl. Merkmal y

$$s_{xy} = \frac{1}{n-1}\sum_{i=1}^{n}(x_i-\overline{x}_n)(y_i-\overline{y}_n) = \frac{1}{n-1}\left(\sum_{i=1}^{n}x_iy_i-n\overline{x}_n\overline{y}_n\right)$$ – empirische Kovarianz

$$r_{xy} = \frac{s_{xy}}{\sqrt{s_x^2\cdot s_y^2}} \qquad (-1\le r_{xy}\le 1)$$ – empirischer Korrelationskoeffizient

$$B_{xy} = r_{xy}^2$$ – empirisches Bestimmtheitsmaß

Lineare Regression

Die der Bedingung $\sum\limits_{i=1}^{n}[y_i-(\hat{a}+\hat{b}x_i)]^2 = \min\limits_{a,b}\sum\limits_{i=1}^{n}[y_i-(a+bx_i)]^2$ genügenden Koeffizienten $\hat{a}$ und $\hat{b}$ heißen *empirische* (lineare) *Regressionskoeffizienten.*

$y = \hat{a}+\hat{b}x$ – empirische Regressionsgerade (lineare Regressionsfunktion)

$$\hat{a} = \overline{y}_n - \hat{b}\overline{x}_n, \qquad \hat{b} = \frac{s_{xy}}{s_x^2} = r_{xy}\sqrt{\frac{s_y^2}{s_x^2}}$$

$$\hat{s}^2 = \frac{1}{n-2}\sum_{i=1}^{n}\left[y_i-(\hat{a}+\hat{b}x_i)\right]^2 = \frac{n-1}{n-2}\cdot s_y^2\left(1-r_{xy}^2\right)$$

– empirische Restvarianz

Quadratische Regression

Die der Bedingung $\sum_{i=1}^{n}(y_i-(\hat{a}+\hat{b}x_i+\hat{c}x_i^2))^2 = \min_{a,b,c} \sum_{i=1}^{n}(y_i-(a+bx_i+cx_i^2))^2$ genügenden Koeffizienten $\hat{a}$, $\hat{b}$ und $\hat{c}$ heißen *empirische* (quadratische) *Regressionskoeffizienten*. Sie sind die Lösung des folgenden Gleichungssystems:

$$\begin{array}{lllllll}
\hat{a}\cdot n & + & \hat{b}\sum_{i=1}^{n} x_i & + & \hat{c}\sum_{i=1}^{n} x_i^2 & = & \sum_{i=1}^{n} y_i \\
\hat{a}\sum_{i=1}^{n} x_i & + & \hat{b}\sum_{i=1}^{n} x_i^2 & + & \hat{c}\sum_{i=1}^{n} x_i^3 & = & \sum_{i=1}^{n} x_i y_i \\
\hat{a}\sum_{i=1}^{n} x_i^2 & + & \hat{b}\sum_{i=1}^{n} x_i^3 & + & \hat{c}\sum_{i=1}^{n} x_i^4 & = & \sum_{i=1}^{n} x_i^2 y_i
\end{array}$$

$y = \hat{a} + \hat{b}x + \hat{c}x^2$ – empirische (quadratische) Regressionsfunktion

$\hat{s}^2 = \frac{1}{n-3}\sum_{i=1}^{n}\left[y_i - (\hat{a} + \hat{b}x_i + \hat{c}x_i^2)\right]^2$ – empirische Restvarianz

Exponentielle Regression

Die der Bedingung $\sum_{i=1}^{n}(\ln y_i - (\ln\hat{a} + \hat{b}x_i))^2 = \min_{a,b} \sum_{i=1}^{n}(\ln y_i - (\ln a + bx_i))^2$ genügenden Koeffizienten $\hat{a}$ und $\hat{b}$ heißen *empirische* (exponentielle) *Regressionskoeffizienten* (hierbei gelte $y_i > 0,\ i = 1,\ldots,n$).

$y = \hat{a}\mathrm{e}^{\hat{b}x}$ – empirische (exponentielle) Regressionsfunktion

$$\hat{a} = \mathrm{e}^{\frac{1}{n}\sum_{i=1}^{n}\ln y_i - \hat{b}\overline{x}_n}, \qquad \hat{b} = \frac{\sum_{i=1}^{n}(x_i - \overline{x}_n)(\ln y_i - \frac{1}{n}\sum_{i=1}^{n}\ln y_i)}{\sum_{i=1}^{n}(x_i - \overline{x}_n)^2}$$

Verhältniszahlen

Gegeben sei ein Warenkorb W mit n Gütern. Das Gut i habe den Preis p_i und die erfasste Menge $q_i, \quad i = 1, \ldots, n$.

Bezeichnungen

$W_i = p_i \cdot q_i$	–	Wert des Gutes i
$\sum\limits_{i=1}^{n} W_i = \sum\limits_{i=1}^{n} p_i q_i$	–	Wertvolumen des Warenkorbs W
$p_{i\tau}$ bzw. p_{it}	–	Preis des Gutes i im Basis- bzw. Berichtszeitraum (= Basis- bzw. Berichtspreis)
$q_{i\tau}$ bzw. q_{it}	–	Menge des Gutes i im Basis- bzw. Berichtszeitraum (= Basis- bzw. Berichtsmenge)

Indizes

$m_i^W = \dfrac{W_{it}}{W_{i\tau}} = \dfrac{p_{it} \cdot q_{it}}{p_{i\tau} \cdot q_{i\tau}}$	–	(dynamische) Wertmesszahl des Gutes i
$I_{\tau,t}^W = \dfrac{\sum\limits_{i=1}^{n} W_{it}}{\sum\limits_{i=1}^{n} W_{i\tau}} = \dfrac{\sum\limits_{i=1}^{n} p_{it} q_{it}}{\sum\limits_{i=1}^{n} p_{i\tau} q_{i\tau}}$	–	Wertindex des Warenkorbes W; Umsatzindex (verkaufsseitig) bzw. Verbrauchsausgabenindex (verbrauchsseitig)
$I_{\tau,t}^{\text{Paa},p} = \dfrac{\sum\limits_{i=1}^{n} p_{it} q_{it}}{\sum\limits_{i=1}^{n} p_{i\tau} q_{it}}$	–	Preisindex nach Paasche
$I_{\tau,t}^{\text{Paa},q} = \dfrac{\sum\limits_{i=1}^{n} p_{it} q_{it}}{\sum\limits_{i=1}^{n} p_{it} q_{i\tau}}$	–	Mengenindex nach Paasche
$I_{\tau,t}^{\text{Las},p} = \dfrac{\sum\limits_{i=1}^{n} p_{it} q_{i\tau}}{\sum\limits_{i=1}^{n} p_{i\tau} q_{i\tau}}$	–	Preisindex nach Laspeyres
$I_{\tau,t}^{\text{Las},q} = \dfrac{\sum\limits_{i=1}^{n} p_{i\tau} q_{it}}{\sum\limits_{i=1}^{n} p_{i\tau} q_{i\tau}}$	–	Mengenindex nach Laspeyres

• Paasche-Indizes beschreiben die durchschnittliche relative Veränderung einer Komponente (Preis bzw. Menge) unter Verwendung von Gewichtsgrößen (Mengen bzw. Preise) des Berichtszeitraumes.

• Laspeyres-Indizes beschreiben die durchschnittliche relative Veränderung einer Komponente (Preis bzw. Menge) unter Verwendung von Gewichtsgrößen (Mengen bzw. Preise) des Basiszeitraumes.

Indizes nach Drobisch

Die Güter eines Warenkorbs heißen in ihren Mengen *kommensurabel*, wenn sie mit gleichem Maß gemessen werden. Für diese Güter sind nachstehende Indizes definiert.

$I_{\tau,t}^{\mathrm{Dro},p} = \frac{\sum_{i=1}^{n} p_{it} \cdot q_{it}}{\sum_{i=1}^{n} q_{it}} \Big/ \frac{\sum_{i=1}^{n} p_{i\tau} \cdot q_{i\tau}}{\sum_{i=1}^{n} q_{i\tau}} = \frac{\overline{p}_t}{\overline{p}_\tau}$	– Preisindex nach Drobisch ($\overline{p}_\tau > 0$); er beschreibt die Entwicklung von durchschnittlichen Preisen
$I_{\tau,t}^{\mathrm{Dro,str},\tau} = \frac{\sum_{i=1}^{n} p_{i\tau} \cdot q_{it}}{\sum_{i=1}^{n} q_{it}} \Big/ \frac{\sum_{i=1}^{n} p_{i\tau} \cdot q_{i\tau}}{\sum_{i=1}^{n} q_{i\tau}}$	– basispreisbezogener Strukturindex nach Drobisch
$I_{\tau,t}^{\mathrm{Dro,str},t} = \frac{\sum_{i=1}^{n} p_{it} \cdot q_{it}}{\sum_{i=1}^{n} q_{it}} \Big/ \frac{\sum_{i=1}^{n} p_{it} \cdot q_{i\tau}}{\sum_{i=1}^{n} q_{i\tau}}$	– berichtspreisbezogener Strukturindex nach Drobisch

• Strukturindizes nach Drobisch sind Maßzahlen aus fiktiven und nominalen Durchschnittspreisen.

Bestandsanalyse

Eine statistische Masse, die in einem bestimmten Zeitraum (t_A, t_E) betrachtet wird, heißt *Bestandsmasse*. Sie heißt *geschlossen*, falls der Bestand vor t_A und nach t_E gleich null ist, sonst *offen*. Eine statistische Masse, die nur zu bestimmten Zeitpunkten auftritt, heißt *Bewegungsmasse* (z. B. Zugangsmasse, Abgangsmasse).

Bezeichnungen

B_j	– Bestand(smasse) (in ME) zum Zeitpunkt t_j, $t_A \leq t_j \leq t_E$
B_A, B_E	– Anfangs- bzw. Endbestand zum Zeitpunkt t_A bzw. t_E
Z_i	– Zugang(smasse) (in ME) im Zeitintervall $(t_{i-1}, t_i]$
A_i	– Abgang(smasse) (in ME) im Zeitintervall $(t_{i-1}, t_i]$

Bestandsermittlung

$B_j = B_A + Z_{(j)} - A_{(j)}$	–	Bestandsmasse zum Zeitpunkt t_j mit:
$Z_{(j)} = \sum_{i=1}^{j} Z_i$	–	Summe der Zugangsmassen
$A_{(j)} = \sum_{i=1}^{j} A_i$	–	Summe der Abgangsmassen

Mittlere Bestände

$$\overline{Z} = \frac{1}{m}\sum_{i=1}^{m} Z_i$$
– durchschnittliche Zugangsrate (bzgl. m Zeitintervallen)

$$\overline{A} = \frac{1}{m}\sum_{i=1}^{m} A_i$$
– durchschnittliche Abgangsrate (bzgl. m Zeitintervallen)

$$\overline{B} = \frac{1}{t_m - t_0}\sum_{j=1}^{m} B_{j-1}(t_j - t_{j-1})$$
– Durchschnittsbestand für m Zeitintervalle (falls Erfassung des Bestandes zu allen Zeitpunkten von Veränderungen möglich)

$$\overline{B} = \frac{1}{t_m - t_0}\left(\frac{B_0(t_1 - t_0)}{2} + \sum_{j=1}^{m-1}\frac{B_j \cdot (t_{j+1} - t_{j-1})}{2} + \frac{B_m(t_m - t_{m-1})}{2}\right)$$
– Durchschnittsbestand für m Zeitintervalle (falls Erfassung von B_j zu **allen** Zeitpunkten t_j) möglich

Im Falle $t_j - t_{j-1} =$ const $\forall j$ gilt:

$$\overline{B} = \frac{1}{m}\sum_{j=0}^{m-1} B_j \quad \text{bzw.} \quad \overline{B} = \frac{1}{m}\left(\frac{B_0}{2} + \sum_{j=1}^{m-1} B_j + \frac{B_m}{2}\right)$$

Mittlere Verweildauer

$$\overline{\nu} = \frac{\overline{B}(t_m - t_0)}{A_{(m)}} = \frac{\overline{B}(t_m - t_0)}{Z_{(m)}}$$
– geschlossene Bestandsmasse

$$\overline{\nu} = \frac{2\overline{B}(t_m - t_0)}{A_{(m)} + Z_{(m)}} \quad \text{bzw.} \quad \overline{\nu} = \frac{2\overline{B}(t_m - t_0)}{A_{(m-1)} + Z_{(m-1)}}$$
– offene Bestandsmasse

Die zweite Formel gilt, wenn Zu- und Abgang genau zum Zeitpunkt t_m erfolgen.

Zeitreihenanalyse

Unter einer Zeitreihe $y_t = y(t)$, $t = t_1, t_2, \ldots$, versteht man eine zeitlich geordnete Folge der Werte eines quantitativ erfassbaren Merkmals.

Additives bzw. multiplikatives Modell

$$y(t) = T(t) + Z(t) + S(t) + R(t) \quad \text{bzw.} \quad y(t) = T(t) \cdot Z(t) \cdot S(t) \cdot R(t)$$

$T(t)$	– Trendkomponente	$Z(t)$	– zyklische Komponente
$S(t)$	– Saisonkomponente	$R(t)$	– zufällige Komponente

Trendverläufe

$T(t) = a + bt$	–	linearer Trend
$T(t) = a + bt + ct^2$	–	quadratischer Trend
$T(t) = a \cdot b^t$	–	exponentieller Trend

• Der exponentielle Trend $T(t) = a \cdot b^t$ kann auf den linearen Fall $T^*(t) = a^* + b^*t$ durch Anwendung der Transformationen

$$T^*(t) = \ln T(t),$$
$$a^* = \ln a,$$
$$b^* = \ln b$$

zurückgeführt werden.

Methode der kleinsten Quadrate

Diese Methode dient zur Schätzung des linearen Trends $T(t) = a + bt$ bzw. des quadratischen Trends $T(t) = a + bt + ct^2$ (► S. 129).

Methoden der gleitenden Mittel

Diese Methoden (auch *moving averages* genannt) dienen zur Schätzung der Trendkomponente anhand von n Beobachtungswerten $y_1, \ldots, y_n$.

m ungerade

$$\begin{aligned}
\hat{T}_{\frac{m+1}{2}} &= \tfrac{1}{m}(y_1 + y_2 + \ldots + y_m) \\
\hat{T}_{\frac{m+3}{2}} &= \tfrac{1}{m}(y_2 + y_3 + \ldots + y_{m+1}) \\
&\;\vdots \\
\hat{T}_{n-\frac{m-1}{2}} &= \tfrac{1}{m}(y_{n-m+1} + \ldots + y_n)
\end{aligned}$$

m gerade

$$\begin{aligned}
\hat{T}_{\frac{m}{2}+1} &= \tfrac{1}{m}(\tfrac{1}{2}y_1 + y_2 + \ldots + y_m + \tfrac{1}{2}y_{m+1}) \\
\hat{T}_{\frac{m}{2}+2} &= \tfrac{1}{m}(\tfrac{1}{2}y_2 + y_3 + \ldots + y_{m+1} + \tfrac{1}{2}y_{m+2}) \\
&\vdots \\
\hat{T}_{n-\frac{m}{2}} &= \tfrac{1}{m}(\tfrac{1}{2}y_{n-m} + \ldots + y_{n-1} + \tfrac{1}{2}y_n)
\end{aligned}$$

Saisonbereinigung

Für trendbereinigte Zeitreihen (ohne zyklische Komponente) mit vorgegebener Periode p und k Beobachtungen pro Periode ist

$$y_{ij}^* = s_j + r_{ij} \qquad (i = 1, \ldots, k;\ j = 1, \ldots, p)$$

ein additives Zeitreihenmodell mit den Saisonkomponenten s_j, deren Schätzungen mit $\hat{s}_j$ bezeichnet werden.

$\overline{y}_{\cdot j}^* = \frac{1}{k}\sum_{i=1}^{k} y_{ij}^*,\quad j = 1, \ldots, p$	–	Periodendurchschnitt
$\overline{\overline{y}}^* = \frac{1}{p}\sum_{j=1}^{p} \overline{y}_{\cdot j}^*$	–	Gesamtdurchschnitt
$\hat{s}_j = y_{\cdot j}^* - \overline{\overline{y}}^*$	–	Saisonindizes
$y_{11}^* - \hat{s}_1,\quad y_{12}^* - \hat{s}_2,\quad \ldots,\quad y_{1p}^* - \hat{s}_p$ $\cdots\cdots\cdots\cdots$ $y_{k1}^* - \hat{s}_1,\quad y_{k2}^* - \hat{s}_2,\quad \ldots,\quad y_{kp}^* - \hat{s}_p$	–	saisonbereinigte Zeitreihe

Exponentielle Glättung

Für eine Zeitreihe $y_1, \ldots, y_t$ (im Allgemeinen ohne Trend) ergibt sich der Prognosewert $\hat{y}_{t+1} = \alpha y_t + \alpha(1-\alpha)y_{t-1} + \alpha(1-\alpha)^2 y_{t-2} + \ldots$ für den Zeitpunkt $t+1$ rekursiv durch $\hat{y}_{t+1} = \alpha y_t + (1-\alpha)\hat{y}_t$ mit $\hat{y}_1 = y_1$ und einem *Glättungsfaktor* α $(0 < \alpha < 1)$.

Auswirkung des Glättungsfaktors α	α groß	α klein
Berücksichtigung „älterer" Werte	gering	stark
Berücksichtigung „neuerer" Werte	stark	gering
Glättung der Zeitreihe	gering	stark

Wahrscheinlichkeitsrechnung

Zufällige Ereignisse und ihre Wahrscheinlichkeiten

Ein *zufälliger Versuch* ist ein Versuch (Beobachtung, Experiment), dessen Ausgang im Rahmen bestimmter Möglichkeiten ungewiss ist und der sich unter Einhaltung der den Versuch kennzeichnenden äußeren Bedingungen – zumindest gedanklich – beliebig oft wiederholen lässt.

Die Menge Ω der möglichen Versuchsergebnisse ω heißt *Stichprobenraum* (Ereignisraum, Grundraum). Ein *zufälliges Ereignis* A wird als eine Teilmenge von Ω betrachtet („A tritt ein“ $\Longleftrightarrow$ Versuchsergebnis $\omega \in A$), Ω als *sicheres* Ereignis.

Grundbegriffe

$\{\omega\}, \omega \in \Omega$	–	Elementarereignisse
Ω	–	sicheres Ereignis = Ereignis, das stets eintritt
$\emptyset$	–	unmögliches Ereignis = Ereignis, das nie eintritt
$A \subseteq B$	–	Ereignis A hat Ereignis B zur Folge
$A = B \Longleftrightarrow A \subseteq B \wedge B \subseteq A$	–	Identität zweier Ereignisse
$A \cup B$	–	Ereignis, das eintritt, wenn A oder B (oder beide) eintreten (Vereinigung)
$A \cap B$	–	Ereignis, das eintritt, wenn A und B gleichzeitig eintreten (Durchschnitt)
$A \setminus B$	–	Ereignis, das eintritt, wenn A, aber nicht B eintritt (Differenz)
$\overline{A} := \Omega \setminus A$	–	Ereignis, das eintritt, wenn A nicht eintritt (zu A komplementäres Ereignis)
$A \cap B = \emptyset$	–	A und B sind disjunkt (ausschließend, unvereinbar)

Eigenschaften von Ereignissen

$A \cup \Omega = \Omega$	$A \cap \Omega = A$
$A \cup \emptyset = A$	$A \cap \emptyset = \emptyset$
$A \cup (B \cup C) = (A \cup B) \cup C$	$A \cap (B \cap C) = (A \cap B) \cap C$
$A \cup B = B \cup A$	$A \cap B = B \cap A$
$\overline{A \cup B} = \overline{A} \cap \overline{B}$	$\overline{A \cap B} = \overline{A} \cup \overline{B}$
$A \cup \overline{A} = \Omega$	$A \cap \overline{A} = \emptyset$
$A \subseteq A \cup B$	$A \cap B \subseteq A$
$A \cap (B \cup C) = (A \cap B) \cup (A \cap C)$	$A \cup (B \cap C) = (A \cup B) \cap (A \cup C)$

Ereignisfeld

$\bigcup\limits_{n=1}^{\infty} A_n$	– ist das Ereignis, dass mindestens eines der Ereignisse A_n eintritt
$\bigcap\limits_{n=1}^{\infty} A_n$	– ist das Ereignis, dass alle Ereignisse A_n (gleichzeitig) eintreten
$\overline{\bigcap\limits_{n=1}^{\infty} A_n} = \bigcup\limits_{n=1}^{\infty} \overline{A}_n, \quad \overline{\bigcup\limits_{n=1}^{\infty} A_n} = \bigcap\limits_{n=1}^{\infty} \overline{A}_n$	– de Morgan'sche Formeln

• Ein *Ereignisfeld* ist eine Menge $\mathfrak{E}$ von im Ergebnis eines zufälligen Versuchs eintretenden Ereignissen, die folgende Bedingungen erfüllen:

(1) $\Omega \in \mathfrak{E}, \quad \emptyset \in \mathfrak{E}$
(2) $A \in \mathfrak{E} \implies \overline{A} \in \mathfrak{E}$
(3) $A_1, A_2, \ldots \in \mathfrak{E} \implies \bigcup\limits_{n=1}^{\infty} A_n \in \mathfrak{E}$.

• Eine Teilmenge $\{A_1, A_2, \ldots, A_n\}$ des Ereignisfeldes heißt *vollständiges System* von Ereignissen, falls $\bigcup\limits_{i=1}^{n} A_i = \Omega$ und $A_i \cap A_j = \emptyset \ (i \neq j)$ gilt (d. h., falls im Ergebnis eines Versuchs stets genau eines der Ereignisse A_i eintritt).

Relative Häufigkeit

Tritt ein Ereignis $A \in \mathfrak{E}$ bei n unabhängigen Wiederholungen eines zufälligen Versuchs m-mal ein, so heißt $h_n(A) = \frac{m}{n}$ die *relative Häufigkeit* von A.

Eigenschaften der relativen Häufigkeit

$$0 \leq h_n(A) \leq 1, \qquad h_n(\Omega) = 1, \qquad h_n(\emptyset) = 0, \qquad h_n(\overline{A}) = 1 - h_n(A)$$

$$h_n(A \cup B) = h_n(A) + h_n(B) - h_n(A \cap B)$$

$$h_n(A \cup B) = h_n(A) + h_n(B) \quad \text{falls} \quad A \cap B = \emptyset$$

$$A \subseteq B \implies h_n(A) \leq h_n(B)$$

Klassische Wahrscheinlichkeit

Ist der Stichprobenraum $\Omega = \{\omega_1, \omega_2, \ldots, \omega_k\}$ endlich, so heißt für ein Ereignis A die Größe

$$\mathrm{P}(A) = \frac{\text{Anzahl aller } \omega_i \text{ mit } \omega_i \in A}{k} = \frac{\text{Anzahl der für } A \text{ günstigen Fälle}}{\text{Anzahl aller möglichen Fälle}}$$

klassische Wahrscheinlichkeit von A.

Die Elementarereignisse $\{\omega_i\}$ sind gleichwahrscheinlich (gleichmöglich), d. h. es gilt $\mathrm{P}(\{\omega_i\}) = \frac{1}{k}$, $i = 1, \ldots, k$ (*„Laplace'sches Ereignisfeld“*).

Eigenschaften der klassischen Wahrscheinlichkeit

$$0 \le \mathrm{P}(A) \le 1, \qquad \mathrm{P}(\Omega) = 1, \qquad \mathrm{P}(\emptyset) = 0, \qquad \mathrm{P}(\overline{A}) = 1 - \mathrm{P}(A)$$

$$\mathrm{P}(A \cup B) = \mathrm{P}(A) + \mathrm{P}(B) - \mathrm{P}(A \cap B), \qquad A \subseteq B \implies \mathrm{P}(A) \le \mathrm{P}(B)$$

$$\mathrm{P}(A \cup B) = \mathrm{P}(A) + \mathrm{P}(B), \quad \text{falls} \quad A \cap B = \emptyset$$

Axiomatische Definition der Wahrscheinlichkeit

Axiom 1: Jedes zufällige Ereignis $A \in \mathfrak{E}$ besitzt eine Wahrscheinlichkeit $\mathrm{P}(A)$ mit $0 \le \mathrm{P}(A) \le 1$.

Axiom 2: Die Wahrscheinlichkeit des sicheren Ereignisses ist eins: $\mathrm{P}(\Omega)=1$.

Axiom 3: Die Wahrscheinlichkeit des Ereignisses, dass von zwei unvereinbaren Ereignissen $A \in \mathfrak{E}$ und $B \in \mathfrak{E}$ genau eines eintritt, ist gleich der Summe der Wahrscheinlichkeiten von A und B, d. h. $P(A \cup B) = \mathrm{P}(A) + \mathrm{P}(B)$, falls $A \cap B = \emptyset$.

Axiom 3': Die Wahrscheinlichkeit des Ereignisses, dass von den paarweise unvereinbaren Ereignissen $A_1, A_2, \ldots$ genau eines eintritt, ist gleich der Summe der Wahrscheinlichkeiten von A_i, $i = 1, 2, \ldots$, d. h. $\mathrm{P}(\bigcup_{i=1}^{\infty} A_i) = \sum_{i=1}^{\infty} \mathrm{P}(A_i)$, falls $A_i \cap A_j = \emptyset$, $i \neq j$ (*σ-Additivität*).

Rechenregeln für Wahrscheinlichkeiten

$$\mathrm{P}(\emptyset) = 0, \qquad \mathrm{P}(A \cup B) = \mathrm{P}(A) + \mathrm{P}(B) - \mathrm{P}(A \cap B)$$

$$\mathrm{P}(\overline{A}) = 1 - \mathrm{P}(A), \qquad \mathrm{P}(A \setminus B) = \mathrm{P}(A) - \mathrm{P}(A \cap B)$$

$$A \subseteq B \implies \mathrm{P}(A) \le \mathrm{P}(B)$$

$$\mathrm{P}(A_1 \cup A_2 \cup \ldots \cup A_n) = \sum_{i=1}^{n} \mathrm{P}(A_i) - \sum_{1 \le i_1 < i_2 \le n} \mathrm{P}(A_{i_1} \cap A_{i_2})$$
$$+ \sum_{1 \le i_1 < i_2 < i_3 \le n} \mathrm{P}(A_{i_1} \cap A_{i_2} \cap A_{i_3}) - \ldots + (-1)^{n+1} \mathrm{P}(A_1 \cap A_2 \cap \ldots \cap A_n)$$

Bedingte Wahrscheinlichkeiten

Für zwei Ereignisse A und B bezeichnet $\mathrm{P}(A \,|\, B) = \dfrac{\mathrm{P}(A \cap B)}{\mathrm{P}(B)}$ die *bedingte Wahrscheinlichkeit* von A bzgl. B, wobei $\mathrm{P}(B) \neq 0$ vorausgesetzt wird.

Eigenschaften

$\mathrm{P}(A \mid B) = 1, \quad \text{falls} \quad B \subset A$ $\qquad$ $\mathrm{P}(A \mid B) = 0, \quad \text{falls} \quad A \cap B = \emptyset$

$\mathrm{P}(A \mid B) = \dfrac{\mathrm{P}(A)}{\mathrm{P}(B)}, \quad \text{falls} \quad A \subset B$ $\qquad$ $\mathrm{P}(\overline{A} \mid B) = 1 - P(A \mid B)$

$\mathrm{P}(A_1 \cup A_2 \mid B) = \mathrm{P}(A_1 \mid B) + \mathrm{P}(A_2 \mid B), \quad \text{falls } A_1 \cap A_2 = \emptyset$

Multiplikationssatz:

$\mathrm{P}(A \cap B) = \mathrm{P}(B) \cdot \mathrm{P}(A \mid B) = \mathrm{P}(A) \cdot \mathrm{P}(B \mid A)$

Allgemeiner Multiplikationssatz:

$$\mathrm{P}(A_1 \cap \ldots \cap A_n) \\ = \mathrm{P}(A_1) \cdot \mathrm{P}(A_2 \mid A_1) \cdot \mathrm{P}(A_3 \mid A_1 \cap A_2) \cdot \ldots \cdot \mathrm{P}(A_n \mid A_1 \cap \ldots \cap A_{n-1})$$

- Ist $\{A_1, \ldots, A_n\}$ ein vollständiges System von Ereignissen, so gelten die folgenden beiden Aussagen.

Formel von der totalen Wahrscheinlichkeit

$$\mathrm{P}(B) = \sum_{i=1}^{n} \mathrm{P}(A_i) \cdot \mathrm{P}(B \mid A_i)$$

Bayes'sche Formel

$$\mathrm{P}(A_j \mid B) = \frac{\mathrm{P}(A_j)\mathrm{P}(B \mid A_j)}{\sum\limits_{i=1}^{n} \mathrm{P}(A_i) \cdot \mathrm{P}(B \mid A_i)}, \qquad j = 1, \ldots, n$$

Dabei werden die Größen $\mathrm{P}(A_1), \ldots, \mathrm{P}(A_n)$ *A-priori-Wahrscheinlichkeiten* und $\mathrm{P}(A_1 \mid B), \ldots, \mathrm{P}(A_n \mid B)$ *A-posteriori-Wahrscheinlichkeiten* genannt.

Unabhängigkeit

Zwei Ereignisse A und B heißen *unabhängig*, falls $\mathrm{P}(A \cap B) = \mathrm{P}(A) \cdot \mathrm{P}(B)$ gilt (Multiplikationssatz für unabhängige Ereignisse). Als Folgerung ergibt sich:

$$\mathrm{P}(A \cap B) = \mathrm{P}(A) \cdot \mathrm{P}(B) \quad \Longleftrightarrow \quad \mathrm{P}(A \mid B) = \mathrm{P}(A) \quad \text{für} \quad \mathrm{P}(B) > 0$$

Die n Ereignisse $A_1, \ldots, A_n$ heißen *paarweise unabhängig*, falls je zwei dieser Ereignisse unabhängig sind, d. h. $\mathrm{P}(A_i \cap A_j) = \mathrm{P}(A_i) \cdot \mathrm{P}(A_j)$ für $i \neq j$, und *vollständig unabhängig*, falls für alle $k \in \{2, \ldots, n\}$ und eine beliebige Auswahl von k Ereignissen $A_{i_1}, \ldots, A_{i_k}$, $1 \leq i_1 < i_2 < \ldots < i_k \leq n$, gilt: $\mathrm{P}(A_{i_1} \cap \ldots \cap A_{i_k}) = \mathrm{P}(A_{i_1}) \cdot \ldots \cdot \mathrm{P}(A_{i_k})$.

Zufallsgrößen und ihre Verteilungen

Eine *Zufallsgröße* ist eine reellwertige auf dem Stichprobenraum Ω definierte Abbildung $X : \Omega \to \mathbb{R}$ mit der Eigenschaft, dass für alle $x \in \mathbb{R}$ gilt $\{\omega \in \Omega : X(\omega) \leq x\} \in \mathfrak{E}$, d. h., $\{X \leq x\}$ ist ein Ereignis. Die Funktion $F_X : x \to F_X(x) \in [0, 1]$ mit $F_X(x) := \mathrm{P}(X \leq x)$, $-\infty < x < \infty$, heißt *Verteilungsfunktion* (*Verteilung*) von X.

Eigenschaften der Verteilungsfunktion

$\lim\limits_{x \to -\infty} F_X(x) = 0$ $\qquad$ $\lim\limits_{x \to \infty} F_X(x) = 1$

$F_X(x_0) \leq F_X(x_1)$, falls $x_0 < x_1$ $\qquad$ (F_X ist monoton nicht fallend)

$\lim\limits_{h \downarrow 0} F_X(x + h) = F_X(x)$ $\qquad$ (F_X ist rechtsseitig stetig)

$$\mathrm{P}(X = x_0) = F_X(x_0) - \lim_{h \uparrow 0} F_X(x_0 + h)$$

$$\mathrm{P}(x_0 < X \leq x_1) = F_X(x_1) - F_X(x_0)$$

$$\mathrm{P}(x_0 \leq X < x_1) = \lim_{h \uparrow 0} F_X(x_1 + h) - \lim_{h \uparrow 0} F_X(x_0 + h)$$

$$\mathrm{P}(x_0 \leq X \leq x_1) = F_X(x_1) - \lim_{h \uparrow 0} F_X(x_0 + h)$$

$$\mathrm{P}(X > x_0) = 1 - F_X(x_0)$$

Eine Zufallsgröße X heißt *diskret* (verteilt), wenn ihre Verteilungsfunktion F_X eine Treppenfunktion (d. h. stückweise konstant) ist (s. unten); sie heißt *stetig* (verteilt), wenn F_X (mit Ausnahme von höchstens abzählbar vielen Werten x) differenzierbar ist (d. h. $\dfrac{\mathrm{d}F_X(x)}{\mathrm{d}x}$ existiert) ► S. 173.

Diskrete Verteilungen

Nimmt eine diskrete Zufallsgröße X die Werte $x_1, x_2, \ldots, x_n$ $(x_1 < \ldots < x_n)$ bzw. $x_1, x_2, \ldots$ $(x_1 < x_2 < \ldots)$ an, d. h. gilt $\lim\limits_{h \uparrow 0} F_X(x_k + h) \neq F_X(x_k)$ für $k = 1, 2, \ldots$, so heißt

x_k	x_1	x_2	$\ldots$
$\mathrm{P}(X = x_k)$	p_1	p_2	$\ldots$

mit $\sum\limits_k p_k = 1$

Verteilungstabelle von X; $p_k = \mathrm{P}(X = x_k)$ sind die *Einzelwahrscheinlichkeiten* von X und $x_1, x_2, \ldots$ die Sprungstellen von F_X.

Bezeichnungen

$\mathrm{E}X = \sum_k x_k p_k$	–	Erwartungswert (Voraussetzung: $\sum_k \lvert x_k\rvert p_k < \infty$)
$\mathrm{Var}\,(X) = \sum_k (x_k - \mathrm{E}X)^2 p_k = \sum_k x_k^2 p_k - (\mathrm{E}X)^2$	–	Varianz (Streuung) (Voraussetzung: $\sum_k x_k^2 p_k < \infty$)
$\sigma_X = \sqrt{\mathrm{Var}\,(X)}$	–	Standardabweichung
$\dfrac{\sigma_X}{\mathrm{E}X}$ $(\mathrm{E}X \neq 0)$	–	Variationskoeffizient
$\mu_r = \mathrm{E}(X-\mathrm{E}X)^r = \sum_k (x_k - \mathrm{E}X)^r p_k$	–	r-tes zentrales Moment $(r = 2, 3, \ldots)$
$\gamma_1 = \dfrac{\mu_3}{(\mu_2)^{3/2}}$	–	Schiefe
$\gamma_2 = \dfrac{\mu_4}{(\mu_2)^2} - 3$	–	Exzess

Spezielle diskrete Verteilungen

	Einzelwahrscheinlichkeiten p_k	$\mathrm{E}X$	$\mathrm{Var}\,(X)$
diskret gleichmäßige Verteilung	$p_k = \mathrm{P}(X = x_k) = \frac{1}{n}$ $(k = 1, \ldots, n)$	$\frac{1}{n}\sum_{k=1}^{n} x_k$	$\frac{1}{n}\sum_{k=1}^{n} x_k^2 - (\mathrm{E}X)^2$
Binomialverteilung * $(0 \le p \le 1,\quad n \in \mathbb{N})$	$p_k = \binom{n}{k} p^k (1-p)^{n-k}$ $(k = 0, \ldots, n)$	np	$np(1-p)$
hypergeometrische Verteilung * $(M \le N,\ n \le N)$	$p_k = \dfrac{\binom{M}{k}\binom{N-M}{n-k}}{\binom{N}{n}}$ **	$n \cdot \dfrac{M}{N}$	$n\frac{M}{N}\left(1-\frac{M}{N}\right) \times$ $\times \left(1 - \frac{n-1}{N-1}\right)$
geometrische Verteilung * $(0 < p < 1)$	$p_k = (1-p)^{k-1} p$ $(k = 1, 2, \ldots)$	$\dfrac{1}{p}$	$\dfrac{1-p}{p^2}$
Poisson-Verteilung * $(\lambda > 0)$	$p_k = \dfrac{\lambda^k}{k!}\mathrm{e}^{-\lambda}$ $(k = 0, 1, 2, \ldots)$	λ	λ

* $\mathrm{P}(X = k) = p_k$; ** $\max\{0, n-(N-M)\} \le k \le \min\{M, n\}$

Rekursionsformeln: $p_{k+1} = f(p_k)$

Binomialverteilung:	$\frac{n-k}{k+1} \cdot \frac{p}{1-p} \cdot p_k$
Geometrische Verteilung:	$(1-p) \cdot p_k$
Hypergeometrische Verteilung:	$\frac{n-k}{k+1} \cdot \frac{M-k}{N-M-n+k+1} \cdot p_k$
Poisson-Verteilung:	$\frac{\lambda}{k+1} \cdot p_k$

Binomialapproximation der hypergeometrischen Verteilung

$$\lim_{N\to\infty} \frac{\binom{M}{k}\binom{N-M}{n-k}}{\binom{N}{n}} = \binom{n}{k} p^k (1-p)^{n-k} \quad \text{mit} \quad M = M(N), \; \lim_{N\to\infty} \frac{M(N)}{N} = p$$

- Für „große“ N gilt also $\frac{\binom{M}{k}\binom{N-M}{n-k}}{\binom{N}{n}} \approx \binom{n}{k} p^k (1-p)^{n-k}$, wobei $p = \frac{M}{N}$.

Poissonapproximation der Binomialverteilung

$$\lim_{n\to\infty} \binom{n}{k} p^k (1-p)^{n-k} = \frac{\lambda^k}{k!} \mathrm{e}^{-\lambda}, \quad k = 0, 1, \ldots, \quad \text{mit} \quad p = p(n) \quad \text{und}$$

$$\lim_{n\to\infty} n \cdot p(n) = \lambda = \text{const}$$

- Für „große“ n gilt also $\binom{n}{k} p^k (1-p)^{n-k} \approx \frac{\lambda^k}{k!} \mathrm{e}^{-\lambda}$ mit $\lambda = n \cdot p$.

Stetige Verteilungen

Die erste Ableitung $f_X(x) = \frac{\mathrm{d}F_X(x)}{\mathrm{d}x} = F'_X(x)$ der Verteilungsfunktion F_X einer stetigen Zufallsgröße X heißt *Dichte* (Dichtefunktion, Wahrscheinlichkeitsdichte) von X, d. h.

$$F_X(x) = \int_{-\infty}^{x} f_X(t)\, \mathrm{d}t \,.$$

Bezeichnungen

$\mathrm{E}X = \int\limits_{-\infty}^{\infty} x f_X(x)\,\mathrm{d}x$ – Erwartungswert von X; Vor.: $\int\limits_{-\infty}^{\infty} |x| f_X(x)\,\mathrm{d}x < \infty$)

$\mathrm{Var}\,(X) = \int\limits_{-\infty}^{\infty} (x - \mathrm{E}X)^2 f_X(x)\,\mathrm{d}x = \int\limits_{-\infty}^{\infty} x^2 f_X(x)\,\mathrm{d}x - (\mathrm{E}X)^2$

– Varianz (Streuung); Vor.: $\int\limits_{-\infty}^{\infty} x^2 f_X(x)\,\mathrm{d}x < \infty$)

$\sigma_X = \sqrt{\mathrm{Var}\,(X)}$ – Standardabweichung

$\frac{\sigma_X}{\mathrm{E}X}$ $(\mathrm{E}X \neq 0)$ – Variationskoeffizient

$\mu_r = \mathrm{E}(X - \mathrm{E}X)^r = \int\limits_{-\infty}^{\infty} (x - \mathrm{E}X)^r f_X(x)\,\mathrm{d}x$

– r-tes zentrales Moment $(r = 2, 3, \ldots)$

$\gamma_1 = \frac{\mu_3}{(\mu_2)^{3/2}}$ – Schiefe $\qquad \gamma_2 = \frac{\mu_4}{(\mu_2)^2} - 3$ – Exzess

Spezielle stetige Verteilungen

Gleichverteilung

$$f(x) = \begin{cases} \frac{1}{b-a} & \text{für } a < x < b \\ 0 & \text{sonst} \end{cases}$$

$$\mathrm{E}X = \frac{a+b}{2}$$

$$\mathrm{Var}\,(X) = \frac{(b-a)^2}{12}$$

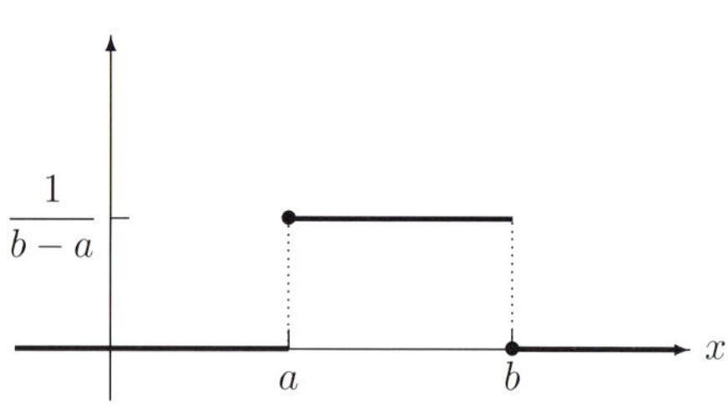

Exponentialverteilung

$$f(x) = \begin{cases} 0 & \text{für } x \le 0 \\ \lambda \mathrm{e}^{-\lambda x} & \text{für } x > 0 \end{cases}$$

$$\mathrm{E}X = \frac{1}{\lambda}$$

$$\mathrm{Var}\,(X) = \frac{1}{\lambda^2}$$

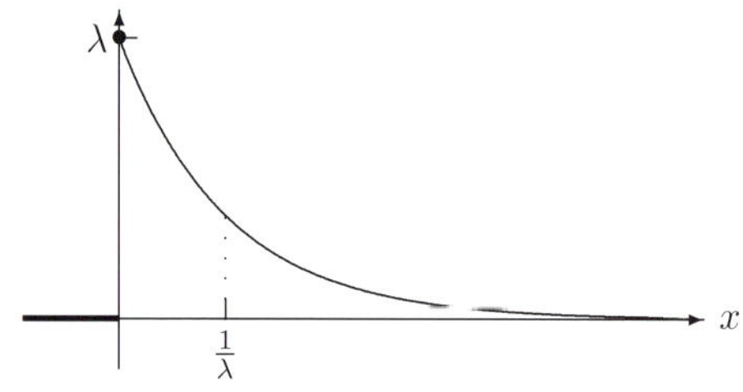

Normalverteilung, $N(\mu, \sigma^2)$-Verteilung $(-\infty < \mu < \infty,\ \sigma > 0)$

$$f(x) = \frac{1}{\sqrt{2\pi\sigma^2}} \cdot e^{-\frac{(x-\mu)^2}{2\sigma^2}}$$
$$(-\infty < x < \infty)$$

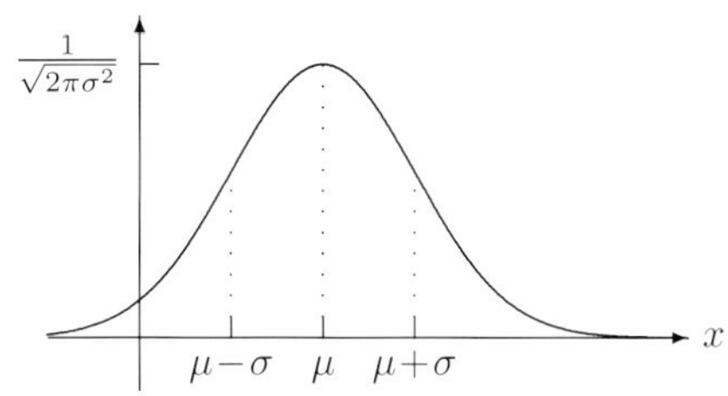

$\mathrm{E}X = \mu$

$\mathrm{Var}(X) = \sigma^2$

Standardisierte Normalverteilung

$$f(x) = \frac{1}{\sqrt{2\pi}} \cdot e^{-\frac{x^2}{2}}$$

$\mathrm{E}X = 0, \qquad \mathrm{Var}(X) = 1$

Logarithmische Normalverteilung

$$f(x) = \begin{cases} 0 & \text{für} \quad x \le 0 \\ \dfrac{1}{\sqrt{2\pi\sigma^2}x}\, e^{-\frac{(\ln x-\mu)^2}{2\sigma^2}} & \text{für} \quad x > 0 \end{cases}$$

$\mathrm{E}X = e^{\mu+\frac{\sigma^2}{2}}$

$\mathrm{Var}(X) = e^{2\mu+\sigma^2}\left(e^{\sigma^2}-1\right)$

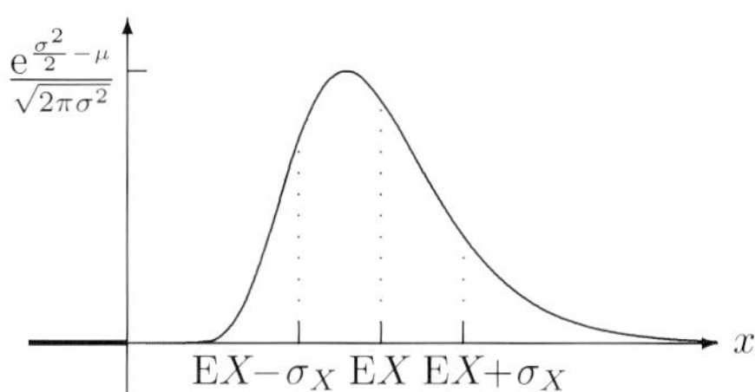

Weibull-Verteilung $(a > 0,\ b > 0,\ -\infty < c < \infty)$

$$f(x) = \begin{cases} 0 & \text{für} \quad x \le c \\ \frac{b}{a}\left(\frac{x-c}{a}\right)^{b-1} e^{-\left(\frac{x-c}{a}\right)^b} & \text{für} \quad x > c \end{cases}$$

$\mathrm{E}X = c + a \cdot \Gamma\left(\frac{b+1}{b}\right)$

$\mathrm{Var}(X) = a^2\left[\Gamma\left(\frac{b+2}{b}\right) - \Gamma^2\left(\frac{b+1}{b}\right)\right]$

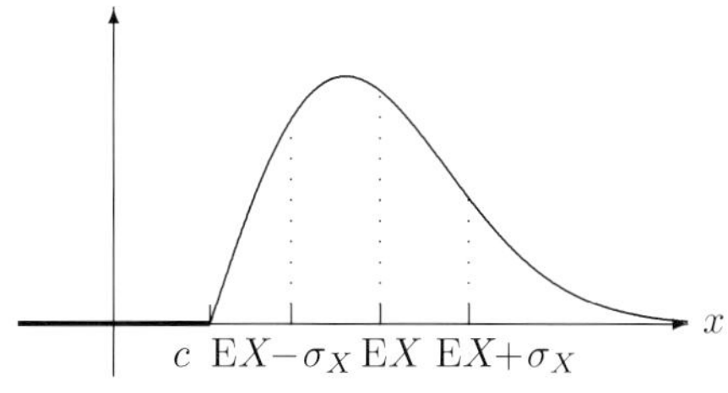

Beta-Verteilung $(p > 0,\ q > 0)$

$$f(x) = \begin{cases} \dfrac{x^{p-1}(1-x)^{q-1}}{B(p,q)} & \text{für } 0 < x < 1 \\ 0 & \text{sonst} \end{cases}$$

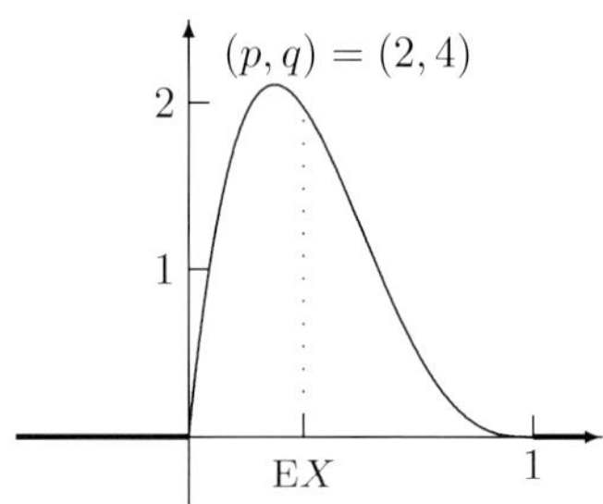

$$\mathrm{E}X = \frac{p}{p+q}$$

$$\mathrm{Var}\,(X) = \frac{pq}{(p+q)^2(p+q+1)}$$

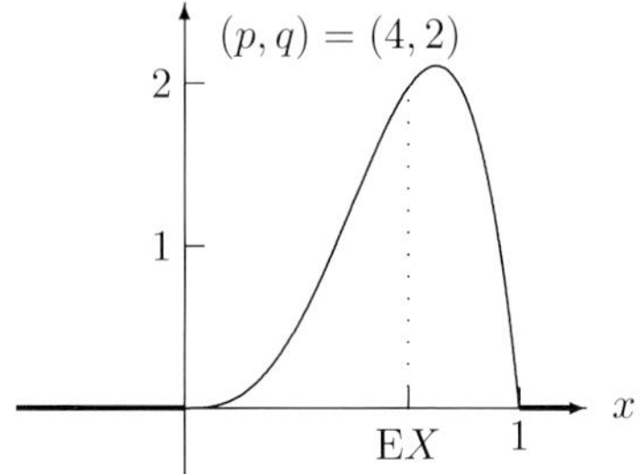

t-Verteilung mit *m* Freiheitsgraden $(m \geq 3)$

$$f(x) = \frac{\Gamma\left(\frac{m+1}{2}\right)}{\sqrt{\pi m}\cdot\Gamma\left(\frac{m}{2}\right)}\left(1+\frac{x^2}{m}\right)^{-\frac{m+1}{2}} \qquad (-\infty < x < \infty)$$

$$\mathrm{E}X = 0, \qquad \mathrm{Var}\,(X) = \frac{m}{m-2}$$

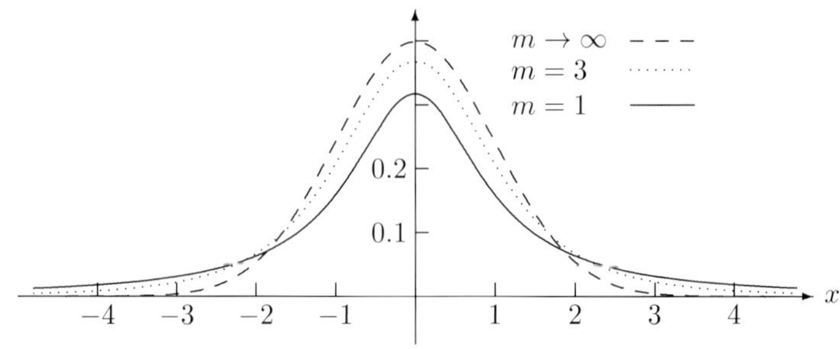

F-Verteilung mit (m, n) Freiheitsgraden $(m \geq 1,\ n \geq 1)$

$$f(x) = \begin{cases} 0 & \text{für} \quad x \leq 0 \\ \dfrac{\Gamma\left(\frac{m+n}{2}\right) m^{\frac{m}{2}} n^{\frac{n}{2}} x^{\frac{m}{2}-1}}{\Gamma\left(\frac{m}{2}\right)\Gamma\left(\frac{n}{2}\right)(n+mx)^{\frac{m+n}{2}}} & \text{für} \quad x > 0 \end{cases}$$

$$\mathrm{E}X = \frac{n}{n-2} \quad (n \geq 3),$$

$$\mathrm{Var}\,(X) = \frac{2n^2}{n-4} \cdot \frac{m+n-2}{m(n-2)^2}$$

$(n \geq 5)$

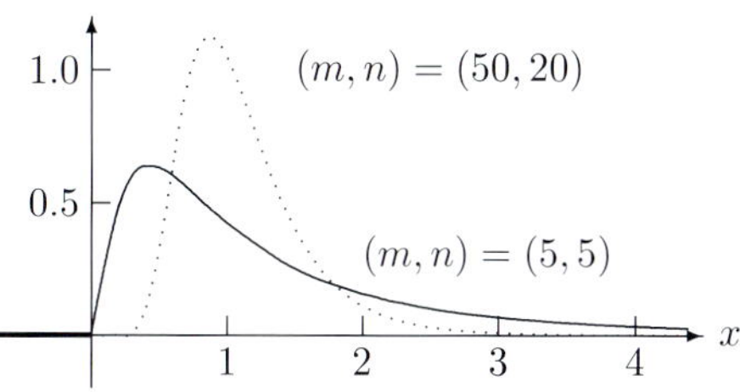

χ^2-Verteilung mit m Freiheitsgraden $(m \geq 1)$

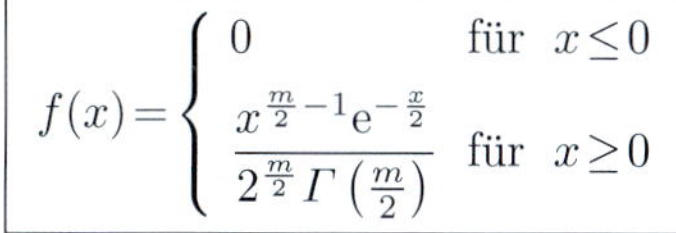

$$f(x) = \begin{cases} 0 & \text{für} \ x \leq 0 \\ \dfrac{x^{\frac{m}{2}-1} \mathrm{e}^{-\frac{x}{2}}}{2^{\frac{m}{2}}\Gamma\left(\frac{m}{2}\right)} & \text{für} \ x \geq 0 \end{cases}$$

$\mathrm{E}X = m$

$\mathrm{Var}\,(X) = 2m$

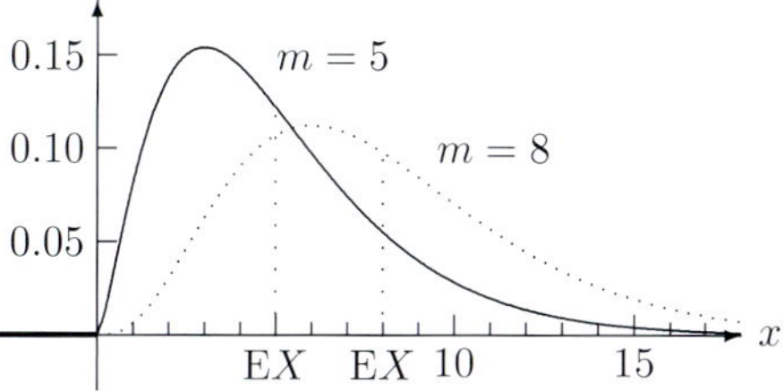

Zufällige Vektoren

Sind $X_1, X_2, \ldots, X_n$ Zufallsgrößen (über ein und demselben Stichprobenraum Ω), dann heißen $\boldsymbol{X} = (X_1, \ldots, X_n)$ *zufälliger Vektor* und $X_1, \ldots, X_n$ seine *Komponenten.* Die Funktion $F_{\boldsymbol{X}} : F_{\boldsymbol{X}}(x_1, \ldots, x_n) = \mathrm{P}(X_1 \leq x_1, \ldots, X_n \leq x_n)$ mit $(x_1, \ldots, x_n) \in \mathbb{R}^n$ heißt *Verteilungsfunktion* von $\boldsymbol{X}$.

Eigenschaften

$$\lim_{x_i \to -\infty} F_{\boldsymbol{X}}(x_1, \ldots, x_i, \ldots, x_n) = 0, \quad i = 1, \ldots, n,$$

$$\lim_{\substack{x_1 \to \infty \\ \vdots \\ x_n \to \infty}} F_{\boldsymbol{X}}(x_1, \ldots, x_n) = 1$$

$$\lim_{h \downarrow 0} F_{\boldsymbol{X}}(x_1, \ldots, x_i + h, \ldots, x_n) = F_{\boldsymbol{X}}(x_1, \ldots, x_i, \ldots, x_n), \quad i = 1, \ldots, n$$

$$F_{X_i}(x) = \lim_{\substack{x_j \to \infty \\ j \neq i}} F_{\boldsymbol{X}}(x_1, \ldots, x_{i-1}, x, x_{i+1}, \ldots, x_n), \quad i = 1, \ldots, n$$

(Randverteilungsfunktionen)

Unabhängigkeit

$X_1, \ldots, X_n$ heißen *unabhängig*, falls für alle $(x_1, \ldots, x_n) \in \mathbb{R}^n$ gilt:

$$F_{\boldsymbol{X}}(x_1, \ldots, x_n) = F_{X_1}(x_1) \cdot F_{X_2}(x_2) \cdot \ldots \cdot F_{X_n}(x_n)$$

Zweidimensionale zufällige Vektoren

- Der Vektor $\boldsymbol{X} = (X_1, X_2)$ heißt *stetig* (verteilt), falls eine *Dichte (funktion)* $f_{\boldsymbol{X}}$ existiert mit $F_{\boldsymbol{X}}(x_1, x_2) = \int\limits_{-\infty}^{x_1} \int\limits_{-\infty}^{x_2} f_{\boldsymbol{X}}(t_1, t_2)\, \mathrm{d}t_1 \mathrm{d}t_2$, $(x_1, x_2) \in \mathbb{R}^2$, d. h. $\dfrac{\partial^2 F_{\boldsymbol{X}}(x_1, x_2)}{\partial x_1 \partial x_2} = f_{\boldsymbol{X}}(x_1, x_2)$.
- Die Zufallsgrößen X_1 (mit Dichte f_{X_1}) und X_2 (mit Dichte f_{X_2}) sind *unabhängig*, falls $f_{\boldsymbol{X}}(x_1, x_2) = f_{X_1}(x_1) \cdot f_{X_2}(x_2)$ für alle $(x_1, x_2) \in \mathbb{R}^2$.
- $\boldsymbol{X} = (X_1, X_2)$ heißt *diskret* (verteilt) mit den Einzelwahrscheinlichkeiten $p_{ij} = \mathrm{P}(X_1 = x_1^{(i)}, X_2 = x_2^{(j)})$, falls X_1 und X_2 diskret verteilt sind mit den Einzelwahrscheinlichkeiten $p_i = \mathrm{P}(X_1 = x_1^{(i)})$, $i = 1, 2, \ldots$ bzw. $q_j = \mathrm{P}(X_2 = x_2^{(j)})$, $j = 1, 2, \ldots$ Die Zufallsgrößen X_1 und X_2 sind *unabhängig*, falls $p_{ij} = p_i \cdot q_j$ für alle $i, j = 1, 2, \ldots$

Erste Momente zweidimensionaler zufälliger Vektoren

Erwartungswert	diskret	stetig
$\mathrm{E}X_1$	$\sum\limits_i \sum\limits_j x_1^{(i)} p_{ij}$	$\int\limits_{-\infty}^{\infty} \int\limits_{-\infty}^{\infty} x_1 f_{\boldsymbol{X}}(x_1, x_2)\, \mathrm{d}x_1 \mathrm{d}x_2$
$\mathrm{E}X_2$	$\sum\limits_i \sum\limits_j x_2^{(j)} p_{ij}$	$\int\limits_{-\infty}^{\infty} \int\limits_{-\infty}^{\infty} x_2 f_{\boldsymbol{X}}(x_1, x_2)\, \mathrm{d}x_1 \mathrm{d}x_2$

Zweite Momente zweidimensionaler zufälliger Vektoren

Varianzen	diskret	stetig
$\mathrm{Var}\,(X_1) = \sigma_{X_1}^2$ $= \mathrm{E}(X_1 - \mathrm{E}X_1)^2$	$\sum\limits_i \sum\limits_j (x_1^{(i)} - \mathrm{E}X_1)^2 p_{ij}$	$\int\limits_{-\infty}^{\infty} \int\limits_{-\infty}^{\infty} (x_1 - \mathrm{E}X_1)^2 f_{\boldsymbol{X}}(x_1, x_2)\, \mathrm{d}x_1 \mathrm{d}x_2$
$\mathrm{Var}\,(X_2) = \sigma_{X_2}^2$ $= \mathrm{E}(X_2 - \mathrm{E}X_2)^2$	$\sum\limits_i \sum\limits_j (x_2^{(j)} - \mathrm{E}X_2)^2 p_{ij}$	$\int\limits_{-\infty}^{\infty} \int\limits_{-\infty}^{\infty} (x_2 - \mathrm{E}X_2)^2 f_{\boldsymbol{X}}(x_1, x_2)\, \mathrm{d}x_1 \mathrm{d}x_2$

Kovarianz:

$$\operatorname{cov}(X_1, X_2) = \mathrm{E}(X_1 - \mathrm{E}X_1)(X_2 - \mathrm{E}X_2) = \mathrm{E}(X_1 X_2) - \mathrm{E}X_1 \cdot \mathrm{E}X_2$$

$$\sum_i \sum_j (x_1^{(i)} - \mathrm{E}X_1)(x_2^{(j)} - \mathrm{E}X_2)p_{ij} \qquad \text{– diskrete Verteilung}$$

$$\int_{-\infty}^{\infty} \int_{-\infty}^{\infty} (x_1 - \mathrm{E}X_1)(x_2 - \mathrm{E}X_2) f_{\boldsymbol{X}}(x_1, x_2)\, \mathrm{d}x_1 \mathrm{d}x_2 \qquad \text{– stetige Verteilung}$$

Korrelation

$$\rho_{X_1 X_2} = \frac{\operatorname{cov}(X_1, X_2)}{\sqrt{\operatorname{Var}(X_1)\operatorname{Var}(X_2)}} = \frac{\operatorname{cov}(X_1, X_2)}{\sigma_{X_1}\sigma_{X_2}}$$

Korrelationskoeffizient

- Der Korrelationskoeffizient beschreibt das gegenseitige (lineare) Abhängigkeitsverhalten der Komponenten X_1 und X_2 eines zufälligen Vektors $\boldsymbol{X} = (X_1, X_2)$.
- $-1 \leq \rho_{X_1 X_2} \leq 1$
- Falls $\rho_{X_1 X_2} = 0$, so heißen X_1, X_2 *unkorreliert.*
- Sind X_1, X_2 unabhängig, so sind sie unkorreliert.

Zweidimensionale Normalverteilung

$$f_{\boldsymbol{X}}(x_1, x_2) = \frac{1}{2\pi\sigma_1\sigma_2\sqrt{1-\rho^2}} \times$$
$$\times \;\mathrm{e}^{-\frac{1}{2(1-\rho^2)}\left[\frac{(x_1-\mu_1)^2}{\sigma_1^2} - 2\rho\frac{(x_1-\mu_1)(x_2-\mu_2)}{\sigma_1\sigma_2} + \frac{(x_2-\mu_2)^2}{\sigma_2^2}\right]}$$

Dichte der zweidimensionalen Normalverteilung mit $-\infty < \mu_1, \mu_2 < \infty$; $\sigma_1 > 0$, $\sigma_2 > 0$, $-1 < \rho < 1$; $-\infty < x_1, x_2 < \infty$

Momente:

$\mathrm{E}X_1 = \mu_1$, $\mathrm{E}X_2 = \mu_2$,

$\operatorname{Var}(X_1) = \sigma_1^2$,

$\operatorname{Var}(X_2) = \sigma_2^2$,

$\operatorname{cov}(X_1, X_2) = \rho\sigma_1\sigma_2$

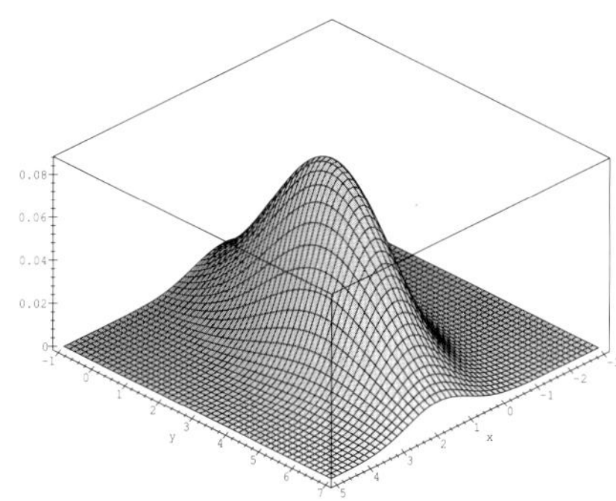

Summen zweier unabhängiger Zufallsgrößen

• Sind X_1, X_2 unabhängige diskrete Zufallsgrößen mit den Wahrscheinlichkeiten $p_i = \mathrm{P}(X_1 = x_1^{(i)})$, $i = 1, 2, \ldots$, und $q_j = \mathrm{P}(X_2 = x_2^{(j)})$, $j = 1, 2, \ldots$, so gilt

$$\mathrm{P}(X_1 + X_2 = y) = \sum_{i,j:\, x_1^{(i)} + x_2^{(j)} = y} p_i \, q_j$$

Gilt speziell $x_1^{(i)} = i$, $i = 1, 2, \ldots$ und $x_2^{(j)} = j$, $j = 1, 2, \ldots$, so ist

$$\mathrm{P}(X_1 + X_2 = k) = \sum_{i=1}^{k} \mathrm{P}(X_1 = i)\, \mathrm{P}(X_2 = k - i), \quad k = 1, 2, \ldots$$

• Sind X_1, X_2 unabhängige stetige Zufallsgrößen mit den Dichten f_{X_1} und f_{X_2}, so ist $Y = X_1 + X_2$ eine stetige Zufallsgröße mit der Dichte

$$f_Y(y) = \int_{-\infty}^{\infty} f_{X_1}(x) f_{X_2}(y - x)\, \mathrm{d}x$$

• Allgemein gilt die Beziehung $\mathrm{E}(X_1 + X_2) = \mathrm{E}X_1 + \mathrm{E}X_2$. Bei Unabhängigkeit gilt $\mathrm{Var}\,(X_1 + X_2) = \mathrm{Var}\,(X_1) + \mathrm{Var}\,(X_2)$.

Beispiele von Summen unabhängiger Zufallsgrößen

• Sind X_1 und X_2 binomialverteilt mit (n_1, p) bzw. (n_2, p), so ist die Summe $X_1 + X_2$ binomialverteilt mit $(n_1 + n_2, p)$.

• Sind X_1 bzw. X_2 poissonverteilt mit λ_1 bzw. λ_2, so ist die Summe $X_1 + X_2$ poissonverteilt mit $\lambda_1 + \lambda_2$.

• Sind X_1 bzw. X_2 normalverteilt mit (μ_1, σ_1^2) bzw. (μ_2, σ_2^2), so ist die Linearkombination $\alpha_1 X_1 + \alpha_2 X_2$ normalverteilt mit $(\alpha_1\mu_1 + \alpha_2\mu_2,\ \alpha_1^2\sigma_1^2 + \alpha_2^2\sigma_2^2)$, wobei $\alpha_1, \alpha_2 \in \mathbb{R}$.

• Sind X_1 bzw. X_2 χ^2-verteilt mit m bzw. n Freiheitsgraden, so ist die Summe $X_1 + X_2$ χ^2-verteilt mit $m + n$ Freiheitsgraden.

Produkte zweier unabhängiger Zufallsgrößen

• Sind X_1 und X_2 unabhängige diskrete Zufallsgrößen mit den Wahrscheinlichkeiten $p_i = \mathrm{P}(X_1 = x_1^{(i)})$, $i = 1, 2, \ldots$ und $q_j = \mathrm{P}(X_2 = x_2^{(j)})$, $j = 1, 2, \ldots$, so gilt

$$\mathrm{P}(X_1 \cdot X_2 = y) = \sum_{i,j:\, x_1^{(i)} \cdot x_2^{(j)} = y} p_i \, q_j$$

• Sind X_1, X_2 unabhängige stetige Zufallsgrößen mit den Dichten f_{X_1} bzw. f_{X_2}, so ist $Y = X_1 \cdot X_2$ eine stetige Zufallsgröße mit der Dichte

$$f_Y(y) = \int_{-\infty}^{\infty} f_{X_1}(x) f_{X_2}\left(\frac{y}{x}\right) \frac{\mathrm{d}x}{|x|}$$

Induktive Statistik

Stichproben

Unter einer *mathematischen Stichprobe* vom Umfang n aus einer Grundgesamtheit M_X versteht man einen n-dimensionalen zufälligen Vektor $\boldsymbol{X} = (X_1, \ldots, X_n)$, dessen Komponenten unabhängig und wie X verteilt sind. Jede Realisierung $\boldsymbol{x} = (x_1, \ldots, x_n)$ von $\boldsymbol{X}$ heißt *konkrete Stichprobe*.

Punktschätzungen

Aufgabe: Um für unbekannte Parameter θ einer Verteilung oder für Funktionen $g : \theta \to g(\theta)$ geeignete Näherungswerte zu erhalten, benutzt man Schätzungen.

Eine von der konkreten Stichprobe $\boldsymbol{x} = (x_1, \ldots, x_n)$ abhängige *Stichprobenfunktion* $t_n = T_n(\boldsymbol{x})$, die zur Schätzung von θ verwendet wird, heißt *Schätzwert (Schätzer)* für θ. Bezeichnung: $t_n = \hat{\theta}(\boldsymbol{x}) = \tilde{\theta}$. Die Stichprobenfunktion $T_n = T_n(\boldsymbol{X}) = \hat{\theta}(\boldsymbol{X})$ der zugehörigen mathematischen Stichprobe $\boldsymbol{X}$ heißt *Punktschätzung* oder *Schätzfunktion*.

Eigenschaften von Punktschätzungen

- T_n heißt *erwartungstreu* (unbiased) für $g(\theta)$, falls $\mathrm{E}T_n = g(\theta)$.
- $(T_n)_{n=1,2,\ldots}$ ist *asymptotisch erwartungstreu* für $g(\theta)$, falls $\lim\limits_{n\to\infty} \mathrm{E}T_n = g(\theta)$.
- $(T_n)_{n=1,2,\ldots}$ heißt (schwach) *konsistent* für $g(\theta)$, falls die Beziehung $\lim\limits_{n\to\infty} \mathrm{P}(|T_n - g(\theta)| < \varepsilon) = 1$ gilt ($\varepsilon > 0$ beliebig).

Schätzwerte für Erwartungswert und Varianz

zu schätzender Parameter	Schätzwert	Bemerkungen
Erwartungswert $\mu = \mathrm{E}X$	$\tilde{\mu} = \overline{x}_n = \frac{1}{n}\sum_{i=1}^{n} x_i$	Mittelwert, arithmetisches Mittel
Varianz $\sigma^2 = \mathrm{Var}\,(X)$	$\tilde{\sigma}^2 = s^{*2} = \frac{1}{n}\sum_{i=1}^{n}(x_i - \mathrm{E}X)^2$	Anwendung nur bei bekanntem $\mathrm{E}X$
	$\tilde{\sigma}^2 = s_X^2 = \frac{1}{n-1}\sum_{i=1}^{n}(x_i - \overline{x}_n)^2$	empirische Varianz

Weitere Schätzwerte

Wahrscheinlichkeiten eines Ereignisses $p = \mathrm{P}(A)$	$\tilde{p} = h_n(A)$	$h_n(A)$ = relative Häufigkeit von A
Kovarianz $\sigma_{XY} = \mathrm{cov}\,(X, Y)$	$\tilde{\sigma}_{XY} = \frac{1}{n-1} \sum\limits_{i=1}^{n} (x_i - \overline{x}_n)(y_i - \overline{y}_n)$	empirische Kovarianz
Korrelationskoeffizient ρ_{XY}	$\tilde{\rho}_{XY} = \dfrac{\tilde{\sigma}_{XY}}{\sqrt{s_X^2 s_Y^2}}$	empirischer Korrelationskoeffizient

Maximum-Likelihood-Methode zur Konstruktion von Punktschätzungen

Voraussetzung: Verteilungsfunktion F bis auf den Parameter $\boldsymbol{\theta} = (\theta_1, \ldots, \theta_p) \in \Theta \subset \mathbb{R}^p$ bekannt

- Die Funktion $\boldsymbol{\theta} \to L(\boldsymbol{\theta}; \boldsymbol{x}) = p(\boldsymbol{\theta}; x_1) \cdot \ldots \cdot p(\boldsymbol{\theta}; x_n) = \prod\limits_{i=1}^{n} p(\boldsymbol{\theta}; x_i)$ wird *Likelihood-Funktion* zur Stichprobe $\boldsymbol{x} = (x_1, \ldots, x_n)$ genannt, wobei gilt

$$p(\boldsymbol{\theta}; x_i) = \begin{cases} \text{Dichte}\, f_X(x_i), & \text{falls } X \text{ stetig} \\ \text{Einzelwahrscheinlichkeit}\, \mathrm{P}(X = x_i), & \text{falls } X \text{ diskret.} \end{cases}$$

- Die Größe $\tilde{\boldsymbol{\theta}} = \tilde{\boldsymbol{\theta}}(\boldsymbol{x}) = (\tilde{\theta}_1, \ldots, \tilde{\theta}_p)$ mit $L(\tilde{\boldsymbol{\theta}}; \boldsymbol{x}) \geq L(\boldsymbol{\theta}; \boldsymbol{x})$ für alle $\boldsymbol{\theta} \in \Theta$ heißt *Maximum-Likelihood-Schätzer* für $\boldsymbol{\theta}$.

- Ist L bzgl. $\boldsymbol{\theta}$ differenzierbar, so ist $\tilde{\boldsymbol{\theta}}(\boldsymbol{x})$ eine Lösung von $\dfrac{\partial \ln L(\boldsymbol{\theta}; x)}{\partial \theta_j} = 0$, $j = 1, \ldots, p$ *(Maximum-Likelihood-Gleichungen)*.

Momentenmethode

Voraussetzung: Verteilungsfunktion F bis auf den Parameter $\boldsymbol{\theta} = (\theta_1, \ldots, \theta_p) \in \Theta \subset \mathbb{R}^p$ bekannt

Diese Methode zur Konstruktion von Punktschätzungen gründet sich auf Beziehungen zwischen den Parametern $\theta_1, \ldots, \theta_p$ und den zentralen Momenten μ_r $(r = 2, 3, \ldots)$ sowie dem Erwartungswert μ der Verteilungsfunktion F. Ersetzt man in diesen Beziehungen μ durch $\hat{\mu} = \dfrac{1}{n} \sum\limits_{i=1}^{n} x_i$ bzw. μ_r durch $\hat{\mu}_r = \dfrac{1}{n} \sum\limits_{i=1}^{n} (x_i - \hat{\mu})$ und löst die entsprechenden Gleichungen auf, so erhält man die Momentenschätzungen $\hat{\theta}_j = T_j^*(\hat{m}_1, \hat{m}_2, \ldots, \hat{m}_p)$ für θ_j, $j = 1, \ldots, p$.

Konfidenzschätzungen

Aufgabe: Um die Genauigkeit der Schätzung eines unbekannten Parameters θ einer Verteilung bewerten zu können, sind Intervalle, sogenannte *Konfidenzintervalle*, zu konstruieren, die θ mit einer großen Wahrscheinlichkeit überdecken.

- Ein von der mathematischen Stichprobe $\boldsymbol{X} = (X_1, \ldots, X_n)$ abhängiges zufälliges Intervall $I(\boldsymbol{X}) = [g_u(\boldsymbol{X}); g_o(\boldsymbol{X})]$ mit $g_u(\boldsymbol{X}) < g_o(\boldsymbol{X})$ für den Parameter θ, das die Eigenschaft

  $$\mathrm{P}(g_u(\boldsymbol{X}) \leq \theta \leq g_o(\boldsymbol{X})) \geq \varepsilon = 1 - \alpha$$

  besitzt, heißt *zweiseitiges Konfidenzintervall* für θ zum *Konfidenzniveau* ε $(0 < \varepsilon < 1)$.
- Für eine Realisierung $\boldsymbol{x}$ von $\boldsymbol{X}$ wird $I(\boldsymbol{x}) = [g_u(\boldsymbol{x}); g_o(\boldsymbol{x})]$ ein *konkretes Konfidenzintervall* für θ genannt.
- Ist $g_u \equiv -\infty$ bzw. $g_o \equiv +\infty$, so heißt $[-\infty; g_o(\boldsymbol{X})]$ bzw. $[g_u(\boldsymbol{X}); \infty]$ *einseitiges Konfidenzintervall* mit

  $$\mathrm{P}(\theta \leq g_o(\boldsymbol{X})) \geq \varepsilon \quad \text{bzw.} \quad \mathrm{P}(\theta \geq g_u(\boldsymbol{X})) \geq \varepsilon.$$

Einseitige Konfidenzintervalle für Parameter der Normalverteilung

für Erwartungswert μ :

σ^2 bekannt: $\left(-\infty; \overline{x}_n + z_{1-\alpha}\frac{\sigma}{\sqrt{n}}\right]$ bzw. $\left[\overline{x}_n - z_{1-\alpha}\frac{\sigma}{\sqrt{n}};\ +\infty\right)$

σ^2 unbekannt: $\left(-\infty; \overline{x}_n + t_{n-1;1-\alpha}\frac{s}{\sqrt{n}}\right]$ bzw. $\left[\overline{x}_n - t_{n-1;1-\alpha}\frac{s}{\sqrt{n}};\ +\infty\right)$

für Varianz σ^2 :

μ bekannt: $\left[0; \dfrac{n \cdot s^{*2}}{\chi^2_{n;\alpha}}\right]$ bzw. $\left[\dfrac{n \cdot s^{*2}}{\chi^2_{n;1-\alpha}};\ +\infty\right)$

μ unbekannt: $\left[0; \dfrac{(n-1) \cdot s^2}{\chi^2_{n-1;\alpha}}\right]$ bzw. $\left[\dfrac{(n-1) \cdot s^2}{\chi^2_{n-1;1-\alpha}};\ +\infty\right)$

Dabei gilt $\overline{x}_n = \frac{1}{n}\sum\limits_{i=1}^{n} x_i$, $s^{*2} = \frac{1}{n}\sum\limits_{i=1}^{n}(x_i - \mu)^2$, $s^2 = \frac{1}{n-1}\sum\limits_{i=1}^{n}(x_i - \overline{x}_n)^2$. Für die Quantile z_q, $t_{m;q}$, $\chi^2_{m;q}$ siehe Tafeln 1 b, 2, 6 auf S. 199 ff.

Zweiseitige Konfidenzintervalle für Parameter der Normalverteilung

für Erwartungswert μ :

σ^2 bekannt: $\left[\overline{x}_n - z_{1-\frac{\alpha}{2}}\frac{\sigma}{\sqrt{n}};\ \overline{x}_n + z_{1-\frac{\alpha}{2}}\frac{\sigma}{\sqrt{n}}\right]$

σ^2 unbekannt: $\left[\overline{x}_n - t_{n-1;1-\frac{\alpha}{2}}\frac{s}{\sqrt{n}};\ \overline{x}_n + t_{n-1;1-\frac{\alpha}{2}}\frac{s}{\sqrt{n}}\right]$

für Varianz σ^2 :

μ bekannt: $\left[\frac{n\cdot s^{*2}}{\chi^2_{n;1-\frac{\alpha}{2}}};\ \frac{n\cdot s^{*2}}{\chi^2_{n;\frac{\alpha}{2}}}\right]$

μ unbekannt: $\left[\frac{(n-1)\cdot s^2}{\chi^2_{n-1;1-\frac{\alpha}{2}}};\ \frac{(n-1)\cdot s^2}{\chi^2_{n-1;\frac{\alpha}{2}}}\right]$

Dabei gilt $\overline{x}_n = \frac{1}{n}\sum_{i=1}^{n} x_i$, $s^{*2} = \frac{1}{n}\sum_{i=1}^{n}(x_i-\mu)^2$, $s^2 = \frac{1}{n-1}\sum_{i=1}^{n}(x_i-\overline{x}_n)^2$. Für die Quantile z_q, $t_{m;q}$, $\chi^2_{m,q}$ siehe die Tafeln 1 b, 2, 6 auf S. 199 ff.

Asymptotisches Konfidenzintervall für Wahrscheinlichkeit $p = \mathbf{P}(A)$
zum Konfidenzniveau $\varepsilon = 1-\alpha$

$$[g_u; g_o] = \left[\frac{1}{n+z_q^2}\left(x + \frac{z_q^2}{2} - z_q\sqrt{\frac{x(n-x)}{n} + \frac{z_q^2}{4}}\right);\ \frac{1}{n+z_q^2}\left(x + \frac{z_q^2}{2} + z_q\sqrt{\frac{x(n-x)}{n} + \frac{z_q^2}{4}}\right)\right]$$

$$= \left[\frac{n}{n+z_q^2}\left(\overline{x}_n + \frac{z_q^2}{2n} - z_q\sqrt{\frac{\overline{x}_n(1-\overline{x}_n)}{n} + \frac{z_q^2}{4n^2}}\right);\ \frac{n}{n+z_q^2}\left(\overline{x}_n + \frac{z_q^2}{2n} + z_q\sqrt{\frac{\overline{x}_n(1-\overline{x}_n)}{n} + \frac{z_q^2}{4n^2}}\right)\right]$$

Dabei ist $q = 1-\frac{\alpha}{2}$, während x die Anzahl des Eintretens des zufälligen Ereignisses A in n Versuchen beschreibt; $\overline{x}_n$ ist das arithmetische Mittel.

Statistische Tests

Aufgabe: Statistische Tests dienen zur Überprüfung von sogenannten statistischen Hypothesen über die (vollständig oder teilweise) unbekannten Verteilungen F anhand von zugehörigen Stichproben.

Voraussetzung: $F = F_\theta,\ \theta \in \Theta$

- *Nullhypothese* $H_0 : \theta \in \Theta_0\,(\subset \Theta)$;
- *Alternativhypothese* $H_1 : \theta \in \Theta_1\,(\subset \Theta \setminus \Theta_0)$
- Eine Hypothese heißt *einfach*, falls $H_0 : \theta = \theta_0$, d. h. $\Theta_0 = \{\theta_0\}$, anderenfalls *zusammengesetzt*.
- Man spricht von *zweiseitiger Fragestellung* oder *zweiseitigem Test (problem)*, falls $H_0 : \theta = \theta_0$ und $H_1 : \theta \neq \theta_0$ (d. h. $\theta > \theta_0$ und $\theta < \theta_0$). Man spricht von *einseitiger Fragestellung*, falls entweder $H_0 : \theta \leq \theta_0$ und $H_1 : \theta > \theta_0$ oder $H_0 : \theta \geq \theta_0$ und $H_1 : \theta < \theta_0$.

Signifikanztest

1. Aufstellen einer *Nullhypothese* H_0 (und ggf. einer Alternativhypothese H_1).

2. Konstruktion einer *Testgröße* $T = T(X_1, \ldots, X_n)$ für eine mathematische Stichprobe. (Dabei muss die Verteilung von T bekannt sein, falls H_0 wahr ist.)

3. Wahl eines *kritischen Bereichs* K^* (möglichst großer Teil des Wertebereiches der Testgröße T, sodass die Wahrscheinlichkeit p^* dafür, dass T Werte aus K^* annimmt, nicht größer als das *Signifikanzniveau* α $(0 < \alpha < 1)$ ausfällt, falls H_0 wahr ist; üblich ist: $\alpha = 0.05;\ 0.01;\ 0.001$).

4. *Entscheidungsregel:* Liegt für eine konkrete Stichprobe $(x_1, \ldots, x_n)$ der Wert t der Testgröße T (d. h. $t = T(x_1, \ldots, x_n)$) in K^* (d. h. $t \in K^*$), so lehnt man H_0 zugunsten von H_1 ab. Im anderen Fall ist gegen H_0 nichts einzuwenden.

Entscheidungsstruktur

Entscheidung	tatsächliche (unbekannte) Situation	
	H_0 ist wahr	H_0 ist nicht wahr
H_0 wird abgelehnt	Fehler erster Art	richtige Entscheidung
H_0 wird nicht abgelehnt	richtige Entscheidung	Fehler zweiter Art

Dabei gilt P(Fehler erster Art) $\leq \alpha$.

Signifikanztests bei Normalverteilung

Einstichprobenprobleme: $\boldsymbol{x} = (x_1, \ldots, x_n)$ sei eine Stichprobe vom Umfang n aus einer normalverteilten Grundgesamtheit (Erwartungswert μ, Varianz σ^2)

Hypothesen H_0 H_1	Voraus-setzungen	Realisierung t der Test-größe T	Verteilung von T	kritischer Bereich
Gauß-Test				
a) $\mu = \mu_0,\ \mu \neq \mu_0$	σ^2 bekannt	$\frac{\overline{x}_n - \mu_0}{\sigma}\sqrt{n}$	N(0; 1)	$\lvert t\rvert \geq z_{1-\frac{\alpha}{2}}$
b) $\mu \leq \mu_0,\ \mu > \mu_0$				$t \geq z_{1-\alpha}$
c) $\mu \geq \mu_0,\ \mu < \mu_0$				$t \leq -z_{1-\alpha}$
einfacher *t*-Test				
a) $\mu = \mu_0,\ \mu \neq \mu_0$	σ^2 unbekannt	$\frac{\overline{x}_n - \mu_0}{s}\sqrt{n}$	t_m $(m=n-1)$	$\lvert t\rvert \geq t_{n-1;1-\frac{\alpha}{2}}$
b) $\mu \leq \mu_0,\ \mu > \mu_0$				$t \geq t_{n-1;1-\alpha}$
c) $\mu \geq \mu_0,\ \mu < \mu_0$				$t \leq -t_{n-1;1-\alpha}$
a) $\sigma^2 = \sigma_0^2,\ \sigma^2 \neq \sigma_0^2$	μ bekannt	$\frac{n \cdot s^{*2}}{\sigma_0^2}$	χ_n^2	$t \geq \chi^2_{n;1-\frac{\alpha}{2}}$ $\vee$ $t \leq \chi^2_{n;\frac{\alpha}{2}}$
b) $\sigma^2 \leq \sigma_0^2,\ \sigma^2 > \sigma_0^2$				$t \geq \chi^2_{n;1-\alpha}$
c) $\sigma^2 \geq \sigma_0^2,\ \sigma^2 < \sigma_0^2$				$t \leq \chi^2_{n;\alpha}$
χ^2-Streuungstest				
a) $\sigma^2 = \sigma_0^2,\ \sigma^2 \neq \sigma_0^2$	μ unbekannt	$\frac{(n-1) \cdot s^2}{\sigma_0^2}$	χ_m^2 $(m=n-1)$	$t \geq \chi^2_{n-1;1-\frac{\alpha}{2}}$ $\vee$ $t \leq \chi^2_{n-1;\frac{\alpha}{2}}$
b) $\sigma^2 \leq \sigma_0^2,\ \sigma^2 > \sigma_0^2$				$t \geq \chi^2_{n-1;1-\alpha}$
c) $\sigma^2 \geq \sigma_0^2,\ \sigma^2 < \sigma_0^2$				$t \leq \chi^2_{n-1;\alpha}$

a) zweiseitige, b) und c) einseitige Fragestellung

Zweistichprobenprobleme: $\boldsymbol{x} = (x_1, \ldots, x_{n_1})$ bzw. $\boldsymbol{x}' = (x'_1, \ldots, x'_{n_2})$ sind Stichproben vom Umfang n_1 bzw. n_2 aus zwei normalverteilten Grundgesamtheiten mit Erwartungswerten μ_1, μ_2 und Varianzen σ_1^2, σ_2^2 (T – Testgröße):

Hypothesen H_0 H_1	Realisierung von T	Verteilung von T	kritischer Bereich
Differenzenmethode (Voraussetzungen: $\boldsymbol{x}$, $\boldsymbol{x'}$ abhängige Stichproben, $n_1{=}n_2{=}n$, $D = X - X' \in \mathrm{N}(\mu_D, \sigma_D^2)$, $\mu_D = \mu_1 - \mu_2$, σ_D^2 unbekannt)			
a) $\mu_D{=}0, \mu_D{\neq}0$ b) $\mu_D{\leq}0, \mu_D{>}0$ c) $\mu_D{\geq}0, \mu_D{<}0$	$\frac{\overline{d}}{s_D}\sqrt{n}$	t_m-Verteilung $m = n - 1$	$\lvert t\rvert \geq t_{n-1;1-\frac{\alpha}{2}}$ $t \geq t_{n-1;1-\alpha}$ $t \leq -t_{n-1;1-\alpha}$
Doppelter t-Test (Voraussetzungen: $\boldsymbol{x}$, $\boldsymbol{x'}$ unabhängige Stichproben, $X{\in}\mathrm{N}(\mu_1, \sigma_1^2)$, $X'{\in}\mathrm{N}(\mu_2, \sigma_2^2)$, $\sigma_1^2 = \sigma_2^2$)			
a) $\mu_1{=}\mu_2, \mu_1{\neq}\mu_2$ b) $\mu_1{\leq}\mu_2, \mu_1{>}\mu_2$ c) $\mu_1{\geq}\mu_2, \mu_1{<}\mu_2$	$\frac{\overline{x}_{(1)} - \overline{x}_{(2)}}{s_g} \times$ $\times \sqrt{\frac{n_1 n_2}{n_1 + n_2}}$ (s_g s. unten)	t_m-Verteilung $m{=}n_1{+}n_2{-}2$	$\lvert t\rvert \geq t_{m;1-\frac{\alpha}{2}}$ $t \geq t_{m;1-\alpha}$ $t \leq -t_{m;1-\alpha}$ $(m{=}n_1{+}n_2{-}2)$
Welch-Test (Voraussetzungen: $\boldsymbol{x}$, $\boldsymbol{x'}$ unabhängige Stichproben, $X{\in}\mathrm{N}(\mu_1, \sigma_1^2)$, $X'{\in}\mathrm{N}(\mu_2, \sigma_2^2)$, $\sigma_1^2 \neq \sigma_2^2$)			
a) $\mu_1{=}\mu_2, \mu_1{\neq}\mu_2$ b) $\mu_1{\leq}\mu_2, \mu_1{>}\mu_2$ c) $\mu_1{\geq}\mu_2, \mu_1{<}\mu_2$	$\frac{\overline{x}_{(1)} - \overline{x}_{(2)}}{\sqrt{\frac{s_1^2}{n_1} + \frac{s_2^2}{n_2}}}$	näherungsweise t_m-Verteilung $m \approx$ $\left[\frac{c^2}{n_1-1} + \frac{(1-c)^2}{n_2-1}\right]^{-1}$ $c = \frac{s_1^2/n_1}{s_1^2/n_1 + s_2^2/n_2}$	$\lvert t\rvert \geq t_{m;1-\frac{\alpha}{2}}$ $t \geq t_{m;1-\alpha}$ $t \leq -t_{m;1-\alpha}$
F-Test ($\boldsymbol{x}$, $\boldsymbol{x'}$ unabhängige Stichproben, $X \in \mathrm{N}(\mu_1, \sigma_1^2)$, $X' \in \mathrm{N}(\mu_2, \sigma_2^2)$, μ_1, μ_2 unbekannt)			
a) $\sigma_1^2{=}\sigma_2^2, \sigma_1^2{\neq}\sigma_2^2$ b) $\sigma_1^2{\leq}\sigma_2^2, \sigma_1^2{>}\sigma_2^2$	s_1^2/s_2^2	F_{m_1,m_2}-Verteilung $(m_1 = n_1 - 1)$ $(m_2 = n_2 - 1)$	$t{\geq}F_{m_1,m_2;1-\frac{\alpha}{2}}$ oder $t{\leq}F_{m_1,m_2;\frac{\alpha}{2}}$ $t{\geq}F_{m_1,m_2;1-\alpha}$
c) $\sigma_1^2{\geq}\sigma_2^2, \sigma_1^2{<}\sigma_2^2$	s_2^2/s_1^2	F_{m_2,m_1}-Verteilung	$t{\geq}F_{m_2,m_1;1-\alpha}$

a) zweiseitige, b) und c) einseitige Fragestellung

n_k, $\overline{x}_{(k)}$, s_k^2 bezeichnen Stichprobenumfang, arithmetisches Mittel bzw. empirische Varianz der k-ten Stichprobe, $k{=}1,2$, und $\overline{d}$, s_D^2 arithmetisches Mittel bzw. empirische Varianz der aus den Werten der abhängigen Stichproben gebildeten Differenzenreihe $d_i{=}x_i{-}x'_i$, $i{=}1,2,\ldots,n$. Ferner ist $s_g = \sqrt{[(n_1-1)s_1^2 + (n_2-1)s_2^2](n_1+n_2-2)^{-1}}$.

Rangstatistik

Aufgabe: Ist die Verteilung einer Grundgesamtheit M_X (auch näherungsweise) unbekannt, so legt man bei Punktschätzungen und statistischen Tests nicht die konkreten Stichproben zugrunde, sondern konkrete geordnete Stichproben. Ist $\boldsymbol{x} = (x_1, \ldots, x_n)$ eine konkrete Stichprobe aus M_X und ordnet man deren Elemente x_k, $k = 1, \ldots, n$, gemäß

$$x_n^{(1)} \leq x_n^{(2)} \leq \ldots \leq x_n^{(n)}$$

nach wachsender Größe, so wird das n-Tupel $g(\boldsymbol{x}) = (x_n^{(1)}, \ldots, x_n^{(n)})$ als konkrete geordnete Stichprobe bezeichnet. Für eine mathematische Stichprobe $\boldsymbol{X} = (X_1, \ldots, X_n)$ heißt $g(\boldsymbol{X}) = (X_n^{(1)}, \ldots, X_n^{(n)})$ geordnete Stichprobe (auch: Variationsreihe, Positionsstichprobe). Beim Übergang von $\boldsymbol{x} = (x_1, \ldots, x_n)$ zu $(x_n^{(1)}, \ldots, x_n^{(n)})$ wird jedem x_k von $\boldsymbol{x}$ eine *Rangzahl* (oder: *Rang*) Rg (x_k) zugeordnet:

$$r_k := \operatorname{Rg}(x_k) = s \quad \text{genau dann, wenn} \quad x_k = x_n^{(s)}.$$

Analog:

$$R_k := \operatorname{Rg}(X_k) = s \quad \text{genau dann, wenn} \quad X_k = X_n^{(s)}.$$

Rangkorrelationskoeffizienten

Abhängigkeitsmaße zwischen zwei Zufallsgrößen X und Y unter ausschließlicher Benutzung der zu einer Stichprobe $((X_1, Y_1), \ldots, (X_n, Y_n))$ gehörenden Rangzahlen R_k (bzgl. X) und S_k (bzgl. Y) sind

$$\boxed{P = 1 - \frac{6}{n^3 - n} \sum_{k=1}^{n} (R_k - S_k)^2}$$

Spearman'scher Rangkorrelationskoeffizient

und

$$\boxed{T = \frac{2Q}{n^2 - n}}$$

Kendall'scher Rangkorrelationskoeffizient

mit

$$Q = \sum_{i=1}^{n} \sum_{k=1}^{n} R_{ik} S_{ik}, \qquad R_{ik} = \begin{cases} 1, & R_i < R_k, \\ -1, & R_i > R_k, \end{cases} \qquad S_{ik} = \begin{cases} 1, & S_i < S_k, \\ -1, & S_i > S_k. \end{cases}$$

Rangtests

Signifikanztest zum Testen der Hypothese „Die Zufallsgrößen X und Y sind unabhängig“ (für $n \geq 10$)

1. Nullhypothese H_0: X und Y sind unabhängig.
2. Testgröße: $P^* = P\sqrt{(n-2)(1-P^2)^{-1}}$ (P^* ist asymptotisch, d. h. für $n \to \infty$ t-verteilt mit $n-2$ Freiheitsgraden, falls H_0 wahr ist).
3. Kritischer Bereich (α – Signifikanzniveau):

$$K^* = \left\{t : |t| > t_{n-2;1-\frac{\alpha}{2}}\right\}$$

4. Entscheidungsregel: Für eine konkrete Stichprobe $((x_1, y_1), \ldots, (x_n, y_n))$ bestimme man $p^* = p\sqrt{\frac{n-2}{1-p^2}}$ mit $p = 1 - \frac{6}{n^3-n}\sum_{k=1}^{n}(r_k - s_k)^2$. Gilt $p^* \in K^*$, lehnt man H_0 ab. Anderenfalls ist gegen H_0 nichts einzuwenden.

U-Test (Wilcoxon-Test, Mann-Whitney-Test)

1. Nullhypothese H_0: $F_X = F_Y$ (F_X, F_Y – stetige Verteilungsfunktionen zweier unabhängiger Zufallsgrößen X und Y) mit Alternativhypothese $H_1 : F_Y(x) = F_X(x - \theta)$ für alle $x \in \mathbb{R}$ und $\theta \neq 0$.
2. Testgröße (für $m \geq 4$, $n \geq 4$, $m + n \geq 20$):

$$T = \frac{U - \frac{mn}{2}}{\sqrt{\frac{mn(m+n+1)}{12}}} .$$

Dabei ist U die (zufällige) Anzahl der Inversionen, die auftritt, wenn man die Stichproben $(X_1, \ldots, X_m)$ bzgl. X und $(Y_1, \ldots, Y_n)$ bzgl. Y gemeinsam aufsteigend der Größe nach ordnet, wobei X_i, Y_j eine Inversion (von X bzgl. Y) darstellt, falls $X_i > Y_j$.

3. Kritischer Bereich (α – Signifikanzniveau):

$$K^* = \{t : |t| > z_{1-\frac{\alpha}{2}}\}$$

4. Entscheidungsregel: Man ordnet alle $m+n$ konkreten Stichprobenwerte x_1, $\ldots$, x_m, y_1, $\ldots$, y_n gemeinsam der Größe nach aufsteigend und ermittelt die Anzahl u der Inversionen „$x_i > y_j$“ für alle $i = 1, \ldots, m$ und $j = 1, \ldots, n$. H_0 wird zugunsten H_1 abgelehnt, wenn gilt

$$t = \frac{u - \frac{mn}{2}}{\sqrt{\frac{mn(m+n-1)}{12}}} \in K^*.$$

Im entgegengesetzten Fall $t \notin K^*$ ist gegen H_0 nichts einzuwenden.

X-*Test (von der Waerden-Test)*

1. Nullhypothese $H_0 : F_X = F_Y$ (F_X, F_Y – stetige Verteilungsfunktionen zweier unabhängiger Zufallsgrößen X und Y) mit Alternativhypothese $H_1 : F_Y(x) = F_X(x - \theta)$ für alle $x \in \mathbb{R}$ und $\theta \neq 0$.

2. Testgröße (für $m + n > 50$):

$$T = \frac{\mathbf{X}}{\sqrt{\frac{mn}{m+n-1} \cdot Q}}$$

mit

$$\mathbf{X} = \sum_{j=1}^{m} \psi\left(\frac{\mathrm{Rg}(X_j)}{m+n+1}\right), \quad Q = \frac{1}{m+n} \cdot \sum_{i=1}^{m+n} \left[\psi\left(\frac{i}{m+n+1}\right)\right]^2 .$$

Dabei ist $\psi = \Phi^{-1}$ (Φ – Verteilungsfunktion der standardisierten Normalverteilung, vgl. Tafel 1a) und Rg (X_j) ist die Rangzahl von X_j in der gemeinsamen größenordnungsmäßigen Anordnung von $X_1, \ldots, X_m, Y_1, \ldots, Y_n$.

3. Kritischer Bereich:

$$K^* : \left\{t : |t| > z_{1-\frac{\alpha}{2}}\right\}$$

4. Entscheidungsregel: Man ordnet alle $m + n$ konkreten Stichprobenwerte $x_1, \ldots, x_m, y_1, \ldots, y_u$ gemeinsam der Größe nach aufsteigend, bestimmt die Rangzahl Rg (x_j), $j = 1, \ldots, m$, liest aus Tafel 1a die Zahlen

$$\psi\left(\frac{\mathrm{Rg}\ (x_j)}{m+n+i}\right) = \Phi^{-1}\left(\frac{\mathrm{Rg}\ (x_j)}{m+n+i}\right) \quad (j = 1, \ldots, m)$$

sowie

$$\psi\left(\frac{i}{m+n+1}\right) = \Phi^{-1}\left(\frac{i}{m+n+1}\right) \quad (i = 1, \ldots, m+n).$$

ab und ermittelt

$$t = \frac{\sum\limits_{j=1}^{m} \psi\left(\frac{\mathrm{Rg}\ (x_j)}{m+n+1}\right)}{\sqrt{\frac{mn}{(m+n)^2-m-n} \sum\limits_{i=1}^{m+n} \left[\psi\left(\frac{i}{m+n+1}\right)\right]^2}} \in K^*.$$

Gilt $t \in K^*$, so lehnt man H_0 ab. Im entgegengesetzten Fall $t \notin K^*$ ist gegen H_0 nichts einzuwenden.

Variananzalyse (ANOVA = ANalysis Of VAriance)

Aufgabe: Die Varianzanalyse ist ein statistisches Verfahren zur quantitativen Analyse der Einflüsse (Effekte) eines oder mehrerer Faktoren auf Versuchsergebnisse. Entsprechend der Eisenhart'schen Klassifikation handelt es sich beim Modell I (Modell mit festen Effekten) um multiple Mittelwertvergleiche, beim Modell II (Modell mit zufälligen Effekten) um die statistische Analyse der von den einzelnen Faktoren erzeugten Varianzen.

Modell I (einfache Klassifikation):

1. Problemstellung: Analyse der (nicht zufälligen) Wirkungen eines Faktors A in p Stufen auf ein Merkmal

2. Versuchsplan:

i $\downarrow$	$k \rightarrow$	Wiederholungen			
	1	y_{11}	y_{12}	$\cdots$	y_{1n_1}
Stufen des	2	y_{21}	y_{22}	$\cdots$	y_{2n_2}
Faktors A	$\vdots$	$\vdots$	$\vdots$		$\vdots$
	p	y_{p1}	y_{p2}	$\cdots$	y_{pn_p}

   Die Werte y_{ik}, $k = 1, \ldots, n_i$; $i = 1, \ldots, p$, stellen die konkret ermittelten Versuchsergebnisse dar.

3. Mathematisches Modell: Die n $(= n_1 + \ldots + n_p)$ Versuchsergebnisse y_{ik} werden als Realisierungen von p mathematischen Stichproben $(Y_{i_1}, \ldots, Y_{in_i})$, $i = 1, \ldots, p$, der Form

$$Y_{ik} = \mu + \alpha_i + E_{ik} \quad (k = 1, \ldots, n_i, \ i = 1, \ldots, p),$$

   betrachtet, wobei gilt:

   - $\mu \in \mathbb{R}$ (allgemeines „Mittel"),
   - $\alpha_i \in \mathbb{R}$ („Effekt" der i-ten Stufe),
   - E_{ik} – unabhängige normalverteilte Zufallsgrößen mit den Eigenschaften $\mathrm{E}(E_{ik})=0$ und $\mathrm{Var}(E_{ik})=\sigma^2$, $\sigma > 0$ („Beobachtungs- bzw. Messfehler").

4. Nullhypothese H_A: $\alpha_1 = \ldots = \alpha_p$ (Gleichheit der Wirkung von A in allen Stufen)

5. Testgröße:

$$\mathcal{F} = \frac{n-p}{p-1} \cdot \frac{SQA}{SQR} = \frac{MQA}{MQR}, \quad MQA = \frac{SQA}{p-1}, \quad MQR = \frac{SQR}{n-p}$$

mit

$$\overline{Y}_{\cdot\cdot} = \tfrac{1}{n} \sum_{i=1}^{p} \sum_{k=1}^{n_i} Y_{ik} \qquad \text{(„Gesamtmittel“)}$$

$$\overline{Y}_{i\cdot} = \tfrac{1}{n_i} \sum_{k=1}^{n_i} Y_{ik} \qquad \text{(„Zeilenmittel“)}$$

$$SQG = \sum_{i=1}^{p} \sum_{k=1}^{n_i} (Y_{ik} - \overline{Y}_{\cdot\cdot})^2, \qquad SQA = \sum_{i=1}^{p} n_i (\overline{Y}_{i\cdot} - \overline{Y}_{\cdot\cdot})^2$$

$$SQR = SQG - SQA = \sum_{i=1}^{p} \sum_{k=1}^{n_i} (Y_{ik} - \overline{Y}_{i\cdot})^2$$

6. Kritischer Bereich:

$$K^* = \{t \,|\, t > F_{p-1,n-p;1-\alpha}\}$$

(vgl. Tafeln 4a und 4b).

7. Entscheidungsregel (Streuungszerlegung):

Variationsursache	Realisierungen von SQ.	Freiheitsgrade von SQ.	Realisierungen von MQ.
zwischen den Stufen von A	$sqa = \sum_{i=1}^{p} n_i(\overline{y_{i\cdot}} - \overline{y_{\cdot\cdot}})^2$	$p-1$	$mqa = \frac{sqa}{p-1}$
innerhalb der Stufen von A (Rest)	$sqr = \sum_{i=1}^{p} \sum_{k=1}^{n_i} (y_{ik} - \overline{y_{i\cdot}})^2$	$N-p$	$mqr = \frac{sqr}{N-p}$
gesamt	$sqg = sqa + sqr$	$N-1 = (p-1)+(N-p)$	

Dabei sind $\overline{y_{\cdot\cdot}}$, $\overline{y_{i\cdot}}$, mqa und mqr die aus einem konkreten Versuch ermittelten Zahlenwerte bzgl. $\overline{Y_{\cdot\cdot}}$, $\overline{Y_{i\cdot}}$, MQA bzw. MQR. Die Hypothese H_A wird abgelehnt („die Stufen des Faktors beeinflussen die Versuchsergebnisse“), falls

$$\frac{mqa}{mqr} \in K^*.$$

Im entgegengesetzten Fall ist gegen H_A nichts einzuwenden.

Modell II (einfache Klassifikation):

1. Problemstellung: Analyse der zufälligen Wirkungen eines Faktors A in p Stufen auf ein Merkmal.

2. Versuchsplan: siehe Versuchsplan Modell I mit $n_i = m = \text{const}$

3. Mathematisches Modell: Die Versuchsergebnisse y_{ik} werden als Realisierungen von p mathematischen Stichproben $(Y_{i1}, \ldots, Y_{im})$, $i = 1, \ldots, p$, der Form

$$Y_{ik} = \mu + A_i + E_{ik} \quad (k = 1, \ldots, m;\ i = 1, \ldots, p),$$

   betrachtet, wobei gilt:
   - $\mu \in \mathbb{R}$ (allgemeines „Mittel")
   - A_i – normalverteilte Zufallsgrößen (zufälliger „Effekt" der i-ten Stufe) mit $\mathrm{E}A_i = 0$ und $\mathrm{E}A_iA_{i'} = \delta_{ii'}\sigma_A^2$ ($\delta_{ii'} = 1$ für $i = i'$, $\delta_{ii'} = 0$ für $i \neq i'$; Kronecker-Symbol)
   - E_{ik} – normalverteilte Zufallsgrößen („Beobachtungs- bzw. Messfehler") mit $\mathrm{E}E_{ik} = 0$, $\mathrm{E}(E_{ik}E_{i'k'}) = \delta_{ii'}\delta_{kk'}\sigma_E^2$ und $\mathrm{E}(E_{ik}A_{i'}) = 0$ für $i, i' = 1, \ldots, p$; $k = 1, \ldots m$.

4. Nullhypothese $H\colon \sigma_A^2 = 0$ (die Variabilität der Versuchsergebnisse ist nicht auf die Wirkung der Stufen von A zurückzuführen)

5. Testgröße:

$$\mathcal{F} = \frac{n-p}{p-1} \cdot \frac{SQA}{SQR} = \frac{MQA}{MQR}$$

   mit $n = pm$ (SQA, SQR, MQA, MQR vgl. Modell I mit $n_i = m$, $i = 1, \ldots, p$)

6. Kritischer Bereich:

$$K^* = \{t : t > F_{p-1,n-p;1-\alpha}\}$$

   (vgl. Tafeln 4a und 4b).

7. Entscheidungsregel: Folgt formal der von Modell I. Die Hypothese H wird abgelehnt („die Variabilität der Versuchsergebnisse ist auf die Wirkungen der Stufen von A zurückzuführen"), falls

$$\frac{mqa}{mqr} \in K^*.$$

   Im entgegengesetzten Fall ist gegen H nichts einzuwenden.

Kovarianzanalyse

Aufgabe: Die Kovarianzanalyse ist eine statistische Methode, um bei der quantitativen Untersuchung von Wirkungen (Effekten) eines oder mehrerer Faktoren auf Versuchsergebnisse (i. Allg. nicht zufällige) Einflüsse weiterer Faktoren zu analysieren.

1. Problemstellung: Wirkung zweier Faktoren A und B (auf p bzw. q Stufen) auf ein (zufälliges) Merkmal Y unter Berücksichtigung eines (nicht zufälligen) Einflussfaktors Z.

2. Versuchsplan:

i ↓	$k \rightarrow$	Stufen des Faktors B: 1	2	$\dots$	q
1		(y_{11}, z_{11})	(y_{12}, z_{12})	$\dots$	(y_{1q}, z_{1q})
$\vdots$	Stufen des Faktors A	$\vdots$	$\vdots$		$\vdots$
p		(y_{p1}, z_{p1})	(y_{p2}, z_{p2})	$\dots$	(y_{pq}, z_{pq})

   Die Wertepaare (y_{ik}, z_{ik}) stellen die in einem Versuch ermittelten Versuchsergebnisse dar; y_{ik} sind die konkreten Versuchsergebnisse bzgl. des beobachteten (zufälligen) Merkmals Y, mit Hilfe derer die Wirkungen der Faktoren A und B analysiert werden sollen, während z_{ik} die konkreten Werte des (nicht zufälligen) Einflussfaktors Z sind, die gleichzeitig mit den Werten y_{ik} erfasst werden.

3. Mathematisches Modell: Die n $(= p \cdot q)$ Versuchsergebnisse y_{ik} werden als Realisierungen von $p \cdot q$ (mathematischen) Stichproben Y_{ik} $(i = 1, \dots, p; k = 1, \dots, q)$ interpretiert, d. h. als konkrete Stichproben. Für die Zufallsgrößen Y_{ik} setzt man dabei i. Allg. eine Zerlegung der Form

$$Y_{ik} = \mu + \alpha_i + \beta_k + \gamma(z_{ik} - \overline{z}_{..}) + \varepsilon_{ik}$$

   voraus. Dabei sind μ, α_i, $i = 1, \dots p$, β_k, $k = 1, \dots, q$, γ sowie $\overline{z} = \dfrac{1}{pq} \sum_{i=1}^{p} \sum_{k=1}^{q} z_{ik}$ Konstanten und ε_{ik} unabhängige normalverteilte Zufallsgrößen mit $\mathrm{E}(\varepsilon_{ik}) = 0$ und $\mathrm{Var}(\varepsilon_{ik}) = \sigma^2$ für alle i, k. Die Zahl μ kann als „allgemeines Mittel“, die Zahl α_i als Wirkung (Effekt) der i-ten Stufe des Faktors A, die Zahl β_k als Wirkung (Effekt) der k-ten Stufe des Faktors B angesehen werden, während sich ε_{ik} als (zufälliger) Versuchsfehler interpretieren lässt.

   Ohne Beschränkung der Allgemeinheit wird $\sum_{i=1}^{p} \alpha_i = 0$ und $\sum_{k=1}^{q} \beta_k = 0$ vorausgesetzt. Die Zahl γ kann als Regressionskoeffizient des zufälligen Merkmals Y bzw. Z angesehen werden.

Die mit der Kovarianzanalyse zu behandelnden Fragestellungen lassen sich folgendermaßen formulieren:

1. Ermittlung erwartungstreuer Punktschätzungen für die Größe γ.

2. Prüfung der Hypothese $H: \gamma = 0$ und Konstruktion von Konfidenzintervallen für die Größe γ.

3. Prüfung der Hypothesen $H_A : \alpha_i = 0,\ i = 1, \ldots, p$ (Gleichheit der Wirkungen des Faktors A auf allen p Stufen) und $H_B : \beta_k = 0,\ k = 1, \ldots, q$ (Gleichheit der Wirkungen des Faktors B auf allen q Stufen).

Dazu betrachtet man folgende Stichprobenfunktionen und Ausdrücke:

$$\overline{Y}_{..} = \frac{1}{pq} \sum_{i=1}^{p} \sum_{k=1}^{q} Y_{ik}, \qquad \overline{z}_{..} = \frac{1}{pq} \sum_{i=1}^{p} \sum_{k=1}^{q} z_{ik}$$

$$\overline{Y}_{i.} = \frac{1}{q} \sum_{k=1}^{q} Y_{ik}, \qquad \overline{z}_{i.} = \frac{1}{q} \sum_{k=1}^{q} z_{ik}$$

$$\overline{Y}_{.k} = \frac{1}{p} \sum_{i=1}^{p} Y_{ik}, \qquad \overline{z}_{.k} = \frac{1}{p} \sum_{i=1}^{p} z_{ik}$$

$$SQG_Y = \sum_{i=1}^{p} \sum_{k=1}^{q} (Y_{ik} - \overline{Y}_{..})^2, \qquad sqg_Z = \sum_{i=1}^{p} \sum_{k=1}^{q} (z_{ik} - \overline{z}_{..})^2$$

$$SQA_Y = q \sum_{i=1}^{p} (\overline{Y}_{i.} - \overline{Y}_{..})^2, \qquad sqa_Z = q \sum_{i=1}^{p} (\overline{z}_{i.} - \overline{z}_{..})^2$$

$$SQB_Y = p \sum_{k=1}^{q} (\overline{Y}_{.k} - \overline{Y}_{..})^2, \qquad sqb_Z = p \sum_{k=1}^{q} (\overline{z}_{.k} - \overline{z}_{..})^2$$

$$SQR_Y = \sum_{i=1}^{p} \sum_{k=1}^{q} (Y_{ik} - \overline{Y}_{i.} - \overline{Y}_{.k} + \overline{Y}_{..})^2, \qquad sqr_Z = \sum_{i=1}^{p} \sum_{k=1}^{q} (z_{ik} - \overline{z}_{i.} - \overline{z}_{.k} + \overline{z}_{..})^2$$

$$SQG_{YZ} = \sum_{i=1}^{p} \sum_{k=1}^{q} (Y_{ik} - \overline{Y}_{..})(z_{ik} - \overline{z}_{..})$$

$$SQA_{YZ} = q \sum_{i=1}^{p} (\overline{Y}_{i.} - \overline{Y}_{..})(z_{i.} - \overline{z}_{..})$$

$$SQB_{YZ} = p \sum_{k=1}^{q} (\overline{Y}_{.k} - \overline{Y}_{..})(z_{.k} - \overline{z}_{..})$$

$$SQR_{YZ} = \sum_{i=1}^{p} \sum_{k=1}^{q} (Y_{ik} - \overline{Y}_{i.} - \overline{Y}_{.k} + \overline{Y}_{..})(z_{ik} - \overline{z}_{i.} - \overline{z}_{.k} + \overline{z}_{..}) \,.$$

Zu 1.:

Der Quotient $\widehat{\gamma} = \frac{SQR_{YZ}}{sqr_Z}$ ist eine erwartungstreue Punktschätzung von γ mit der Varianz $\text{Var}(\widehat{\gamma}) = \frac{\sigma^2}{sqr_Z}$. Unter der Voraussetzung, dass die Hypothesen $H_A : \alpha_i = 0,\ i = 1, \ldots, p$, bzw. $H_B : \beta_k = 0,\ k = 1, \ldots, q$, wahr sind, sind

$$\widehat{\gamma}_A = \frac{SQR_{YZ} + SQA_{YZ}}{sqr_Z + sqa_Z} \quad \text{bzw.} \quad \widehat{\gamma}_B = \frac{SQR_{YZ} + SQB_{YZ}}{sqr_Z + sqb_Z}$$

erwartungstreue Schätzfunktionen von γ mit

$$\text{Var}(\widehat{\gamma}_A) = \frac{\sigma^2}{sqr_Z + sqa_Z} \qquad \text{bzw.} \qquad \text{Var}(\widehat{\gamma}_B) = \frac{\sigma^2}{sqr_Z + sqb_Z}.$$

Zu 2.:

Zum Prüfen der Hypothese $H : \gamma = 0$ und zur Konstruktion eine Konfidenzintervalls für γ geht man davon aus, dass der Quotient

$$\frac{\widehat{\gamma} - \gamma}{\sqrt{\widehat{\text{Var}(\widehat{\gamma})}}}$$

mit

$$\widehat{\text{Var}(\widehat{\gamma})} = \frac{SQR_Y - \frac{(SQR_{YZ})^2}{sqr_z}}{sqr_z(pq - p - q)},$$

t-verteilt ist mit $pq - p - q$ Freiheitsgraden.

Zu 3.:

Die Hypothesen H_A bzw. H_B werden mit den Testgrößen

$$\frac{pq - p - q}{p - 1} \cdot \frac{SQA_Y - \widehat{\gamma}_A(SQA_{YZ} + SQR_{YZ}) + \widehat{\gamma} \cdot SQR_{YZ}}{SQR_Y - \widehat{\gamma} \cdot SQR_{YZ}}$$

bzw.

$$\frac{pq - p - q}{q - 1} \cdot \frac{SQB_Y - \widehat{\gamma}_B(SQB_{YZ} + SQR_{YZ}) + \widehat{\gamma} \cdot SQR_{YZ}}{SQR_Y - \widehat{\gamma} \cdot SQR_{YZ}},$$

geprüft, die unter der Voraussetzung, dass H_A bzw. H_B wahr sind, F-verteilt sind mit $(p - 1, pq - p - q)$ bzw. $(q - 1, pq - p - q)$ Freiheitsgraden.

Tafeln

Tafel 1 a Verteilungsfunktion $\Phi(x)$ der standardisierten Normalverteilung

x	0.00	0.01	0.02	0.03	0.04
0.0	.500000	.503989	.507978	.511966	.515953
0.1	.539828	.543795	.547758	.551717	.555670
0.2	.579260	.583166	.587064	.590954	.594835
0.3	.617911	.621720	.625516	.629300	.633072
0.4	.655422	.659097	.662757	.666402	.670031
0.5	.691462	.694974	.698468	.701944	.705401
0.6	.725747	.729069	.732371	.735653	.738914
0.7	.758036	.761148	.764238	.767305	.770350
0.8	.788145	.791030	.793892	.796731	.799546
0.9	.815940	.818589	.821214	.823814	.826391
1.0	.841345	.843752	.846136	.848495	.850830
1.1	.864334	.866500	.868643	.870762	.872857
1.2	.884930	.886861	.888768	.890651	.892512
1.3	.903200	.904902	.906582	.908241	.909877
1.4	.919243	.920730	.922196	.923641	.925066
1.5	.933193	.934478	.935745	.936992	.938220
1.6	.945201	.946301	.947384	.948449	.949497
1.7	.955435	.956367	.957284	.958185	.959070
1.8	.964070	.964852	.965620	.966375	.967116
1.9	.971283	.971933	.972571	.973197	.973810
2.0	.977250	.977784	.978308	.978822	.979325
2.1	.982136	.982571	.982997	.983414	.983823
2.2	.986097	.986447	.986791	.987126	.987455
2.3	.989276	.989556	.989830	.990097	.990358
2.4	.991802	.992024	.992240	.992451	.992656
2.5	.993790	.993963	.994132	.994297	.994457
2.6	.995339	.995473	.995604	.995731	.995855
2.7	.996533	.996636	.996736	.996833	.996928
2.8	.997445	.997523	.997599	.997673	.997744
2.9	.998134	.998193	.998250	.998305	.998359
3.0	.998650	.998694	.998736	.998777	.998817
x	0.00	0.01	0.02	0.03	0.04

Tafel 1 a (Fortsetzung)

Verteilungsfunktion $\Phi(x)$ der standardisierten Normalverteilung

x	0.05	0.06	0.07	0.08	0.09
0.0	.519938	.523922	.527903	.531881	.535856
0.1	.559618	.563559	.567495	.571424	.575345
0.2	.598706	.602568	.606420	.610261	.614092
0.3	.636831	.640576	.644309	.648027	.651732
0.4	.673645	.677242	.680822	.684386	.687933
0.5	.708840	.712260	.715661	.719043	.722405
0.6	.742154	.745373	.748571	.751748	.754903
0.7	.773373	.776373	.779350	.782305	.785236
0.8	.802338	.805105	.807850	.810570	.813267
0.9	.828944	.831472	.833977	.836457	.838913
1.0	.853141	.855428	.857690	.859929	.862143
1.1	.874928	.876976	.879000	.881000	.882977
1.2	.894350	.896165	.897958	.899727	.901475
1.3	.911492	.913085	.914657	.916207	.917736
1.4	.926471	.927855	.929219	.930563	.931888
1.5	.939429	.940620	.941792	.942947	.944083
1.6	.950529	.951543	.952540	.953521	.954486
1.7	.959941	.960796	.961636	.962462	.963273
1.8	.967843	.968557	.969258	.969946	.970621
1.9	.974412	.975002	.975581	.976148	.976705
2.0	.979818	.980301	.980774	.981237	.981691
2.1	.984222	.984614	.984997	.985371	.985738
2.2	.987776	.988089	.988396	.988696	.988989
2.3	.990613	.990863	.991106	.991344	.991576
2.4	.992857	.993053	.993244	.993431	.993613
2.5	.994614	.994766	.994915	.995060	.995201
2.6	.995975	.996093	.996207	.996319	.996427
2.7	.997020	.997110	.997197	.997282	.997365
2.8	.997814	.997882	.997948	.998012	.998074
2.9	.998411	.998462	.998511	.998559	.998605
3.0	.998856	.998893	.998930	.998965	.998999
x	0.05	0.06	0.07	0.08	0.09

Tafel 1 b Quantile z_q der standardisierten Normalverteilung

q	z_q	q	z_q	q	z_q
0.5	0	0.91	1.34076	**0.975**	**1.95996**
0.55	0.12566	0.92	1.40507	0.98	2.05375
0.6	0.25335	0.93	1.47579	0.985	2.17009
0.65	0.38532	0.94	1.55478	**0.99**	**2.32635**
0.7	0.52440	**0.95**	**1.64485**	**0.995**	**2.57583**
0.75	0.67449	0.955	1.69540	0.99865	3.00000
0.8	0.84162	0.96	1.75069	**0.999**	**3.09023**
0.85	1.03644	0.965	1.81191	**0.9995**	**3.29053**
0.9	**1.28155**	0.97	1.88080	0.999767	3.50000

Tafel 2 Quantile $t_{m;q}$ der t-Verteilung

m \ q	0.9	0.95	0.975	0.99	0.995	0.999	0.9995
1	3.08	6.31	12.71	31.82	63.7	318.3	636.6
2	1.89	2.92	4.30	6.96	9.92	22.33	31.6
3	1.64	2.35	3.18	4.54	5.84	10.21	12.9
4	1.53	2.13	2.78	3.75	4.60	7.17	8.61
5	1.48	2.02	2.57	3.36	4.03	5.89	6.87
6	1.44	1.94	2.45	3.14	3.71	5.21	5.96
7	1.41	1.89	2.36	3.00	3.50	4.79	5.41
8	1.40	1.86	2.31	2.90	3.36	4.50	5.04
9	1.38	1.83	2.26	2.82	3.25	4.30	4.78
10	1.37	1.81	2.23	2.76	3.17	4.14	4.59
11	1.36	1.80	2.20	2.72	3.11	4.02	4.44
12	1.36	1.78	2.18	2.68	3.05	3.93	4.32
13	1.35	1.77	2.16	2.65	3.01	3.85	4.22
14	1.35	1.76	2.14	2.62	2.98	3.79	4.14
15	1.34	1.75	2.13	2.60	2.95	3.73	4.07
16	1.34	1.75	2.12	2.58	2.92	3.69	4.01
17	1.33	1.74	2.11	2.57	2.90	3.65	3.97
18	1.33	1.73	2.10	2.55	2.88	3.61	3.92
19	1.33	1.73	2.09	2.54	2.86	3.58	3.88
20	1.33	1.72	2.09	2.53	2.85	3.55	3.85
21	1.32	1.72	2.08	2.52	2.83	3.53	3.82
22	1.32	1.72	2.07	2.51	2.82	3.50	3.79
23	1.32	1.71	2.07	2.50	2.81	3.48	3.77
24	1.32	1.71	2.06	2.49	2.80	3.47	3.75
25	1.32	1.71	2.06	2.49	2.79	3.45	3.73
26	1.31	1.71	2.06	2.48	2.78	3.43	3.71
27	1.31	1.70	2.05	2.47	2.77	3.42	3.69
28	1.31	1.70	2.05	2.46	2.76	3.41	3.67
29	1.31	1.70	2.05	2.46	2.76	3.40	3.66
30	1.31	1.70	2.04	2.46	2.75	3.39	3.65
40	1.30	1.68	2.02	2.42	2.70	3.31	3.55
60	1.30	1.67	2.00	2.39	2.66	3.23	3.46
120	1.29	1.66	1.98	2.36	2.62	3.16	3.37
∞	1.28	1.64	1.96	2.33	2.58	3.09	3.29

Tafel 3 Dichtefunktion $\varphi(x)$ der standardisierten Normalverteilung

x	0	1	2	3	4	5	6	7	8	9
0,0	0,3989	3989	3989	3988	3986	3984	3982	3980	3977	3973
0,1	3970	3965	3961	3956	3951	3945	3939	3932	3925	3918
0,2	3910	3902	3894	3885	3876	3867	3857	3847	3836	3825
0,3	3814	3802	3790	3778	3765	3752	3739	3725	3712	3697
0,4	3683	3668	3653	3637	3621	3605	3589	3572	3555	3538
0,5	3521	3503	3485	3467	3448	3429	3410	3391	3372	3352
0,6	3332	3312	3292	3271	3251	3230	3209	3187	3166	3144
0,7	3123	3101	3079	3056	3034	3011	2989	2966	2943	2920
0,8	2897	2874	2850	2827	2803	2780	2756	2732	2709	2685
0,9	2661	2637	2613	2589	2565	2541	2516	2492	2468	2444
1,0	0,2420	2396	2371	2347	2323	2299	2275	2251	2227	2203
1,1	2179	2155	2131	2107	2083	2059	2036	2012	1989	1965
1,2	1942	1919	1895	1872	1849	1826	1804	1781	1758	1736
1,3	1714	1691	1669	1647	1626	1604	1582	1561	1539	1518
1,4	1497	1476	1456	1435	1415	1394	1374	1354	1334	1315
1,5	1295	1276	1257	1238	1219	1200	1182	1163	1145	1127
1,6	1109	1092	1074	1057	1040	1023	1006	0989	0973	0957
1,7	0940	0925	0909	0893	0878	0863	0848	0833	0818	0804
1,8	0790	0775	0761	0748	0734	0721	0707	0694	0681	0669
1,9	0656	0644	0632	0620	0608	0596	0584	0573	0562	0551
2,0	0,0540	0529	0519	0508	0498	0488	0478	0468	0459	0449
2,1	0440	0431	0422	0413	0404	0396	0387	0379	0371	0363
2,2	0355	0347	0339	0332	0325	0317	0310	0303	0297	0290
2,3	0283	0277	0270	0264	0258	0252	0246	0241	0235	0229
2,4	0224	0219	0213	0208	0203	0198	0194	0189	0184	0180
2,5	0175	0171	0167	0163	0158	0154	0151	0147	0143	0139
2,6	0136	0132	0129	0126	0122	0119	0116	0113	0110	0107
2,7	0104	0101	0099	0096	0093	0091	0088	0086	0084	0081
2,8	0079	0077	0075	0073	0071	0069	0067	0065	0063	0061
2,9	0060	0058	0056	0055	0053	0051	0050	0048	0047	0046
3,0	0,0044	0043	0042	0040	0039	0038	0037	0036	0035	0034
3,1	0033	0032	0031	0030	0029	0028	0027	0026	0025	0025
3,2	0024	0023	0022	0022	0021	0020	0020	0019	0018	0018
3,3	0017	0017	0016	0016	0015	0015	0014	0014	0013	0013
3,4	0012	0012	0012	0011	0011	0010	0010	0010	0009	0009
3,5	0009	0008	0008	0008	0008	0007	0007	0007	0007	0006
3,6	0006	0006	0006	0005	0005	0005	0005	0005	0005	0004
3,7	0004	0004	0004	0004	0004	0004	0003	0003	0003	0003
3,8	0003	0003	0003	0003	0003	0002	0002	0002	0002	0002
3,9	0002	0002	0002	0002	0002	0002	0002	0002	0001	0001

Tafel 4a Quantile $F_{m_1,m_2;q}$ der F-Verteilung für $q = 0{,}95$

m_2 \ m_1	1	2	3	4	5	6	7	8	9	10
1	161	200	216	225	230	234	37	239	41	242
2	18.5	19.0	19.2	19.2	19.3	19.3	19.4	19.4	19.4	19.4
3	10.1	9.55	9.28	9.12	9.01	8.94	8.89	8.85	8.81	8.79
4	7.71	6.94	6.59	6.39	6.26	6.16	6.09	6.04	6.00	5.96
5	4.68	4.64	4.60	4.56	4.50	4.44	4.42	4.41	4.37	4.36
6	5.99	5.14	4.76	4.53	4.39	4.28	4.21	4.15	4.10	4.06
7	5.59	4.74	4.35	4.12	3.97	3.87	3.79	3.73	3.68	3.64
8	5.32	4.46	4.07	3.84	3.69	3.58	3.50	3.44	3.39	3.35
9	5.12	4.26	3.86	3.63	3.48	3.37	3.29	3.23	3.18	3.14
10	4.96	4.10	3.71	3.48	3.33	3.22	3.14	3.07	3.02	2.98
11	4.84	3.98	3.59	3.36	3.20	3.09	3.01	2.95	2.90	2.85
12	4.75	3.89	3.49	3.26	3.11	3.00	2.91	2.85	2.80	2.75
13	4.67	3.81	3.41	3.18	3.03	2.92	2.83	2.77	2.71	2.67
14	4.60	3.74	3.34	3.11	2.96	2.85	2.76	2.70	2.65	2.60
15	4.54	3.68	3.29	3.06	2.90	2.79	2.71	2.64	2.59	2.54
16	4.49	3.63	3.24	3.01	2.85	2.74	2.66	2.59	2.54	2.49
17	4.45	3.59	3.20	2.96	2.81	2.70	2.61	2.55	2.49	2.45
18	4.41	3.55	3.16	2.93	2.77	2.66	2.58	2.51	2.46	2.41
19	4.38	3.52	3.13	2.90	2.74	2.63	2.54	2.48	2.42	2.38
20	4.35	3.49	3.10	2.87	2.71	2.60	2.51	2.45	2.39	2.35
21	4.32	3.47	3.07	2.84	2.68	2.57	2.49	2.42	2.37	2.32
22	4.30	3.44	3.05	2.82	2.66	2.55	2.46	2.40	2.34	2.30
23	4.28	3.42	3.03	2.80	2.64	2.53	2.44	2.37	2.32	2.27
24	4.26	3.40	3.01	2.78	2.62	2.51	2.42	2.36	2.30	2.25
25	4.24	3.39	2.99	2.76	2.60	2.49	2.40	2.34	2.28	2.24
	1	2	3	4	5	6	7	8	9	10
26	4.23	3.37	2.98	2.74	2.59	2.47	2.39	2.32	2.27	2.22
27	4.21	3.35	2.96	2.73	2.57	2.46	2.37	2.31	2.25	2.20
28	4.20	3.34	2.95	2.71	2.56	2.45	2.36	2.29	2.24	2.19
29	4.18	3.33	2.93	2.70	2.55	2.43	2.35	2.28	2.22	2.18
30	4.17	3.32	2.92	2.69	2.53	2.42	2.33	2.27	2.21	2.16
32	4.15	3.29	2.90	2.67	2.51	2.40	2.31	2.24	2.19	2.14
34	4.13	3.28	2.88	2.65	2.49	2.38	2.29	2.23	2.17	2.12
36	4.11	3.26	2.87	2.63	2.48	2.36	2.28	2.21	2.15	2.11
38	4.10	3.24	2.85	2.62	2.46	2.35	2.26	2.19	2.14	2.09
40	4.08	3.23	2.84	2.61	2.45	2.34	2.25	2.18	2.12	2.08
42	4.07	3.22	2.83	2.59	2.44	2.32	2.24	2.17	2.11	2.06
44	4.06	3.21	2.82	2.58	2.43	2.31	2.23	2.16	2.10	2.05
46	4.05	3.20	2.81	2.57	2.42	2.30	2.22	2.15	2.09	2.04
48	4.04	3.19	2.80	2.57	2.41	2.29	2.21	2.14	2.08	2.03
50	4.03	3.18	2.79	2.56	2.40	2.29	2.20	2.13	2.07	2.03
55	4.02	3.16	2.78	2.54	2.38	2.27	2.18	2.11	2.06	2.01
60	4.00	3.15	2.76	2.53	2.37	2.25	2.17	2.10	2.04	1.99
65	3.99	3.14	2.75	2.51	2.36	2.24	2.15	2.08	2.03	1.98
70	3.98	3.13	2.74	2.50	2.35	2.23	2.14	2.07	2.02	1.97
80	3.96	3.11	2.72	2.49	2.33	2.21	2.13	2.06	2.00	1.95
100	3.94	3.09	2.70	2.46	2.31	2.19	2.10	2.03	1.97	1.93
125	3.92	3.07	2.68	2.44	2.29	2.17	2.08	2.01	1.96	1.91
150	3.90	3.06	2.66	2.43	2.27	2.16	2.07	2.00	1.94	1.89
200	3.89	3.04	2.65	2.42	2.26	2.14	2.06	1.98	1.93	1.88
400	3.86	3.02	2.62	2.39	2.23	2.12	2.03	1.96	1.90	1.85
1000	3.85	3.00	2.61	2.38	2.22	2.11	2.02	1.95	1.89	1.84
∞	3.84	3.00	2.60	2.37	2.21	2.10	2.01	1.94	1.88	1.83

Tafel 4a (Fortsetzung) Quantile $F_{m_1,m_2;\,q}$ der F-Verteilung für $q = 0,95$

m_2 \ m_1	12	14	16	20	30	50	75	100	500	∞
1	244	245	246	248	250	252	253	253	254	254
2	19.4	19.4	19.4	19.4	19.5	19.5	19.5	19.5	19.5	19.5
3	8.74	8.71	8.69	8.66	8.62	8.58	8.56	8.55	8.53	8.53
4	5.91	5.87	5.84	5.80	5.75	5.70	5.68	5.66	5.64	5.63
5	4.68	4.64	4.60	4.56	4.50	4.44	4.42	4.41	4.37	4.36
6	4.00	3.96	3.92	3.87	3.81	3.75	3.72	3.71	3.68	3.67
7	3.57	3.53	3.49	3.44	3.38	3.32	3.29	3.27	3.24	3.23
8	3.28	3.24	3.20	3.15	3.08	3.02	3.00	2.97	2.94	2.93
9	3.07	3.03	2.99	2.93	2.86	2.80	2.77	2.76	2.72	2.71
10	2.91	2.86	2.83	2.77	2.70	2.64	2.61	2.59	2.55	2.54
11	2.79	2.74	2.70	2.65	2.57	2.51	2.47	2.46	2.42	2.40
12	2.69	2.64	2.60	2.54	2.47	2.40	2.36	2.35	2.31	2.30
13	2.60	2.55	2.51	2.46	2.38	2.31	2.28	2.26	2.22	2.21
14	2.53	2.48	2.44	2.39	2.31	2.24	2.21	2.19	2.14	2.13
15	2.48	2.42	2.38	2.33	2.25	2.18	2.14	2.12	2.08	2.07
16	2.42	2.37	2.33	2.28	2.19	2.12	2.09	2.07	2.02	2.01
17	2.38	2.33	2.29	2.23	2.15	2.08	2.04	2.02	1.97	1.96
18	2.34	2.29	2.25	2.19	2.11	2.04	2.00	1.98	1.93	1.92
19	2.31	2.26	2.21	2.15	2.07	2.00	1.96	1.94	1.89	1.88
20	2.28	2.22	2.18	2.12	2.04	1.97	1.93	1.91	1.86	1.84
21	2.25	2.20	2.16	2.10	2.01	1.94	1.90	1.88	1.82	1.81
22	2.23	2.17	2.13	2.07	1.98	1.91	1.87	1.85	1.80	1.78
23	2.20	2.15	2.11	2.05	1.96	1.88	1.84	1.82	1.77	1.76
24	2.18	2.13	2.09	2.03	1.94	1.86	1.82	1.80	1.75	1.73
25	2.16	2.11	2.07	2.01	1.92	1.84	1.80	1.78	1.73	1.71
	12	14	16	20	30	50	75	100	500	∞
26	2.15	2.09	2.05	1.99	1.90	1.82	1.78	1.76	1.71	1.69
27	2.13	2.08	2.04	1.97	1.88	1.81	1.76	1.74	1.68	1.67
28	2.12	2.06	2.02	1.96	1.87	1.79	1.75	1.73	1.67	1.65
29	2.10	2.05	2.01	1.94	1.85	1.77	1.73	1.71	1.65	1.64
30	2.09	2.04	1.99	1.93	1.84	1.76	1.72	1.70	1.64	1.62
32	2.07	2.01	1.97	1.91	1.82	1.74	1.69	1.67	1.61	1.59
34	2.05	1.99	1.95	1.89	1.80	1.71	1.67	1.65	1.59	1.57
36	2.03	1.98	1.93	1.87	1.78	1.69	1.65	1.62	1.56	1.55
38	2.02	1.96	1.92	1.85	1.76	1.68	1.63	1.61	1.54	1.53
40	2.00	1.95	1.90	1.84	1.74	1.66	1.61	1.59	1.53	1.51
42	1.99	1.94	1.89	1.83	1.73	1.65	1.60	1.57	1.51	1.49
44	1.98	1.92	1.88	1.81	1.72	1.63	1.58	1.56	1.49	1.48
46	1.97	1.91	1.87	1.80	1.71	1.62	1.57	1.55	1.48	1.46
48	1.96	1.90	1.86	1.79	1.70	1.61	1.56	1.54	1.47	1.45
50	1.95	1.89	1.85	1.78	1.69	1.60	1.55	1.52	1.46	1.44
55	1.93	1.88	1.83	1.76	1.67	1.58	1.53	1.50	1.43	1.41
60	1.92	1.86	1.82	1.75	1.65	1.56	1.51	1.48	1.41	1.39
65	1.90	1.85	1.80	1.73	1.63	1.54	1.49	1.46	1.39	1.37
70	1.89	1.84	1.79	1.72	1.62	1.53	1.48	1.45	1.37	1.35
80	1.88	1.82	1.77	1.70	1.60	1.51	1.45	1.43	1.35	1.32
100	1.85	1.79	1.75	1.68	1.57	1.48	1.42	1.39	1.31	1.28
125	1.83	1.77	1.73	1.66	1.55	1.45	1.40	1.36	1.27	1.25
150	1.82	1.76	1.71	1.64	1.53	1.44	1.38	1.34	1.25	1.22
200	1.80	1.74	1.69	1.62	1.52	1.41	1.35	1.32	1.22	1.19
400	1.78	1.72	1.67	1.60	1.49	1.38	1.32	1.28	1.17	1.13
1000	1.76	1.70	1.65	1.58	1.47	1.36	1.30	1.26	1.13	1.08
∞	1.75	1.69	1.64	1.57	1.46	1.35	1.28	1.24	1.11	1.00

Tafel 4b Quantile $F_{m_1,m_2;q}$ der F-Verteilung für $q = 0{,}99$

$m_2 \backslash m_1$	1	2	3	4	5	6	7	8	9	10
1	4052	4999	5403	5625	5764	5859	5928	5981	6022	6056
2	98.5	99.0	99.2	99.2	99.3	99.3	99.4	99.4	99.4	99.4
3	34.1	30.8	29.5	28.7	28.2	27.9	27.7	27.5	27.3	27.2
4	21.2	18.0	16.7	16.0	15.5	15.2	15.0	14.8	14.7	14.6
5	16.3	13.3	12.1	11.4	11.0	10.7	10.5	10.3	10.2	10.1
6	13.7	10.9	9.78	9.15	8.75	8.47	8.26	8.10	7.98	7.87
7	12.2	9.55	8.45	7.85	7.46	7.19	6.99	6.84	6.72	6.62
8	11.3	8.65	7.59	7.01	6.63	6.37	6.18	6.03	5.91	5.81
9	10.6	8.02	6.99	6.42	6.06	5.80	5.61	5.47	5.35	5.26
10	10.0	7.56	6.55	5.99	5.64	5.39	5.20	5.06	4.94	4.85
11	9.65	7.21	6.22	5.67	5.32	5.07	4.89	4.74	4.63	4.54
12	9.33	6.93	5.95	5.41	5.06	4.82	4.64	4.50	4.39	4.30
13	9.07	6.70	5.74	5.21	4.86	4.62	4.44	4.30	4.19	4.10
14	8.86	6.51	5.56	5.04	4.70	4.46	4.28	4.14	4.03	3.94
15	8.68	6.36	5.42	4.89	4.56	4.32	4.14	4.00	3.89	3.80
16	8.53	6.23	5.29	4.77	4.44	4.20	4.03	3.89	3.78	3.69
17	8.40	6.11	5.18	4.67	4.34	4.10	3.93	3.79	3.68	3.59
18	8.29	6.01	5.09	4.58	4.25	4.01	3.84	3.71	3.60	3.51
19	8.18	5.93	5.01	4.50	4.17	3.94	3.77	3.63	3.52	3.43
20	8.10	5.85	4.94	4.43	4.10	3.87	3.70	3.56	3.46	3.37
21	8.02	5.78	4.87	4.37	4.04	3.81	3.64	3.51	3.40	3.31
22	7.95	5.72	4.82	4.31	3.99	3.76	3.59	3.45	3.35	3.26
23	7.88	5.66	4.76	4.26	3.94	3.71	3.54	3.41	3.30	3.21
24	7.82	5.61	4.72	4.22	3.90	3.67	3.50	3.36	3.26	3.17
25	7.77	5.57	4.68	4.18	3.86	3.63	3.46	3.32	3.22	3.13
	1	2	3	4	5	6	7	8	9	10
26	7.72	5.53	4.64	4.14	3.82	3.59	3.42	3.29	3.18	3.09
27	7.68	5.49	4.60	4.11	3.78	3.56	3.39	3.26	3.15	3.06
28	7.64	5.45	4.57	4.07	3.76	3.53	3.36	3.23	3.12	3.03
29	7.60	5.42	4.54	4.04	3.73	3.50	3.33	3.20	3.09	3.00
30	7.56	5.39	4.51	4.02	3.70	3.47	3.30	3.17	3.07	2.98
32	7.50	5.34	4.46	3.97	3.65	3.43	3.25	3.13	3.02	2.93
34	7.44	5.29	4.42	3.93	3.61	3.39	3.22	3.09	2.98	2.89
36	7.40	5.25	4.38	3.89	3.57	3.35	3.18	3.05	2.95	2.86
38	7.35	5.21	4.34	3.86	3.54	3.32	3.15	3.02	2.92	2.83
40	7.31	5.18	4.31	3.83	3.51	3.29	3.12	2.99	2.89	2.80
42	7.28	5.15	4.29	3.80	3.49	3.27	3.10	2.97	2.86	2.78
44	7.25	5.12	4.26	3.78	3.47	3.24	3.08	2.95	2.84	2.75
46	7.22	5.10	4.24	3.76	3.44	3.22	3.06	2.93	2.82	2.73
48	7.20	5.08	4.22	3.74	3.43	3.20	3.04	2.91	2.80	2.71
50	7.17	5.06	4.20	3.72	3.41	3.19	3.02	2.89	2.78	2.70
55	7.12	5.01	4.16	3.68	3.37	3.15	2.98	2.85	2.75	2.66
60	7.08	4.98	4.13	3.65	3.34	3.12	2.95	2.82	2.72	2.63
65	7.04	4.95	4.10	3.62	3.31	3.09	2.93	2.80	2.69	2.61
70	7.01	4.92	4.08	3.60	3.29	3.07	2.91	2.78	2.67	2.59
80	6.96	4.88	4.04	3.56	3.26	3.04	2.87	2.74	2.64	2.55
100	6.90	4.82	3.98	3.51	3.21	2.99	2.82	2.69	2.59	2.50
125	6.84	4.78	3.94	3.47	3.17	2.95	2.79	2.66	2.55	2.47
150	6.81	4.75	3.92	3.45	3.14	2.92	2.76	2.63	2.53	2.44
200	6.76	4.71	3.88	3.41	3.11	2.89	2.73	2.60	2.50	2.41
400	6.70	4.66	3.83	3.37	3.06	2.85	2.69	2.56	2.45	2.37
1000	6.66	4.63	3.80	3.34	3.04	2.82	2.66	2.53	2.43	2.34
∞	6.63	4.61	3.78	3.32	3.02	2.80	2.64	2.51	2.41	2.32

Tafel 4b (Fortsetzung) Quantile $F_{m_1,m_2;q}$ der F-Verteilung für $q = 0,99$

m_2 \ m_1	12	14	16	20	30	50	75	100	500	∞
1	6106	6143	6170	6209	6261	6302	6324	6334	6360	6366
2	99.4	99.4	99.4	99.4	99.5	99.5	99.5	99.5	99.5	99.5
3	27.1	26.9	26.8	26.7	26.5	26.4	26.3	26.2	26.1	26.1
4	14.4	14.3	14.2	14.0	13.8	13.7	13.6	13.6	13.5	13.5
5	9.89	9.77	9.68	9.55	9.38	9.24	9.17	9.13	9.04	9.02
6	7.72	7.60	7.52	7.40	7.23	7.09	7.02	6.99	6.90	6.88
7	6.47	6.36	6.27	6.16	5.99	5.86	5.79	5.75	5.67	5.65
8	5.67	5.56	5.48	5.36	5.20	5.07	5.00	4.96	4.88	4.86
9	5.11	5.00	4.92	4.81	4.65	4.52	4.45	4.42	4.33	4.31
10	4.71	4.60	4.52	4.41	4.25	4.12	4.05	4.01	3.93	3.91
11	4.40	4.29	4.21	4.10	3.94	3.81	3.74	3.71	3.62	3.60
12	4.16	4.05	3.97	3.86	3.70	3.57	3.49	3.47	3.38	3.36
13	3.96	3.86	3.78	3.66	3.51	3.38	3.31	3.27	3.19	3.17
14	3.80	3.70	3.62	3.51	3.35	3.22	3.15	3.11	3.03	3.00
15	3.67	3.56	3.49	3.37	3.21	3.08	3.01	2.98	2.89	2.87
16	3.55	3.45	3.37	3.26	3.10	2.97	2.90	2.86	2.78	2.75
17	3.46	3.35	3.27	3.16	3.00	2.87	2.80	2.76	2.68	2.65
18	3.37	3.27	3.19	3.08	2.92	2.78	2.71	2.68	2.59	2.57
19	3.30	3.19	3.12	3.00	2.84	2.71	2.64	2.60	2.51	2.49
20	3.23	3.13	3.05	2.94	2.78	2.64	2.57	2.54	2.44	2.42
21	3.17	3.07	2.99	2.88	2.72	2.58	2.51	2.48	2.38	2.36
22	3.12	3.02	2.94	2.83	2.67	2.53	2.46	2.42	2.33	2.31
23	3.07	2.97	2.89	2.78	2.62	2.48	2.41	2.37	2.28	2.26
24	3.03	2.93	2.85	2.74	2.58	2.44	2.37	2.33	2.24	2.21
25	2.99	2.89	2.81	2.70	2.54	2.40	2.33	2.29	2.19	2.17
	12	14	16	20	30	50	75	100	500	∞
26	2.96	2.86	2.78	2.66	2.50	2.36	2.29	2.25	2.16	2.13
27	2.93	2.82	2.75	2.63	2.47	2.33	2.25	2.22	2.12	2.10
28	2.90	2.80	2.72	2.60	2.44	2.30	2.23	2.19	2.09	2.06
29	2.87	2.77	2.69	2.57	2.41	2.27	2.20	2.16	2.06	2.03
30	2.84	2.74	2.66	2.55	2.39	2.25	2.17	2.13	2.03	2.01
32	2.80	2.70	2.62	2.50	2.34	2.20	2.12	2.08	1.98	1.96
34	2.76	2.66	2.58	2.46	2.30	2.16	2.08	2.04	1.94	1.91
36	2.72	2.62	2.54	2.43	2.26	2.12	2.04	2.00	1.90	1.87
38	2.69	2.59	2.51	2.40	2.23	2.09	2.01	1.97	1.86	1.84
40	2.66	2.56	2.48	2.37	2.20	2.06	1.98	1.94	1.83	1.80
42	2.64	2.54	2.46	2.34	2.18	2.03	1.98	1.91	1.80	1.78
44	2.62	2.52	2.44	2.32	2.15	2.01	1.93	1.89	1.78	1.75
46	2.60	2.50	2.42	2.30	2.13	1.99	1.91	1.86	1.76	1.73
48	2.58	2.48	2.40	2.28	2.12	1.97	1.89	1.84	1.73	1.70
50	2.56	2.46	2.38	2.26	2.10	1.95	1.87	1.82	1.71	1.68
55	2.53	2.42	2.34	2.23	2.06	1.91	1.83	1.78	1.67	1.64
60	2.50	2.39	2.31	2.20	2.03	1.88	1.79	1.75	1.63	1.60
65	2.47	2.37	2.29	2.18	2.00	1.85	1.76	1.72	1.60	1.57
70	2.45	2.35	2.27	2.15	1.98	1.83	1.74	1.70	1.57	1.54
80	2.42	2.31	2.23	2.12	1.94	1.79	1.70	1.65	1.53	1.49
100	2.37	2.27	2.19	2.07	1.89	1.74	1.65	1.60	1.47	1.43
125	2.33	2.23	2.15	2.03	1.85	1.69	1.60	1.55	1.41	1.37
150	2.31	2.20	2.12	2.00	1.83	1.67	1.57	1.52	1.38	1.33
200	2.27	2.17	2.09	1.97	1.79	1.63	1.53	1.48	1.33	1.28
400	2.23	2.13	2.04	1.92	1.74	1.58	1.48	1.42	1.25	1.19
1000	2.20	2.10	2.02	1.90	1.72	1.54	1.44	1.38	1.19	1.11
∞	2.18	2.08	2.00	1.88	1.70	1.52	1.42	1.36	1.15	1.00

Tafel 5 Einzelwahrscheinlichkeiten $p_k = \frac{\lambda^k}{k!}e^{-\lambda}$ der Poisson-Verteilung

k \ λ	0,1	0,2	0,3	0,4	0,5	0,6	0,7
0	0,904837	0,818731	0,740818	0,670320	0,606531	0,548812	0,496585
1	0,090484	0,163746	0,222245	0,268128	0,303265	0,329287	0,347610
2	0,004524	0,016375	0,033337	0,053626	0,075816	0,098786	0,121663
3	0,000151	0,001091	0,003334	0,007150	0,012636	0,019757	0,028388
4	0,000004	0,000055	0,000250	0,000715	0,001580	0,002964	0,004968
5		0,000002	0,000015	0,000057	0,000158	0,000356	0,000696
6			0,000001	0,000004	0,000013	0,000036	0,000081
7					0,000001	0,000003	0,000008

k \ λ	0,8	0,9	1,0	1,5	2,0	2,5	3,0
0	0,449329	0, 406570	0,367879	0,223130	0,135335	0,082085	0,049787
1	0,359463	0,365913	0,367879	0,334695	0,270671	0,205212	0,149361
2	0,143785	0,164661	0,183940	0,251021	0,270671	0,256516	0,224042
3	0,038343	0,049398	0,061313	0,125510	0,180447	0,213763	0,224042
4	0,007669	0,011115	0,015328	0,047067	0,090224	0,133602	0,168031
5	0,001227	0,002001	0,003066	0,014120	0,036089	0,066801	0,100819
6	0,000164	0,000300	0,000511	0,003530	0,012030	0,027834	0,050409
7	0,000019	0,000039	0,000073	0,000756	0,003437	0,009941	0,021604
8	0,000002	0,000004	0,000009	0,000142	0,000859	0,003106	0,008101
9			0,000001	0,000024	0,000191	0,000863	0,002701
10				0,000004	0,000038	0,000216	0,000810
11					0,000007	0,000049	0,000221
12					0,000001	0,000010	0,000055
13						0,000002	0,000013
14							0,000003
15							0,000001

Tafel 5 (Fortsetzung) Wahrscheinlichkeiten $p_k = \frac{\lambda^k}{k!} e^{-\lambda}$ der Poisson-Verteilung

k \ λ	4,0	5,0	6,0	7,0	8,0	9,0	10,0
0	0,018316	0,006738	0,002479	0,000912	0,000335	0,000123	0,000045
1	0,073263	0,033690	0,014873	0,006383	0,002684	0,001111	0,000454
2	0,146525	0,084224	0,044618	0,022341	0,010735	0,004998	0,002270
3	0,195367	0,140374	0,089235	0,052129	0,028626	0,014994	0,007567
4	0,195367	0,175467	0,133853	0,091226	0,057252	0,033737	0,018917
5	0,156293	0,175467	0,016623	0,127717	0,091604	0,060727	0,037833
6	0,104196	0,146223	0,160623	0,149003	0,122138	0,091090	0,063055
7	0,059540	0,104445	0,137677	0,149003	0,139587	0,117116	0,090079
8	0,029770	0,065278	0,103258	0,130377	0,139587	0,131756	0,112599
9	0,013231	0,036266	0,068838	0,101405	0,124077	0,131756	0,125110
10	0,005292	0,018133	0,041303	0,070983	0,099262	0,118580	0,125110
11	0,001925	0,008242	0,022529	0,045171	0,072190	0,097020	0,113736
12	0,000642	0,003434	0,011264	0,026350	0,048127	0,072765	0,094780
13	0,000197	0,001321	0,005199	0,014188	0,029616	0,050376	0,072908
14	0,000056	0,000472	0,002228	0,007094	0,016924	0,032384	0,052077
15	0,000015	0,000157	0,000891	0,003311	0,009026	0,019431	0,034718
16	0,000004	0,000049	0,000334	0,001448	0,004513	0,010930	0,021699
17	0,000001	0,000014	0,000118	0,000596	0,002124	0,005786	0,012764
18		0,000004	0,000039	0,000232	0,000944	0,002893	0,007091
19		0,000001	0,000012	0,000085	0,000397	0,001370	0,003732
20			0,000004	0,000030	0,000159	0,000617	0,001866
21			0,000001	0,000010	0,000061	0,000264	0,000889
22				0,000003	0,000022	0,000108	0,000404
23				0,000001	0,000008	0,000042	0,000176
24					0,000003	0,000016	0,000073
25					0,000001	0,000006	0,000029
26						0,000002	0,000011
27						0,000001	0,000004
28							0,000001
29							0,000001

Tafel 6 Quantile $\chi^2_{m;q}$ der χ^2-Verteilung

m \ q	0.005	0.01	0.025	0.05	0.1	0.9	0.95	0.975	0.99	0.995
1	(1)	(2)	(3)	(4)	(5)	2.71	3.84	5.02	6.63	7.88
2	0.0100	0.020	0.051	0.103	0.21	4.61	5.99	7.38	9.21	10.60
3	0.0717	0.115	0.216	0.352	0.58	6.25	7.81	9.35	11.34	12.84
4	0.207	0.297	0.484	0.711	1.06	7.78	9.49	11.14	13.28	14.86
5	0.412	0.554	0.831	1.15	1.61	9.24	11.07	12.83	15.09	16.75
6	0.676	0.872	1.24	1.64	2.20	10.64	12.59	14.45	16.81	18.55
7	0.989	1.24	1.69	2.17	2.83	12.02	14.07	16.01	18.48	20.28
8	1.34	1.65	2.18	2.73	3.49	13.36	15.51	17.53	20.09	22.96
9	1.73	2.09	2.70	3.33	4.17	14.68	16.92	19.02	21.67	23.59
10	2.16	2.56	3.25	3.94	4.87	15.99	18.31	20.48	23.21	25.19
11	2.60	3.05	3.82	4.57	5.58	17.28	19.68	21.92	24.73	26.76
12	3.07	3.57	4.40	5.23	6.30	18.55	21.03	23.34	26.22	28.30
13	3.57	4.11	5.01	5.89	7.04	19.81	22.36	24.74	27.69	29.82
14	4.07	4.66	5.63	6.57	7.79	21.06	23.68	26.12	29.14	31.32
15	4.60	5.23	6.26	7.26	8.55	22.31	25.00	27.49	30.58	32.80
16	5.14	5.81	6.91	7.96	9.31	23.54	26.30	28.85	32.00	34.27
17	5.70	6.41	7.56	8.67	10.09	24.77	27.59	30.19	33.41	35.72
18	6.26	7.01	8.23	9.39	10.86	25.99	28.87	31.53	34.81	37.16
19	6.84	7.63	8.91	10.12	11.65	27.20	30.14	32.85	36.19	38.58
20	7.43	8.26	9.59	10.85	12.44	28.41	31.41	34.17	37.57	40.00
21	8.03	8.90	10.28	11.59	13.24	29.62	32.67	35.48	38.93	41.40
22	8.64	9.54	10.98	12.34	14.04	30.81	33.92	36.78	40.29	42.80
23	9.26	10.20	11.69	13.09	14.85	32.01	35.17	38.08	41.64	44.18
24	9.89	10.86	12.40	13.85	15.66	33.20	36.42	39.36	42.98	45.56
25	10.52	11.52	13.12	14.61	16.47	34.38	37.65	40.65	44.31	46.93
26	11.16	12.20	13.84	15.38	17.29	35.56	38.89	41.92	45.64	48.29
27	11.81	12.88	14.57	16.15	18.11	36.74	40.11	43.19	46.96	49.64
28	12.46	13.56	15.31	16.93	18.94	37.92	41.34	44.46	48.28	50.99
29	13.12	14.26	16.05	17.71	19.77	39.09	42.56	45.72	49.59	52.34
30	13.79	14.95	16.79	18.49	20.60	40.26	43.77	46.98	50.89	53.67
40	20.71	22.16	24.43	26.51	29.05	51.81	55.76	59.34	63.69	66.77
50	27.99	29.71	32.36	34.76	37.69	63.17	67.51	71.42	76.16	79.49
60	35.53	37.48	40.48	43.19	46.46	74.40	79.08	83.30	88.38	91.96
70	43.28	45.44	48.76	51.74	55.33	85.53	90.53	95.02	100.43	104.23
80	51.17	53.54	57.15	60.39	64.28	96.58	101.88	106.63	112.33	116.33
90	59.20	61.75	65.65	69.13	73.29	107.57	113.15	118.14	124.12	128.31
100	67.33	70.06	74.22	77.93	82.36	118.50	124.34	129.56	135.81	140.18

(1) = 0.00004; (2) = 0.00016; (3) = 0.00098; (4) = 0.0039; (5) = 0.0158

Literaturverzeichnis

[1] Bamberg, G., Baur, F., und Krapp, M.: *Statistik.* 15. Aufl. München: Oldenbourg Verlag 2009.

[2] Bamberg, G., Baur, F., und Krapp, M.: *Statistik-Arbeitsbuch. Übungsaufgaben – Fallstudien – Lösungen.* 8. Aufl. München: Oldenbourg Verlag 2008.

[3] Bosch, K.: *Mathematik für Wirtschaftswissenschaftler. Einführung.* 14. Aufl. München: Oldenbourg Verlag 2003.

[4] Bosch, K.: *Übungs- und Arbeitsbuch. Mathematik für Ökonomen.* 7. Aufl. München: Oldenbourg Verlag 2002.

[5] Eichholz, W., und Vilkner, E.: *Taschenbuch der Wirtschaftsmathematik.* 5. Aufl. Leipzig: Fachbuchverlag 2009.

[6] Karmann, A.: *Mathematik für Wirtschaftswissenschaftler. Problemorientierte Einführung.* 6. Aufl. München: Oldenbourg Verlag 2008.

[7] Kurz, S., und Rambau, J.: *Mathematische Grundlagen für Wirtschaftswissenschaftler.* Stuttgart: Kohlhammer 2009.

[8] Luderer, B.: *Klausurtraining Mathematik und Statistik für Wirtschaftswissenschaftler.* 3. Aufl. Wiesbaden: Vieweg+Teubner 2008.

[9] Luderer, B., Paape, C., und Würker, U.: *Arbeits- und Übungsbuch Wirtschaftsmathematik.* 6. Aufl. Wiesbaden: Vieweg+Teubner 2011.

[10] Luderer, B., und Würker, U.: *Einstieg in die Wirtschaftsmathematik.* 8. Aufl. Wiesbaden: Vieweg+Teubner 2011.

[11] Nollau, V., Partzsch, L., Storm, R., und Lange, C.: *Wahrscheinlichkeitsrechnung und Statistik in Beispielen und Aufgaben.* Leipzig: Teubner 1997.

[12] Purkert, W.: *Brückenkurs Mathematik für Wirtschaftswissenschaftler.* 7. Aufl. Wiesbaden: Vieweg+Teubner 2011.

[13] Schäfer, W., Georgi, K., und Trippler, G.: *Mathematik-Vorkurs. Übungs- und Arbeitsbuch für Studienanfänger.* 6. Aufl. Wiesbaden: Teubner 2006.

[14] *Teubner-Taschenbuch der Mathematik.* 2. Aufl. Wiesbaden: Teubner 2003.

[15] *Teubner-Taschenbuch der Mathematik, Teil II.* 8. Aufl. Wiesbaden: Teubner 2003.

[16] Tietze, J.: *Einführung in die angewandte Wirtschaftsmathematik.* 16. Aufl. Wiesbaden: Vieweg+Teubner 2011.

[18] Vetters K.: *Formeln und Fakten im Grundkurs Mathematik.* 4. Aufl. Wiesbaden: Teubner 2004.

Sachwortverzeichnis